城之道

道路设计
与城市设计融合

理念与实践

曾惠芬　朱荣军　王　健　于　斌　蔡明懋　著

人民交通出版社
北　京

图书在版编目(CIP)数据

城之道:道路设计与城市设计融合理念与实践/曾惠芬等著.—北京:人民交通出版社股份有限公司,2024.3
ISBN 978-7-114-19430-6

Ⅰ.①城… Ⅱ.①曾… Ⅲ.①城市规划—研究—中国②城市道路—设计—中国 Ⅳ.①TU984.2 ②U412.37

中国国家版本馆CIP数据核字(2024)第051430号

Cheng zhi Dao —— Daolu Sheji yu Chengshi Sheji Ronghe Linian yu Shijian

书　　名:城之道——道路设计与城市设计融合理念与实践
著 作 者:曾惠芬　朱荣军　王　健　于　斌　蔡明懋
策划编辑:李　瑞
责任编辑:袁倩倩
责任校对:赵媛媛　龙　雪
责任印制:刘高彤
出版发行:人民交通出版社
地　　址:(100011)北京市朝阳区安定门外外馆斜街3号
网　　址:http://www.ccpcl.com.cn
销售电话:(010)59757973
总 经 销:人民交通出版社发行部
经　　销:各地新华书店
印　　刷:北京印匠彩色印刷有限公司
开　　本:787×1092　1/16
印　　张:17.25
字　　数:345千
版　　次:2024年3月　第1版
印　　次:2024年3月　第1次印刷
书　　号:ISBN 978-7-114-19430-6
定　　价:82.00元

序言

FORWORD

城市的道路网系统是城市生命有机体的重要组成部分，是支撑城市空间、土地利用和经济社会发展的“骨骼”，是承担和服务城市客货运输和各类交通出行活动的“血脉”，是承载城市各类市政管线、安全防护、应急疏散的重要载体，也是城市公共空间、绿化景观以及城市生态的重要组成部分。作为古老的历史文明古国之一，我国的城市道路还承载着数千年积淀的极其丰厚的历史文化遗产资源、基因机理和风貌特色。许多古城历史街巷本身就是历史文化名城、历史街区的重要组成部分。因此，城市道路设计相对于普通区域公路设计而言要复杂得多，绝非单纯的道路平纵横线形设计、路基路面和桥隧工程的结构设计、材料设计那么简单，而需要综合考虑历史文化、城市空间、土地利用、经济社会、交通出行、客货运输、市政绿化、安全韧性等错综复杂要素，将城市道路设计与城市设计融为一体，相互支撑、相互借鉴、相互映衬，形成传承历史、弘扬文化、安全韧性、高效便捷、绿色生态的完整街道空间，并高质量满足经济社会与交通运输等多重功能需求。这也正是本书作者团队写作的初心，也是本书理论探索研究与工程设计实践的技术核心，更是本书值得借鉴的价值和意义所在。

苏州，既是一座拥有 2500 多年历史的水乡名城，又是改革开放后先行先试、率先发展的先锋之地、典范之城。苏州的城市道路既有承载千年历史文脉的古城街巷，又有在郊野之地上开辟的园区、新区中建设的现代新路。这些道路在设计者们展现着流光溢彩激情的手中成为了一条条历史文化与现代文明交相辉映的人文之路、活力之路、风采之路。正如《城之道——道路设计与城市设计融合理念与实践》一书里所记录着的曾惠芬和她的团队数十年的技术研发、项目实施，核心是在研究城市道路与城市设计融合发展以及如何设计交通便捷、环境优美、安全舒适的城市道路，构建生态宜居、富有底蕴的城市生活环境。

通过苏州市采莲路改造工程、苏州市人民路改造工程、昆山市博士路改造工程等优秀案例，我们可以看到城市道路设计中对公共设施、无障碍设施的重视，对绿地空间、沿街商业的巧思，对停车泊位、公共交通的智慧化应用，对海绵改造、地下空间的示范性探索……更深层次，我们看到了我国的城市道路设计工作正在从早期重视单一的交通功能向交通功能与空间场所功能并重的转型。

书里还有，设计师们对未来的期许和梦想，这是我们所有人对全面建成社会主义现代化强国的希冀和期盼，也是我们“为了人民、服务人民”的初心和使命。

当下，我国立足新发展阶段，贯彻新发展理念，构建新发展格局，对交通发展提出了更高要求，也为城市道路设计提供了更大空间。同时，人民对美好生活的向往呈现多样化、多层次、多方面特点，这也给城市道路规划设计带来革命性变化。

望吾辈不忘初心，坚持“以人民为中心”发展思想，紧扣高质量发展主题，以一流技术、一流管理、一流服务，建设安全、便捷、高效、绿色、经济的现代化城市道路体系。

杨　涛

2023 年 10 月 8 日

前言

PREFACE

《吴越春秋·阖闾内传第四》记载：春秋末期，吴国大夫伍子胥率领众人，不辞辛劳，“相土尝水，象天法地”，在前人基础上扩建了一座宏伟的都城，将其作为逐鹿中原的大后方，命名为吴王之都，人称“阖闾大城”。

城市是以人为核心，以空间与环境资源利用为手段，以聚集经济效益为特点的社会经济以及物质性设施的空间地域集聚体。道路构建了城市综合体中最常见、最可能的运动线路网络，是城市赖以组织的最有效手段。

传统城市道路以交通功能为主，而现代城市道路是一个多功能耦合体，与道路交通空间、周边土地利用、景观环境等直接相关。不论是在道路设计、景观设计还是城市规划中，传统的“车行至上”规划理念都应该向功能更多样、空间更多元的“以人为本”转变，在关注道路红线内功能、景观的同时，增加对道路红线外土地利用的关联性研究。

近年来，随着中国社会经济的快速发展，城市人口快速增加，城市规模不断扩大，城市形态和用地布局日新月异，居民出行结构改变显著，道路交通空间的品质逐渐受到重视，用地、环境与道路系统的互动越来越紧密，城市道路系统承载的需求变得多样化。在设计城市道路系统时，除了考虑交通便捷，还要考虑城市构造、城市空间、防火避灾、景观环境美化、绿化系统构成等，城市道路系统已成为整合城市生产、生活的重要脉络，以及展示城市文化的重要窗口。

在此背景下，作为城市空间布局优化的重要载体，城市道路设计既应尊重生态本底，与城市发展相协调，又需满足人们生产、生活出行的效率与品质。践行用地、交通与景观等多要素协同的道路设计理念，建设高效率、高品质的城市道路，成为行业面临的新课题。

从苏州轨道交通1号线沿线市政道路恢复开始，本书编写团队开始了大量综合改造项目设计实践，在项目实践中积极探索道路设计与城市设计融合，并在东南大学设计院、江苏省规划设计集团交通规划与工程设计院、筑龙学社等单位进行分享交流，对近年来的道路工程综合设计项目做源于工程、高于工程、应用于工程的总结提炼与经验推广。

本书旨在研究道路设计与城市设计融合发展以及如何规划设计交通便捷、环境优美、安全舒适的城市道路，构建生态宜居、富有底蕴的城市生活环境，坚定落实“人民城市人民建、人民城市为人民”的理念。

本书由曾惠芬统稿审核，全书共2篇。第1篇为理论与方法篇，包括第1章城市道路设计发展与理念更新、第 2 章道路设计与城市设计融合理念、第 3 章基于道路功能的城市道路空间设计、第 4 章注重生态景观的城市道路空间设计、第 5 章重视地域文化的城市道路空间设计、第 6 章城市道路融合设计方案的评价方法；第 2 篇为案例与实践篇，共收录了苏州市采莲路、广济路、人民路、狮山路、朝红路、临顿路，昆山市博士路，西安市凤和路，南京市珍珠路 9 个改造工程的案例。

自 2017 年提出编写设想，2021 年提出第一轮编写大纲，在前辈和相关专家的指导下，我们在母校东南大学交通学院的大力支持下，搜集资料，实地调查，多次讨论，反复校审、打磨、提升书稿。编写过程中参考了苏州规划设计研究院股份有限公司、苏州园林设计院股份有限公司、BAU 建筑城市设计咨询（上海）有限公司、上海罗朗景观工程设计有限公司、苏州市空间规划智库等同行的成果。感谢江苏省设计大师杨涛先生为本书作序；感谢苏州市自然资源和规划局原副局长李新佳悉心指导和把关；感谢杨涛、李新佳、陈飞、陈溯、黄晓春等专家提出的宝贵意见，使本书质量得以不断提升；感谢沈学芳、郭红敏、邵花、肖德源、李国峰、戈若愚、顾天奇、冯楚楚、王文达、许威、尤溢、余华迪、郑栋、史尚睿、陈晨、宋安琪、陈其航、任小乐、张文轩等对本书所作的贡献。在本书编写过程中，还得到行业诸多单位和人员的大力支持和帮助，在此一并表示感谢。

前期编写书名为《道路设计与城市设计融合：理念与实践》，2023 年 9 月经悉地（苏州）勘察设计顾问有限公司董事长史佩杰先生审阅，书名改为《城之道——道路设计与城市设计融合理念与实践》。

城，自古便是安放民心、孕育生活的地方。《说文解字》对“城”字的解释为：以盛民也，从土从成。即“城”由土组成，用以保护和容纳人民。如今，即便时代发展，城市依旧承载了为人民提供美好生活的使命。

道，除了具有道路的含义，更代表着法则、本源与规律。老子在《道德经》中提到“道法自然”，又提到“故从事于道者，同于道”，强调了遵循道的法则的重要性。《城之道——道路设计与城市设计融合理念与实践》，寄托了我们的期待，既蕴含运用智慧来规划建设城市的道路与街道、服务于都市生活的含义；也蕴含着学习古人皓首穷经的精神，去探寻和理解城市交通及其发展规律的意义。“路漫漫其修远兮”，这样的探索必然是漫长和艰辛的，本书的成果也只是管中窥豹的一次尝试，期待与各位同行、专家勠力同心，为实现美好的城市交通而努力奋斗。

因时间和精力所限，本书成稿多存遗憾与不足。付梓之际，深感不安，期望未来能在大家提出的指正建议基础上不断完善。

悉地（苏州）勘察设计顾问有限公司　曾惠芬

2023 年 10 月

目录

CONTENTS

第 2 篇　案例与实践篇　121

第1篇　理论与方法篇

第1章 城市道路设计发展与理念更新

城市是以人为核心，以空间与环境资源利用为手段，以聚集经济效益为特点的社会经济以及物质性设施的空间地域集聚体。城市是国民生产和生活的重要空间，是国家经济发展的重要基地，我国大部分工业产值以及高科技力量都集中在城市。近年来，随着中国社会经济的快速发展，城市人口快速增加，城市规模不断扩大，从而也促进了城市道路的快速发展。城市道路是城市的“血脉”与“骨架”，承担着交通运输功能，确保城市正常、高效地运转，使得城市的各个方面串联在一起形成“有血有肉”的整体。作为城市重要基础设施，城市道路还承载着地下管线、城市风貌，涵盖城市治理、空间规划、可持续交通、生态环境等，社会关注程度高，是城市的视觉廊道，是凸显城市形象的重要媒介，在城市空间结构中占有主导地位。伴随着我国城市化进程的阶段性转变，城市建设对城市道路的要求也随之变化。当前，既有的城市道路工程难以满足人民对宜居的城市生活空间的需要，因此，将城市道路作为城市空间布局优化的重要载体，研究道路设计与城市设计融合发展以及规划设计交通便捷、环境优美、安全智慧的城市道路，构建生态宜居、富有文化底蕴的城市环境已成为城市道路建设行业面临的重要课题。

1.1 城市道路建设发展概述

1.1.1 城市道路建设的发展历程

城市道路是城市重要的基础设施，担负着城市交通集散的重要功能，包括组织生产生活所必需的车辆、行人的交通往来，连接工业区、居民生活区、文化教育区、风景游览区、体育活动场所等城市功能区，承担着贯通城市边缘公路的交通纽带的作用，是城市赖以组织的最有效手段。

城市的发展与城市道路的建设息息相关，城市化的进程决定着城市道路建设的总基调。纵观中华人民共和国成立后的城市道路建设历程，大体可以分为四个阶段：起步阶段、工程引领阶段、产业融合阶段以及工程引领与产业融合阶段。各阶段对应的时间如图 1-1-1 所示。

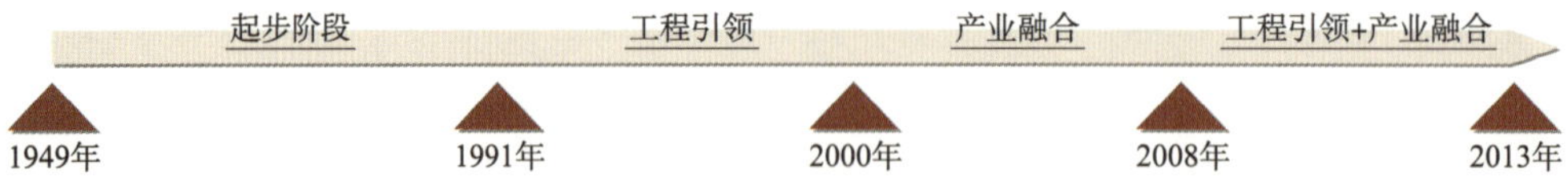

图 1-1-1 城市道路建设发展历程

中华人民共和国成立至改革开放期间的城市道路建设被认为是道路建设发展的起步阶段。中华人民共和国成立之初，国家发展的总体方针为“重工业优先发展”，受限于经济和技术条件，城市道路建设缺乏足够的资金和技术支持。同时，由于城市规模较小，空间布局紧凑、尺度较小，居民平均出行距离短，非机动化出行（自行车、步行）占据绝对主导地位，因此，直至1982年，我国城市汽车总量不足200万辆，而自行车总量达到3500万辆[1]。这一时期的城市道路建设呈现出建设规模小、速度慢、道路网络相对较为简单的特点，道路设计是在红线、横断面形式确定的前提下进行路基路面、桥梁、管线专项等设计。

改革开放至20世纪90年代，中国开始确立并实行市场经济改革。随着经济发展水平的提高，城市化进程加快，城市规模逐渐扩大。1991年9月建设部颁布《城市规划编制办法》（中华人民共和国建设部令第14号），1992年邓小平发表南方谈话，中国正式迈入改革开放的新阶段。在此时代背景下，“要想富，先修路”的理念逐渐深入人心，各个城市急切地需要形成基本的城市道路骨架，城市道路建设进入工程引领阶段，在《城市规划编制办法》的指导下，城市道路网系统得以迅速建设。不过，由于当时的城市交通的矛盾并不突出，人们对城市交通的认识还局限在道路的规划和建设方面。在此阶段，我国城市的道路建设并非基于交通流量的科学规划，而是工程导向的基础设施建设，具有明显的工程引领的特征。至此，中国的道路工程建设虽然完成从无到有的突破，但是建设的道路工程普遍具有标准不高或不匹配、运行管理粗放的弊端。

2000年后，国内外的经济环境迫使道路建设与产业发展进行融合，城市道路建设进入产业融合阶段。彼时，我国的产业发展需求旺盛及居民的汽车保有量稳步上升，道路供给与出行需求间的矛盾突出，部分城市出现交通拥堵等问题。2000年2月，国务院批准在全国实施“畅通工程”，力争通过建立城市多部门协作的交通管理机制，进一步加大软、硬件投入，以有效解决城市交通“痼疾”。为了解决节点的交通问题，中国借鉴西方发达国家的城市交通工程、城市交通规划思想，特别关注城市交通的丰富内涵。针对当时的城市交通状况，中国提出一系列城市交通建设的指导思想并部署开展大量的研究，例如：城市与交通协同规划、多模式综合交通、城市交通需求的形成机理、基于供需平衡的城市交通系统规划理论、城市公共交通优先发展及快速公交系统的应用基础理论、道路交通流诱导与智能化控制的基础理论等。《城市道路交通设计指南》[2]、《城市交通管理规划指南》[3]、《城市交通管理评价体系》[4]等书对提高城市交通管理水平，推动畅通工程的科学、持续开展，提供安全、畅通、文明的交通环境起到积极作用。在城市道路交通规划要为长远发展留有余地的理念指引下，交通规划、交通设计等理念被纳入城市道路的设计流程，以求最大限度地挖掘城市道路资源。对于交通工程的思考使得城市道路的发展逐渐开始追求功能性的品质，城市道路建设进入规划引领，建设理念转变为安全为重、从有到优、设计精细等。

2008年后，世界经济趋势开始下行，基于此背景，中国推出了大规模基础设施建设计划，城市道路建设达到白热化的程度。这一阶段中国的城市道路建设同时具备工程引领和产业融合阶段的特征。基于扩大基础设施规模及缓解道路交通拥堵的目标，中国对道路工程进行有序布局、集中规划，采用“网格状”和“放射状”等路网布局形式，城市道路建设理念以大型道路、高架桥、快速通道为主导，为城市发展提供更为顺畅的道路交通环境。然而，城市道路大规模高速建设不仅使城市道路建设的质量和安全性得不到充分保障，而且过大尺度的道路设施或结构造成城市空间及环境的不协调，破坏城市整体形象。

回顾上述发展阶段，我国城市道路建设在一定程度上实现了从无到有的突破，并制定出台了城市道路等级、道路红线的设计原则，为中国城市发展奠定了良好的基础。但是，在建设过程中，非交通需求引领的规划设计，暴露出诸如城市道路的建设标准普遍不高，管理较为粗放，交通节点拥堵，部分道路基础设施规模过大、长期利用不足等问题。

2013年后，中国多数城市的城市化已经达到较高的水平，城市建设脚步放缓，城市道路的发展目标由增量建设转变为存量道路空间的创新统筹布局，道路空间与城市环境之间的矛盾越来越突出。国务院《关于加强城市基础设施建设的意见》（国发〔2013〕36号）提出：“城市基础设施是城市正常运行和健康发展的物质基础，对于改善人居环境、增强城市综合承载能力、提高城市运行效率、稳步推进新型城镇化、确保2020年全面建成小康社会具有重要作用”，“科学研究、统筹规划，提升城市基础设施建设和管理水平，提高城镇化质量”。2015年的中央城市工作会议指出，要坚持以人为本，转变城市发展方式，着力解决城市病等突出问题，不断提升城市环境质量、人民生活质量、城市竞争力，建设和谐宜居、富有活力、各具特色、可持续发展的现代化城市。

住房和城乡建设部会同多个部门印发的《关于加快推进新型城市基础设施建设的指导意见》（建改发〔2020〕73号）提出加快推进基于信息化、数字化、智能化的新型城市基础设施建设（以下简称新城建），以新城建对接新型基础设施建设，实施智能化市政基础设施建设和改造、加快智慧灯杆等多功能杆柱的建设等新要求，引领城市转型升级，推进城市现代化。未来城市建设，新的技术成果将用于提高城市环境质量和生活品质，为城市居民提供更好的服务。人工智能、车联网、无人驾驶、高速交通等技术将突破人们活动的时空限制，增加城市要素流动频率，扩大基础设施服务半径，提升城市各类公共资源利用率等，并促进公共资源的集聚；未来城市建设，将更加注重城市要素的自由流动和高效利用，使空间布局更加合理，而这也将为城市设计带来新的挑战。

从上述文件精神可以看出，城市建设的理念需要发生转变，城市对道路赋予更多更重的功能，建设理念要从追求工程项目功能性品质向工程项目与城市功能、产业发展相融合转变。随着城市形态和综合交通体系的发展，以及居民出行需求的变化，中国人民对智慧化、人文化、精细化的城市人居生态环境提出要求，城市空间设计与道路交通发展不协调的问题日益突出。城市道路不仅是城市空间的重要组成，而且引导着城市的布局和发展。因此，思考在城市更新的背景下统筹布局城市道路空间，塑造城市环境，重视城市的绿色低碳发展，科学合理地将城市的生产、生活、生态空间与环境保护相融合，实现人居环境高质量、可持续发展的城市，是未来阶段城市发展的总体方向。

1.1.2 城市道路工程标准体系的发展

随着道路建设规模的扩大，中国的城市道路工程标准体系也逐步完善，从基础标准、通用标准和专用标准三个层面不断完善道路工程的标准体系，如图 1-1-2 所示。

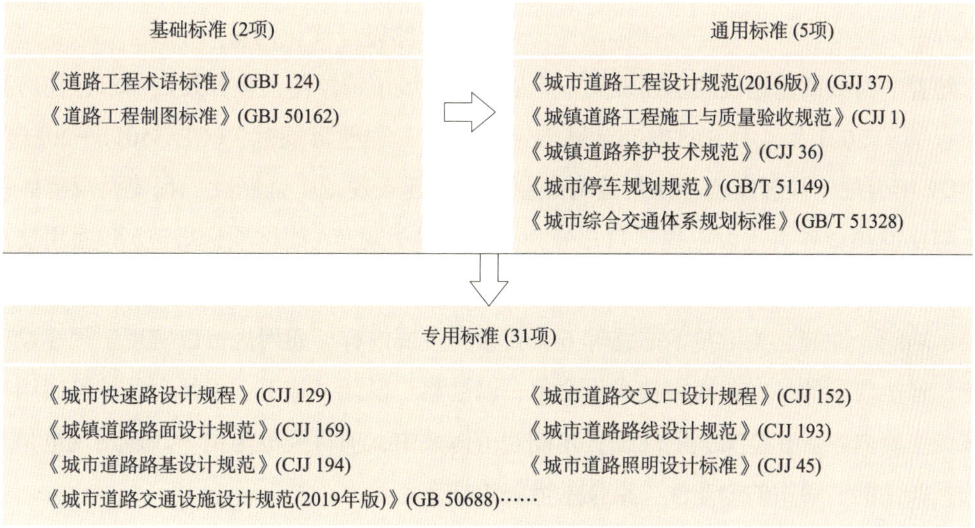

图 1-1-2 城市道路工程标准体系的发展

在中华人民共和国成立初期，中国城市道路工程标准主要参考国外标准，并结合国内实际情况进行适当的修改和调整。这些基础标准确定了道路工程的基本术语与制图标准，且主要关注道路宽度、排水系统、道路质量等方面的要求。

随着城市化进程的加速和交通运输的快速发展，中国开始逐步建立和完善城市道路工程的通用标准体系。这些通用标准在基础标准的基础上，根据不同的道路类型和交通需求，提供更具体的设计、施工和管理要求。例如，中国相继发布《城市道路工程设计规范》(CJJ 37)[5]、《城镇道路工程施工与质量验收规范》(CJJ 1)[6]等通用标准，涵盖道路设计、施工、验收等方面，涉及质量、安全、卫生、环保、公众利益等方面的目标或达到这些目标所必需的技术要求和管理要求，对各层次标准均具有制约和指导作用。随着城市道路建设和管理的不断发展，为了更好地满足特定场景和特殊需求，中国逐渐建立了一系列专用标准。专用标准针对特定类型的道路或特殊要求，提供更为详细和具体的技术要求和管理要求。例如，中国发布《城市综合交通体系规划标准》(GB/T 51328)[7]、《城市停车规划规范》(GB/T 51149)[8]、《城市道路交通设施设计规范(2019年版)》(GB 50688)[9]等专用标准，以满足不同场景下道路工程及专项设计的需求。

总体来说，中国的城市道路工程标准体系经历了从基础标准到通用标准再到专用标准的发展过程。这一发展过程旨在确保城市道路工程的设计、施工和管理具备一定的统一性、规范性和可操作性，以适应不断变化的城市交通需求，并促进城市交通的安全、高效和可持续发展。

然而，由于城市道路设施的设计规范及标准多数仅在其约定范围内保证指标的合理性，各类设施的规范间并不协调一致，因此，规范的完善并非优化城市道路设计的根本解决方案，统筹设计以保证整体协调性才是城市道路设计优化的重点。

随着中国城镇化建设的迅速发展，为适应我国城市道路的建设和发展需求，住房和城乡建设部于2021年4月9日发布《城市道路交通工程项目规范》(GB 55011—2021)[10]，自2022年1月1日起实施。该规范为强制性工程建设规范。强制性工程建设规范体系覆盖工程建设领域各类建设工程项目，分为工程项目类规范(简称项目规范)和通用技术类规范(简称通用规范)两种类型。项目规范以工程建设项目整体为对象，以项目的规模、布局、功能、性能、关键技术措施等五大要素为主要内容。通用规范以实现工程建设项目功能、性能要求的各专业通用技术为对象，以勘察、设计、施工、维修、养护等通用技术要求为主要内容。在全文强制性工程建设规范体系中，项目规范为主干，通用规范是对各类项目共性的、通用的专业性关键技术措施的规定。

强制性工程建设规范中各项要素是保障城乡基础设施建设体系化和效率提升的基本规定，是支撑城乡建设高质量发展的基本要求。道路工程项目的规模要求主要规定项目交通服务能力，应与经济社会发展水平相适应。项目的布局要求主要规定选址总体设计、总平面布置以及与规模相协调的统筹性技术要求，提高相关设施建设的整体水平。项目的功能要求主要规定项目构成和用途，明确项目的基本组成单元是项目发挥预期作用的保障。项目的性能要求主要规定建设工程项目建设水平或技术水平的高低程度，明确项目质量、安全、节能、环保、环境宜居、可持续发展等方面应达到的基本水平。关键技术措施是实现建设项目功能、性能要求的基本技术规定，是落实城乡建设安全、绿色、韧性、智慧、宜居、公平、效率等发展目标的基本保障。

强制性工程建设规范具有强制约束力，是保障人民生命财产安全、人身健康、工程安全、生态环境安全、公众权益和公众利益，以及促进资源节约利用、满足经济社会管理等方面的控制性底线要求，在工程建设项目的勘察、设计、施工、验收、维修、养护、拆除等建设活动全过程中必须严格执行。然而，强制性工程建设规范的实施仍需要一套理念与方法支持，以作为强制性规范与项目实践之间的缓冲。

1.2 现代城市道路存在的问题

当前，城市道路建设正处于大规模快速发展期，在工程引领及产业融合理念的指导下，各个城市建设大量的道路基础设施，以服务于城市的日常生产和生活。截至 2021 年底，中国城市道路的总里程已经达到 550 万 km，平均每千人拥有公路里程超过 3 km。[11]

随着城市道路的规划设计越来越科学，宽敞的城市主干道和环路、连通城市各个区域的高速公路、快速路等道路建设不断增加，使城市交通更加便捷。城市道路建设在满足交通需求的同时，其规划与设计也日益复杂。城市道路交通呈现出以下特点：设计基于城市布局和土地利用规划，兼顾多重功能，如交通、服务、空间、环境以及景观功能。道路的断面构成涵盖机动车道、非机动车道、人行道、绿化带和设施带等，还需考虑交叉口、各类出入口、停靠站以及地面上下的各种市政设施。行驶在道路上的车辆种类五花八门，包括客货车、非机动车等，还有大量的行人。道路的交叉口密集，间距通常为 200～500 m。各种交通行为，如行驶、停靠、停车、上下客、装卸等，以及沿线的频繁出入使得交通组织变得更为复杂，需要在不同的道路条件下力求交通安全、高效。

城市的快速扩张也给城市带来了许多新的发展问题，例如城市人口的激增、老龄化以及城市发展带来的生态及人文环境破坏等。面对新的社会问题及城市道路交通自身特点，中国既有的城市道路表现出一定程度的不适应性。

城市人口的激增使得城市的出行需求不断攀升，导致道路交通拥堵问题日益严重。据统计，中国大城市的交通拥堵指数在全球排名前列。为了缓解道路拥堵问题，中国政府正在不断加强公共交通和非机动交通的建设。人口老龄化造成出行需求和能力发生变化，道路建设更需要注重安全性和便利性。城市道路发展过程中，大规模的建设和开发活动、能源消耗、环境污染等引发严重的生态环境破坏。道路建设引导的城市结构的变化、城市历史文脉的失传以及人民生活方式的变化造成人文环境受到严重的破坏。这些问题使得城市道路出现机动车数量剧增、交通拥堵、出行环境恶化、大气污染严重、道路功能单一、公共空间不足、设施同质化严重等问题，与低碳绿色、安全宜居、创新协调、开放包容、富有特色的城市建设目标渐行渐远。根据上述社会发展问题，从多尺度视角审视，当前的城市道路设计主要存在以下两方面的问题：

1）从城市的宏观设计层面来看，规划与建筑设计聚焦地块内部，对周边道路关注不足

现阶段，中国的交通规划往往作为专项规划单独进行，忽视交通和城市其他要素的联动，未充分考虑城市发展的协同效应，使得规划效果低于预期，并且不断引发新的城市问题。例如道路设计与城市设计不匹配、道路空间浪费等，具体表现如下：

图 1-1-3 建筑底部规划松散，缺乏积极界面

（1）城市空间不紧凑及城市功能复合性较差。

当前部分城市的空间边界缺乏限定，居民的步行活动缺乏界面引导，城市功能的复合性不高。如图 1-1-3 所示，建筑底部规划松散，使得道路的界面模糊。“15 分钟社会生活圈”内不能满足居民日常的生活需要，造成对于机动车的依赖，诱发大量短途、非必要机动车出行。

（2）道路与周边环境的尺度不一致。

城市道路是城市建筑物之间的连接，道路与建筑物构成的整体需要保持协调一致。在城市道路设计中，对周边道路的设计和规划缺乏充分的关注，或偏向于追求城市的宏大、道路的宽阔，就会导致道路与周边环境存在明显的不协调感。21 世纪初，中国多地兴起城市美化运动，虽然达到了改善城市的形态特征的效果，但也有不少城市为了景观美化极力增强空间要素的视觉效果，引发诸多不容忽视的不良倾向，如宽广的城市广场、景观大道、高架立交等（图 1-1-4）。表层化和形象化的视觉景观使得城市道路与周边的景观环境的尺度差异过大，以致过于注重形式而忽视功能需求。建筑罗马奖获得者葛满屯（Grover Mouton）曾对这种现象做出评价：“宽马路跟两边的建筑不发生关系，只是快速通过，从城市路网巨大的尺度来看，这是一种郊区模式，失去了城市的感觉。”

（a）宽广的广场

（b）宽阔的道路

图 1-1-4 宽广的广场和宽阔的道路

（3）建筑物面向道路的设计被忽视。

建筑物面向道路的设计是城市道路设计中非常重要的一部分。建筑临街界面的外观、景观及空间设计和色彩搭配应与周边环境和城市风格相融合，以便与道路形成和谐的景观。然而，在城市规划和建筑设计中，往往更注重建筑物和地块内部的设计和规划，而对周边道路的设计和规划缺乏关注。例如，某古城区的道路临街界面的建筑风貌与周边其他建筑形成的古城印象不符（图 1-1-5）；又如，在一些商业区域，商业地块内建筑的规划和设计相对完善，而对周边道路的设计则缺乏关注，导致周边道路过于狭窄、拥挤，缺乏绿化、休息和游憩空间，给市民的出行和休闲带来不便，影响城市的风貌和吸引力。

图 1-1-5　部分建筑的风貌与古城不协调

（4）道路和建筑物与周边自然环境的关系被忽视。

城市道路和建筑物的设计应该与周边的自然环境协调一致，以便为市民提供舒适的生活和出行环境。在一些城市的道路设计中，道路和建筑物与周边自然环境的关系被忽视，导致市民无法享受到丰富的视觉与交互体验。如图 1-1-6 所示，某城市主干道的绿化植被过于茂密，导致驾驶员和行人“滨河而不见河”，无法享受到周边的自然美景。

图 1-1-6 道路临河而不见河

（5）市政设施的统筹协调较差。

城市道路红线及空间范围内应合理布置各类设施，以满足道路总体空间的功能要求。道路作为城市居民的出行通道，不仅有保障出行安全的交通设施和照明设施，同时还有市政管线（包括给排水、燃气、通信、电力、供热等）的排布。

然而，在城市道路设计中，对周边道路的规划和设计常缺乏统筹协调。在城市建设中，不同部门和设计者承担着特定的职责，考虑的因素不同，而道路空间涉及公领域和私领域，不同的利益主体之间缺少强有力的协调机制，导致城市道路设计缺乏协调性。如图 1-1-7 所示，道路工程的管线系统涉及多个部门，管线排布往往杂乱无章，需要对它展开协调设计。

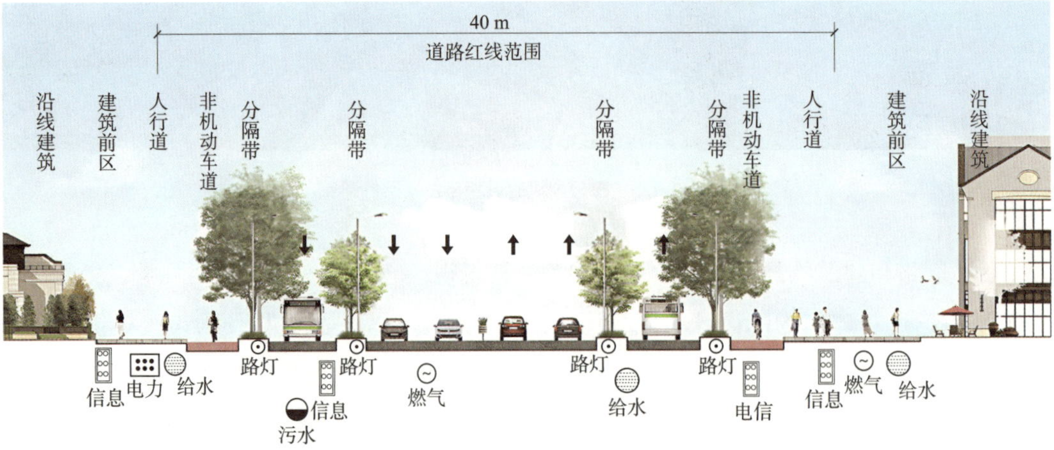

图 1-1-7 管线分布杂乱无章

2）从道路的微观设计层面来看，道路设计倾向工程导向化，人文关怀不足

传统的道路设计主要面向机动车，以满足交通需求为主要目标。在道路设计中，交通流量、车速、车辆容量等往往是设计者的首要考虑因素，更多的是体现以车为本的设计理念，导致城市道路设计呈现出工程导向化的特点。工程导向化的设计思路往往忽视道路设计对城市人文环境的影响。同时，红线内的标准化技术主义道路设计范式占据着主导地位，使城市道路的建设忽视了城市特色。除了考虑交通流量、车速、车辆容量等因素外，城市道路设计不太重视道路与城市环境关系的分析，也不注重行人、非机动车的需求和体验。由于对城市居民、城市环境、城市文化等方面的人文关怀不足，城市道路设计中存在一些问题，比较典型的表现如下。

（1）路权分配向机动车倾斜。

在部分城市的道路设计中，设计者比较注重车辆通行的效率和流畅，忽视行人和非机动车通行的便利性和安全性，导致行人和非机动车的通行安全难以保障。例如，在某些城市的主干道，道路中央车道过宽（图 1-1-8）或转弯半径过大，人行道和非机动车道空间被挤压，慢行空间不足，难以保证行人和非机动车的安全通行。

图 1-1-8　机动车主导的道路

（2）忽略道路活动需求。

城市道路设计不仅要解决出行问题，更应该注重人性化的需求。在实际设计中，一些城市道路缺乏人性化设计，导致市民在出行中感受不到城市的温度和人情味。例如，在某些城市的主干道，道路两侧的建筑贴线率极高，路侧人行道只能满足通行需要，而不能给行人提供休憩、驻足的空间。如图 1-1-9 所示，道路的单侧拓宽改造过程中空间受限，造成人行道的挤压以及行道树的缺失，限制行人活动空间。

图 1-1-9　建筑贴线率极高

(3) 缺乏对老年人、儿童、残障人士等群体的关注。

在城市道路设计中，需要重视老年人、儿童、残障人士等群体的出行需求和体验。然而，实际设计往往忽视这些因素，导致设计缺陷，如道路障碍物设置过多造成老年人、儿童、残障人士等群体出行困难。如图 1-1-10 所示，盲道遇井盖的绕行设计，容易误导盲人的行进路线。

(4) 道路景观环境的设计不协调。

道路景观环境的设计不协调是指在城市道路的规划和设计中，道路景观与周围建筑空间环境以及城市文化特性之间不协调，表现为景观观赏性较差、缺乏尺度感和层次感等。视觉上的不协调和冲突，影响整体的美感及和谐感；景观、空间布局和元素的设计缺乏变化和层次感，使人们在视觉、情感上无法得到多层次的体验，导致整个道路空间显得单一，无法营造出丰富多样的城市环境，如图 1-1-11 所示。

图 1-1-10　盲道为井盖“让路”

图 1-1-11　某城市的“标准性”建筑

(5) 地铁等公共交通与其他交通方式缺乏良好接驳，并干扰道路环境。

20 世纪 90 年代，由于道路交通供给能力的不足，大容量轨道交通的理念应运而生。20 世纪末，随着经济飞速发展，中国进入轨道交通大发展时期，城市轨道交通迅速增加，网络化、类型多元化和现代化是此阶段的显著特征。进入 21 世纪，随着城市规模扩张和机动车快速发展，城市轨道交通成为解决城市交通拥堵的“救命稻草”。但轨道交通线网的大规模规划及建设伴随着诸多问题，其中对于道路交通的影响主要包括以下四个方面。

①轨道线的选线从经济发展、产业布局、客流需求等方面统筹，选取客流最稳定的聚集区，新建的运营线路建设限制条件多，对既有交通架构干扰严重，轨道建设破坏既有道路，道路市政设施需要重新规划建设。

②从线路建设的形式与既有道路交通的关联性分析，地下铺设和高架铺设各有千秋。地下铺设除建设期间对既有交通干扰严重外，建成后基本无影响，但建设成本较高，轨

道沿线地下空间互联互通性较差，沿线建设受到限制；高架建设成本相对较低，但对城市空间界面影响大，还影响既有路面交通结构，部分还存在较大安全隐患（如布置不合理高架桥墩给道路行车、行人过街带来视线影响等）。

③轨道建设与周围地块规划的衔接关系分析不足，虽然轨道以公共交通为导向的开发（Transit-Oriented Development, TOD）目前在轨道交通实际建设中与之前比有较大进步，但轨道交通建成后再进行相关配套工程或者邻近地块的开发建设，会造成运营后驻车换乘（P+R）停车场、公交接驳点（场）的使用以及与在建开发项目在诸如出入口设置、功能发挥乃至地下空间的协调方面存在许多问题，并造成土地浪费、交通混乱等。

④部分城市的地铁出入口缺乏足够的标识和导向，周围缺乏与其他交通方式的良好衔接，接驳交通工具的停车设施有限，客流导入有余、导出不足等。不同交通方式间没有顺畅的过渡空间，不仅影响整体交通组织的流畅性并造成交通隐患，而且大幅影响城市整体形象。例如，某城市的地铁站点周边的建筑风格表现为传统风格及新中式风格，建筑色调以古雅的黑、白、棕为主，但不及时的维护管理造成部分建筑界面出现混乱、缺乏辨识度等现象，如图 1-1-12 所示。

图 1-1-12　地铁站点周边城市空间现状

（6）缺乏城市文化的体现。

城市道路不仅是市民出行的通道，也是城市文化的载体。然而，一些城市道路的设计，缺乏对城市文化的重视，使得历史街区的道路无法展示城市的文化和历史特色。例如，在某些城市的商业区，建筑物的外观设计和色彩搭配并未融入当地的文化特色，缺乏地域性特点，不能为市民提供与众不同的文化体验。如图 1-1-13 所示，为了展示传统城市特色，道路两侧建筑采用高度为 10～15 m 的仿古立面建筑风格。由于建筑高度有限，因此仿古立面与超尺度的街道平面尺寸所形成的街道高宽比异常失衡，缺乏围合感。即使沿街布置着传统建筑，步行者也感受不到传统街道的场所感。

图 1-1-13　特色街区设计缺乏场所感

同时，部分城市的道路设计在权衡城市发展与历史遗存时，甚至可能采取破坏城市文化和历史遗产的策略。

综上所述，当前城市道路设计中存在道路设计的工程导向化、人文关怀不足、规划与建筑设计聚焦地块内部不够以及关注周边道路不足等问题。随着城市快速发展引发的机动车数量激增、城市交通拥堵、出行环境较差、大气污染严重、道路功能单一、公共空间不足、设施同质化严重等诸多问题逐渐凸显，倡导低碳绿色的出行方式已成为社会各界的共识，重新梳理城市重要的活动载体——道路的设计显得越发重要，人们对城市道路的使用要求也越来越高，不再片面地追求宽大的道路、大面积的绿化，更加注重舒适的交通场所、宜人的休闲空间和良好的视觉环境。因此，单纯地从应用功能方面进行城市道路的设计和建设已经不能够满足当下时代的需求，越来越多的城市建设者开始摆脱单纯以交通为主的思想观念，意识到道路在城市中的社会性、象征性等意义，将道路空间资源更多地还给行人，重拾道路的多元功能，注重人性化理念的应用，开启了设计和建设人性化道路空间的新时代。

1.3　城市设计的发展历程

城市设计（又称都市设计，urban design）是指以城市作为研究对象的设计，是介于城市规划、景观建筑与建筑设计之间的一种设计。相对于城市规划的抽象性和数据化，城市设计更具有具体性和图形化的特征。

近代城市设计的概念于 19 世纪末在德国和奥地利被提出，随后传播到世界各国。1890 年，德国建筑师和城市规划师约瑟夫 • 史蒂本（Joseph Stephens）在《城市设计》一书中对城市设计涉及的内容进行了系统介绍。第二次世界大战以后，城市设计作为一个相对独立的学科在欧美等国迅速发展起来。

1956年，在美国哈佛大学设计研究生院召开的城市设计会议，是现代城市设计诞生的标志性事件。与会者认为：20世纪中叶的知识体系分割了“建造的艺术性”和“规划的系统性”，而“城市设计”作为规划体系的组成部分，是城市规划中最具创造性的部分。

简•雅各布斯（Jane Jacobs）于1961年发表了《美国大城市的死与生》，旗帜鲜明地提出，城市的本质在于其多样性，城市的活力来源于多样性，城市规划的目的在于催生和协调多种功能，来满足人们多样而复杂的需求。

“新城市主义”是20世纪90年代初针对郊区无序蔓延带来的城市问题而形成的一种新的城市规划及设计理论，其核心人物是彼得•卡尔索普（Peter Calthorpe）。他主张借鉴第二次世界大战前美国小城镇和城镇规划的优秀传统，创造和重建丰富多样、适于步行、布局紧凑、混合使用的社区，对建筑环境进行重新整合，形成完善的都市、城镇、乡村和邻里单元。同时认为城市设计应当具有如下特性：适宜步行的邻里环境、传统的邻里结构、用地功能混合、多样化的住宅、高质量的建筑和空间布局、高密度的建筑布局、精妙的交通体系、道路的连通性、可持续发展。

综上所述，城市设计是基于人居环境多层级空间特征，统筹协调多尺度要素内容，优化城市空间的整体布局，塑造优美城市形态，营造宜人场所和活力空间，提升城市品质，积极塑造美好人居环境。其核心内容包括综合城市的土地使用功能、道路交通系统、区域开发模式、经济政策，以及城市发展决策和公众诉求等基本因素，探索得到一种灵活的、生态的、可持续创造的城市设计理论方法，对城镇空间形态和地域场所塑造进行构思和安排，保障公共利益，营建公共空间，反映历史文化和现实生活的融合，创造“宜居、宜业、宜游”的城镇空间环境。

城市设计的发展已经经历三个主要阶段：传统城市设计阶段、现代主义城市设计阶段和绿色城市设计阶段。每个阶段都在不同的背景和理念下演变和发展，反映了人们对城市的认知和期望。

1）传统城市设计

传统城市设计阶段强调城市的视觉形态和感性表达。城市的规划和设计主要关注建筑的外貌、风格和布局，以及城市肌理的塑造。基于建筑和城市的三维空间要素，重点创造独特的城市风貌。然而，该阶段的城市设计并不注重交通流动性、城市功能性和可持续性，导致所规划城市的布局不够合理、功能不够完善、城市活动不够高效。

2）现代主义城市设计

随着工业化和城市化的发展进程加速，现代主义的城市设计浪潮应运而生。面对日益复杂的城市问题，如交通拥堵、环境恶化等，现代主义城市设计理念强调运用理性逻辑和科学方法来解决城市问题，通过规划城市布局和功能分区来提高城市的交通效率和可持续发展。他们倡导高楼大厦、城市高速公路和功能性建筑，试图在城市中建立更有序和高效的系统。然而，这种过度强调功能和效率的设计常导致城市缺乏人性化和文化多样性。

3)绿色城市设计

随着环境问题日益凸显，城市设计逐渐注重城市与自然环境的紧密联系。绿色城市设计阶段强调将城市视为有机生命，将城市作为生态系统中的一部分，注重在城市规划和设计中融入生态学原则。城市设计强调生态系统的健康，推动可持续发展，包括节能减排、水源管理、绿化景观、生态恢复等。设计师们尝试在城市中创造出更多的绿色空间，促进人与自然的和谐共生。绿色城市设计不仅关注城市的外在美感，更重视城市的生态可持续性。

综上所述，城市设计的发展历程反映人类对城市的认知和价值观的变化。从传统的视觉形态到现代的功能分区再到绿色的生态和谐，城市设计持续演变，以适应不断变化的社会、经济和环境需求。

为适应社会、经济和环境需求的变化，现阶段城市设计逐步演变为过往各阶段理念的融合，朝着综合性和多维度的方向发展。城市设计全覆盖、精细化、多维性和公众交互等方向日渐明朗，成为地方政府进行空间开发决策的重要依据。以深圳、天津、南京等为代表，城市设计控制努力实现城市建设用地整体或重点地区的全覆盖，力求解决现实问题、适应动态管理需求、转化行动计划；城市设计层次向社区、微空间等尺度下沉，更贴近百姓生活；城市设计实践内容体现出多维性，安全、健康、绿色交通等时代主题更多地反映在设计目标中；网络技术用于城市设计与公众的交流，向实质的公共参与靠拢。同时，大量的城市建设和发展思路、建筑设计创意、社会人文运动等为城市设计发展带来活力，在气候、地形、形态等多个维度出现不少新理念，设计方法和技术手段更加丰富。

现阶段城市设计的趋势是数字化城市设计。信息化时代背景下，以大数据为代表的新兴技术推动城市设计与其他学科交叉融合，推动城市设计进入数字化城市设计阶段。高新的信息技术以多维度、大数据、范围广、时间长等优势，逐步运用于城市设计的数据挖掘、分析应用中，为城市设计提供多样化的研究视角和研究路径。这从技术角度支持城市设计由单一的城市建设逻辑转向更综合的社会、政治、经济等环境构建，体现出“多学科的理论和方法支持城市设计过程与决策”的态势；促使城市设计综合各先进技术实现全方位空间环境质量管理，弥补功能性规划的不足，推动“设计规划并行”的整体模式演进。

1.4 城市道路设计的新理念

回顾城市道路的发展，各个阶段的设计理念也在逐渐变化。在过去的几十年中，道路建设基本完成城市总体规划、控制性详细规划、路网规划、市政公用设施等各专项规划，控制性详细规划的七条线基本确定，主要是针对道路控制的红线（包括用地红线、道路红线和建筑红线），规划城市公共绿地、公园、单位绿地和环城绿地等的绿线，规定城市水面（主要包括河流、湖泊及护堤）的蓝线，划定历史文化街区的紫线，城市基础设施用地控制的黄线，城市安全防护的橙线，电力线路及用地控制的黑线等。道路的红线设计理念、以车为本的城市道路设计思想被广泛采用，重点关注车辆的流通和交通效率。然而，这种设计理念已经不能满足当代城市居民对生活质量和城市空间的需求。为了更好地适应城市化进程的需求，各国家或地区都提出了适应于地区内城市街道设计导则，如图 1-1-14 所示。不同导则的理念相似，但关注点存在不同程度的差异。其中，2009 年美国纽约出台的《Street Design Manual》[11] 对城市街道的机动车交通与设施、非机动车交通与设施、步行交通设施、建筑界面与沿线功能等方面的全寿命周期阶段的设计进行指引性的描述，通过提高城市环境质量，增强经济活力与社会凝聚力，最终使街道成为城市的骄傲。活力街道运动强调场所营造、独特性以及结合文脉的街道设计，还有多部门合作的设计流程，最终落实于社区参与。同年，英国伦敦推出《Streetscape Guidance》[12]，旨在通过对交通设施的设计和改造进行引导，实现城市形象的提升、各种出行方式的平等、道路空间清晰易辨识、城市最适宜步行的目标。阿联酋的首都阿布扎比于 2009 年推出《Abu Dhabi Urban Street Design Manual》[13]，该手册通过步行优先的道路等级划分、全系统的设计与管理维护流程、先进的公众参与方式等手段，实现降低能源消耗与设施投资、确保全社会利益、平衡经济发展的目的。在这个时期，美国、欧洲的许多城市都结合其自身发展的需求（主要包括功能完善、活力场所、形象个性、特殊群体四个方面，如图 1-1-15 所示），对城市街道的规划、设计、运营管理及改造阶段有针对性地发布城市街道的设计导则。

在上述导则的指引下，城市道路设计应当与城市设计进行融合。城市道路设计和城市设计的融合是对城市空间和道路空间进行一体化设计，旨在使城市设计与道路设计相协调。同时，道路设计应以人为本，将道路从以车为主的理念中解放出来，构建改善行人、居民生活环境的品质化、精细化、人性化、可持续化的城市道路空间。城市道路设计的新理念如图 1-1-16 所示，主要包括以下两个方面：

（1）传统的规划设计以道路红线为界，规划和景观设计工作集中在道路红线之外，交通和道路设计工作集中在道路红线之内，红线内外由不同的单位负责设计、建设与管理，不利于道路空间的整体性，更不利于提高空间利用效率。因此，从城市宏观设计的角度来看，城市道路不仅包括路，还包括沿线的建筑立面和退缩空间等，这些要素共同构成完整的道路空间。道路设计不再是在红线内做文章，还必须尊重沿线的建筑、风貌条件以及活动需求。对道路红线内外进行统筹，拓展管控的范畴和内容，将涉及范围从红线内部拓展到红线以外的沿街空间，弱化道路红线对步行空间的分割，实现道路的整体塑造，从“控红线”转变为“控空间”，达到空间融合的目标。同时，突破既有的工程设计思维，注重对市政设施、景观环境、沿街建筑等要素的有机整合，通过整体道路空间环境设计塑造特色道路。

（2）对于道路微观设计而言，城市道路的根本目的是实现人和物的积极、顺畅流动，在理念和实践中真正实现从“面向车”到“面向人”的转变，使行人、非机动车和公共交通的通行空间环境得到有效改善，通行环境的舒适性、安全性均得到极大提升。对慢行交通、静态交通、机动车交通和沿路活动进行统筹考虑、精心设计，使每一条道路都能够被当作具有明确的功能空间并成为承载多类型活动的场所，而不仅是通行空间。

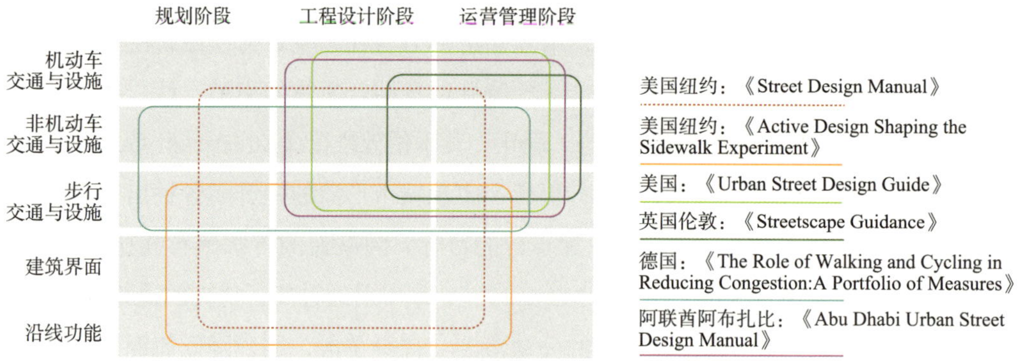

图 1-1-14　各区域发布的城市街道设计导则覆盖内容

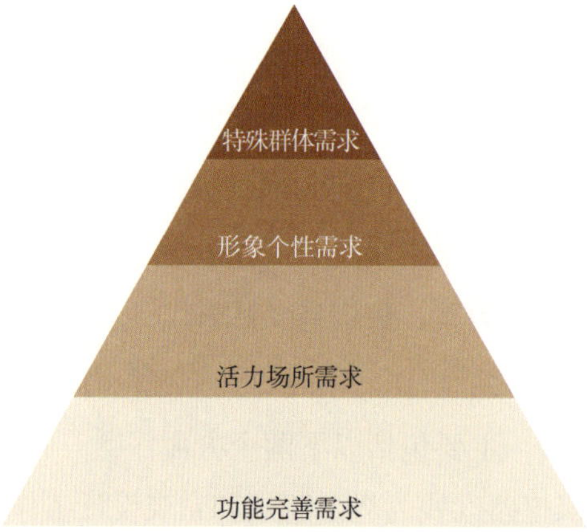

图 1-1-15　道路设计的“需求金字塔”

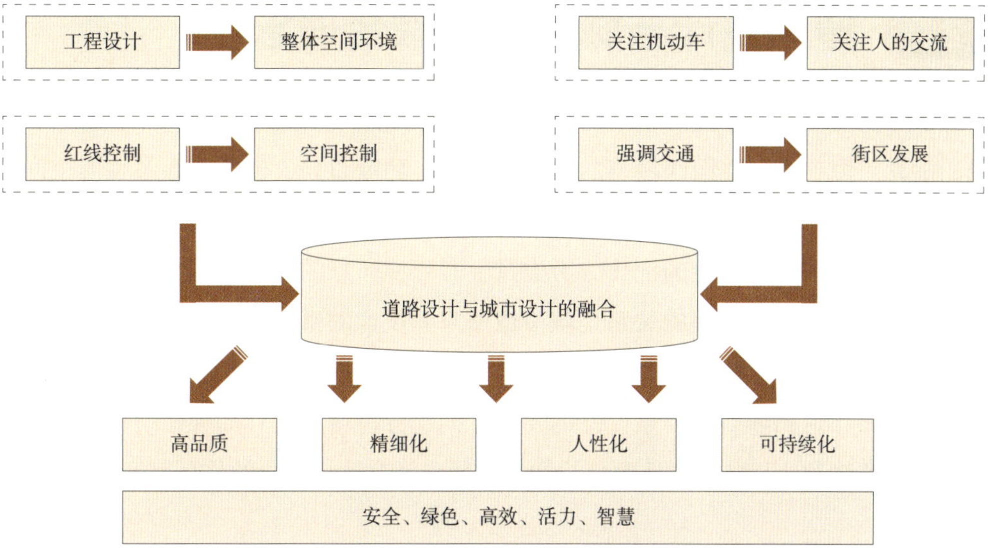

图 1-1-16　城市道路设计的新理念

“以人为本，整体协调，可持续发展，促进城市街区发展”的道路设计理念，深刻反映城市道路建设的内涵。“以人为本”意味着城市道路建设应该注重居民的需求，更好地满足人们的生产和生活需要，注重公众对重要规划的参与，创造安全、绿色、高效、活力、智慧的城市空间。“整体协调”意味着在城市设计指导下开展道路规划设计，将道路与城市设计风格融合统一。“可持续发展”意味着城市道路建设应该遵循可持续发展的原则，促进经济、社会和环境的协调发展，创造长期稳定、具有生态和文化气息的城市空间，提升城市的整体魅力和竞争力。“促进城市街区发展”旨在强调道路对周边城市街区的活力、经济增长的积极贡献。

在城市道路设计新理念的指导下，城市道路建设旨在达到安全、绿色、高效、活力和智慧的目标。安全是指城市道路应该设计成安全的交通空间，保证行人和车辆的交通安全。绿色是指城市道路应该注重环保，遵从可持续发展的理念，尽可能减少对环境的污染，提高城市生态环境质量，达到经济、社会和环境的可持续发展。高效是指通过优化道路设计等手段，实现减少交通堵塞、缩短出行时间、提高交通运输效率的目的。活力是指城市道路应该设计成充满生命力和活力的公共空间，增强城市的文化魅力。智慧是指通过对行为特征、设施特征和环境特征，为道路管理者提供精细化管控依据，并结合不同参与者的需求，提供精准服务。

综上所述，城市道路设计新理念是以人为本、协调性和可持续性为核心的新型设计理念。在新兴设计理念和目标的指导下，城市道路能够成为具有幸福感的城市空间和城市名片。

第2章 道路设计与城市设计融合理念

城市道路空间是城市公共空间的重要组成，映射城市的整体风貌，承载着大量城市居民的活动。城市道路空间与城市的结构、风貌、功能布局、历史遗存及生态空间等息息相关，这些要素影响城市道路的整体走向及空间布局、城市道路空间的设计组成，并引导城市结构的演进、功能的优化、历史及生态环境印象的传递。因此，研究城市道路与城市道路空间各个要素间的关系是城市道路空间设计的基础。本章内容主要界定城市道路空间的范围，并分析城市道路空间要素与城市设计的要素间相互作用的形式，阐明城市设计对城市道路各空间要素设计的要求。据此分析城市设计如何指引城市道路空间设计，总结道路设计与城市设计融合的意义，明确融合设计理念的作用与定位。

2.1 城市道路空间

2.1.1 城市道路空间的范围

确定城市道路空间范围是对其进行设计的基础。通过解析城市道路空间的特性，统筹分析城市道路空间中各参与者的空间感知，清晰界定所研究的范围，从而更有目的性地针对具体对象开展城市道路空间设计的研究。

传统的道路设计着重于交通流动和基础设施规划，新的设计理念使城市道路空间的研究范围不仅局限于道路红线内的设计，更加关注道路两侧的活动和环境。在新的设计理念下，城市道路空间设计将扩展至道路两侧建筑的底层界面，道路将视为多功能的城市空间。城市道路空间的研究范围涵盖道路的整体环境，包括人行道、商业店铺、社交聚集区等，这些要素构成道路两侧建筑的底层界面。

此外，个体对空间的感知受视觉范围的制约。随着建筑科学技术和车辆性能的改进与发展，城市空间在水平维度上的范围持续扩展，城市建筑在三维层面上的高度不断增加。然而，个体的注意力与认知只能集中在一定范围之内，部分建筑的规模远远超越个体的感知极限。通常，以近人空间来表达人们活动交往的城市空间。这部分空间要素常与使用者密切接触，易于被使用者细致观察。作为建筑和城市空间中直接感知的核心区域，近人空间是使用者近距离观察和接触外部环境的尺度。它恰好位于正常视线范围内，成为人们关注的焦点。个体主要通过近人空间形态感知与体验城市空间。对于近人空间内的建筑体量，可通过二次划分空间、建筑细节化等手段缩小建筑尺度，在保持整体性的同时增加局部趣味性，创造亲人的环境氛围。

视觉科学研究发现，个体水平方向的视域比竖向视域要宽广，个体向前可以看到两侧各 100° 左右的水平范围，垂直方向上个体知觉感受范围相对有限。为了看清步行的路线，个体的视线往往向下偏 15° 左右，向上偏角约为 55°。相比之下，俯视、平视是自由开放的，仰视较为封闭受限。因此，定义近人空间为人的视力，仰视角为出发点在视觉 55° 仰角范围内，从建筑首层界面水平方向外 9 m 宽的人行道或邻近的开敞空间能见到的三维空间部分，通常为 15 m 以下的城市空间，如图 1-2-1 所示。

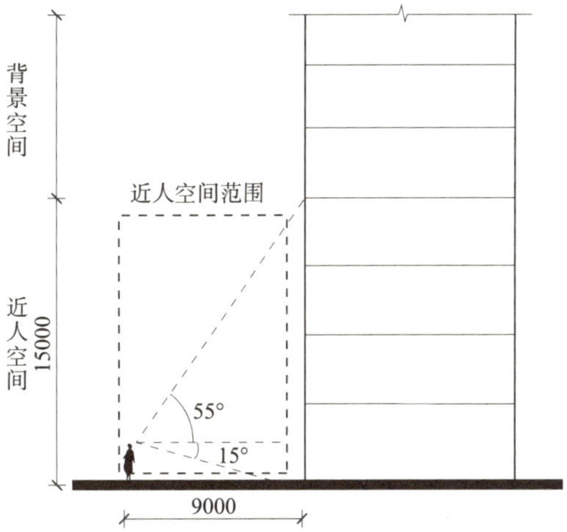

图 1-2-1　人的视域范围及近人空间（单位：mm）

综合道路的空间特性和人体的视觉特性，确定城市道路的空间范围，如图 1-2-2 所示的 U 形三维断面空间。城市道路为三维带状实体，确定其设计范围为 U 形带状的线形开放空间。

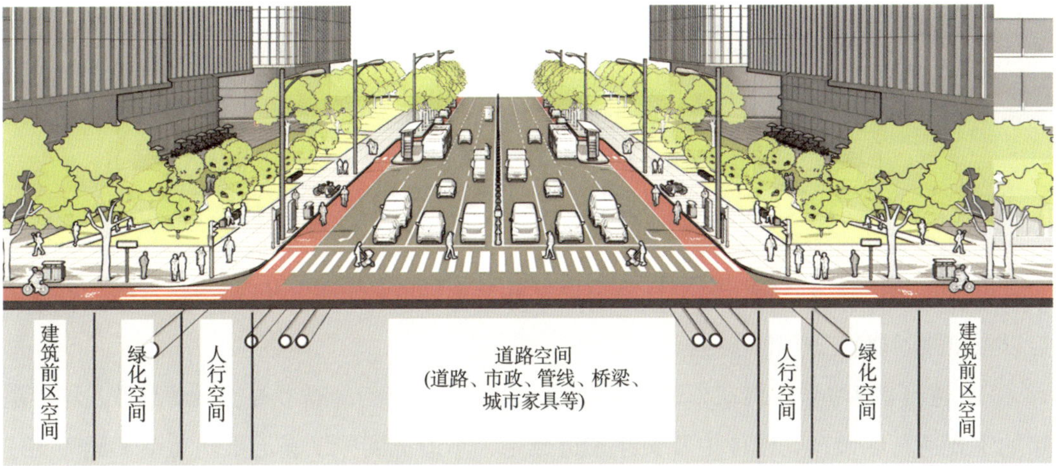

图 1-2-2　城市道路的 U 形断面空间

2.1.2　城市道路空间的组成

解构城市道路的 U 形断面元素，其设计要素主要包括物质要素和文化要素两个方面，并可进一步分为道路的功能设施要素、生态要素和区域文化要素等，如图 1-2-3 所示。

在城市道路的具体设计中，城市道路空间的功能设施对道路空间设计的影响体现在道路基础设施的设计和更新中，包括道路和道路周边的附属物。生态要素的影响主要包括道路的绿化空间及其与原有生态环境间的协调性，主要包括绿化和环保设计。这两者均处在物质层面，属于空间的物质要素。而城市道路设计过程中对历史文化的传承和保护属于地域文化要素。

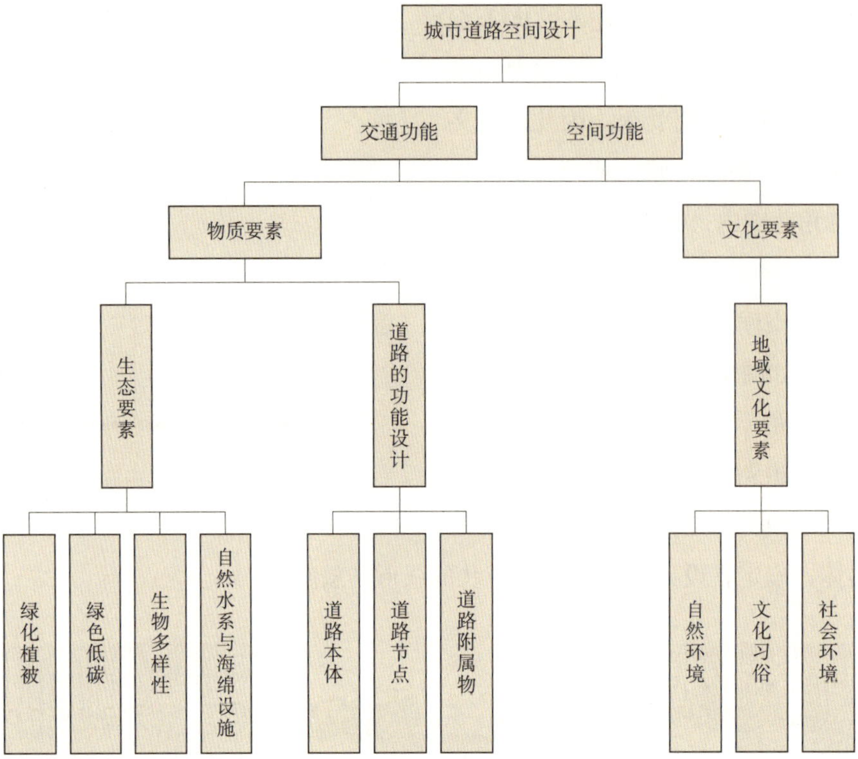

图 1-2-3　城市道路空间要素设计内容

1）城市道路空间的功能设施要素

城市道路设施及其附属物是保障道路空间基本功能的要素，包括道路本体、道路节点以及道路附属物三个部分：

（1）道路本体：包括机动车道、人行道、非机动车道、分隔带等。机动车道是城市道路的主要通行区域，其设计主要关注车道数量、车道宽度，以满足不同类型车辆的交通需求。人行道为行人提供连续舒适的步行空间，其宽度、平整度、无障碍设施等要素是确保行人出行安全和舒适的关键。非机动车道是供自行车骑行的区域，通常介于人行道和机动车道之间，其与人行道的慢行交通设计是保证慢行交通安全的关键环节。分隔带是人行道、非机动车道和机动车道的分界，其设计与安全相关。

（2）道路节点：交叉口作为道路网络的关键节点，承担着不同方向交通流动的协调任务，以引导车辆和行人安全穿越道路。在交叉口的规划和设计中，需要分析交通流量、转弯半径和行人通行流线，以提高交通的通行能力和流动性。公交站点和地铁站点作为交通的枢纽是城市空间的重要组成，承载着大量的乘客出行。在规划公交站点和地铁站点时，需要合理设置站台设施。同时，要注意公交站点和地铁站点与其他交通方式之间的顺畅衔接，确保其与步行、非机动车等出行方式接驳的便捷性，以鼓励更多市民使用公共交通，减少城市交通拥堵和环境污染，促进城市的可持续发展。

（3）道路附属物：道路附属物是城市道路空间中不可或缺的要素，包括公共设施和临街界面要素。其中，公共设施的设计内容包括为市民提供便利和舒适的服务设施，如设置座椅、垃圾箱、自行车停车区域等，以便市民休息、垃圾分类和环保出行等活动。这些空间要素的设置和布局需照顾到市民的实际需求，以提升城市的人性化和舒适度。而临街界面是以临街建筑底层外墙为主要背景的城市空间，对它进行整体控制可以提高道路空间的整体风貌。

2）城市道路空间的生态要素

生态环境影响要素包括以下几个部分：

（1）绿化植被：绿化植被既是主要的生态景观要素，又可提高城市空气质量，吸收二氧化碳和污染物，减缓城市绿岛效应。

（2）自然水系和海绵设施：在绿地中的自然水系（如河、湖、池塘、小溪等）应予以保留，以消纳雨洪；可优化岸线，以提高景致的观赏性。有条件的绿地，可设计透水铺装、雨水花园、下凹式绿地、生物滞留池等海绵设施蓄排，净化雨水。

（3）绿色低碳：道路绿地中的材质，可使用再生材料；提高乡土高效碳汇植物群落比例。

（4）生物多样性：道路绿地设计侧重一般的普适化物种和本地物种；建立生态廊道，以利于动物迁徙和栖息。有条件的可构建生境花园，种植花朵或果实鲜艳的嗜鸟植物，吸引昆虫安家。

3）城市道路空间的地域文化要素

地域文化要素主要分为自然环境、文化习俗、社会环境三个方面，涵盖了地域的气候特征、历史文化建筑、道路布局与历史演变、文化艺术装饰、城市故事与标识性元素、特色街区和主题街道等设计要素。

2.2 城市设计对城市道路空间设计各要素的要求

城市设计成果体现在两个维度：一是横向层面，体现在学科内容的多元融合，不是仅限于建筑学知识，而是各种被传统学科分割开的多门学科（如规划学、交通学、心理学、统计学等）的有机融合，与城市设计共同形成互有交集的半网络结构。在半网络结构中，城市设计理念成为一种贯穿所有相关领域的“环境观”与共享的“价值观”。其独特之处在于采用了自然科学与人文科学、定性与定量相结合的方式，将本不属于工程技术领域的内容（如文化、心理、精神等）纳入研究范围，并使这一研究达到工程技术应用与管理的水平。因此，从城市宏观环境考量，综合划分城市道路空间为设施、生态和文化三方面的要素，以期实现完整的城市道路空间设计。二是纵向层面，反映在城市设计过程中，以城市的长远发展目标为指导，通过确保局部与整体目标相契合，在整体性和局部性之间协调和平衡，从而制订出“全局优化，不失局部”原则的方案。为实现城市整体空间环境品质的提升，针对设施、生态和文化三要素，运用城市设计理念和方法，编制规划导则，确保道路空间中各方面要素设计的整体协调性。

2.2.1 城市设计对城市道路功能设施设计的要求

城市设计主要在纵向层面上对城市道路空间的功能设施要素的整体性和协调性进行设计控制，以优化城市整体的空间环境。其作用形式主要体现在两个方面：①通过道路空间设计打造多功能城区，促进周边产业的发展，改善居住和通行条件，同时展示城市形象；②针对不同地段，通过科学改造，增加道路的活动空间和提升环境质量，以塑造城市风貌，满足不同功能需求。

城市设计的目标是建立各功能区的区域特点与道路功能设施（及其周边环境）的协调性。通常，城市按照城市中心区、商业区、住宅区、工业区、交通枢纽、绿地公园等进行分类，并通过道路、公共空间等将它们连接起来，形成城市的空间组织。不同的功能区域也带来了城市发展的多样需求和独特特点，包括商业功能、行政办公功能、住宅功能、工业功能等，每个功能区域都有其特定的需求和规划要求。因此，城市设计必须考虑功能对城市道路设计的影响，不同的功能塑造了道路设计的需求和特点。以下是城市区域层面对城市道路功能设施设计存在影响的几个重要方面：

（1）交通需求和流量分布。

城市的远景建设规模决定了城市未来吸引的人口和总体的交通流量增长趋势，而城市功能决定了不同区域的交通需求和流量分布。商业区、办公区、工业区等经济活动集聚区域通常具有较高的交通流量，需要宽敞的道路和高容量的交通网络来满足交通需求；住宅区等则需要注重行人和骑行者的安全，并提供便捷的步行和骑行环境。

（2）公共交通接驳。

城市功能类型对公共交通的需求有直接影响。商业区、办公区、文化区等功能集聚区域需要与公共交通站点有良好的接驳，以便人们能够方便地使用公共交通工具，减少私家车使用量，减轻交通压力。

（3）可持续出行和环境保护。

城市结构和功能对可持续出行和环境保护具有重要影响。合理规划各功能区域的空间布局，可以鼓励可持续出行方式，如步行、骑行和公共交通，减少汽车使用量和交通排放，降低环境污染。

综上所述，针对不同功能的城市区域采取适宜的道路设计，可以提高道路系统的效率、安全性和可持续性，提供良好的出行环境和交通体验。与此相反，如果道路设计与城市结构和功能布局不协调，可能会产生以下影响：

（1）交通拥堵和延误。

如果道路容量不足以满足区域交通需求，或者道路布局不合理导致交通不顺畅，就会引发交通拥堵和延误，影响出行效率，还可能导致经济损失和环境问题。

（2）安全隐患和事故风险。

道路设计与城市功能不协调可能导致交通安全隐患和增加事故风险。例如，在住宅区附近缺乏安全的人行道和过街设施，行人容易面临交通危险。商业区的交通流量大，缺乏合适的交通管理措施，会增加交通事故风险。

（3）不便的出行体验和交通不平等。

如果道路设计不满足不同功能区域的需求，将给人们带来不便的出行体验。例如，步行和骑行环境差、公共交通接驳不便，则私家车出行的需求会增加，从而进一步加剧交通拥堵。

（4）环境污染和不可持续性。

道路设计与城市功能不协调可能增加汽车使用量和交通排放，导致环境污染。

因此，在城市设计和道路设计过程中，必须根据城市的区域功能，配套设计城市道路的设施，以创造安全、高效、可持续的城市交通系统。

2.2.2 城市设计对城市道路空间生态要素设计的要求

生态景观作为城市的绿色之“肺”和美丽之景，对城市的景观和生态环境的影响显著。在城市设计的横向层面，城市道路空间设计不局限于道路的功能和设施等方面，而要以多学科的视角有机融合生态要素（包括景观空间及海绵城市等）美观、低碳、环保的设计理念的应用。而在纵向层面上，重点探讨生态景观与城市道路设计的协调性，涉及城市景观的层次感、空间尺度、景观配置、道路景观空间和道路通行空间的协调与冲突等方面的内容。

（1）城市景观的层次感。

城市设计应将生态要素纳入规划中，可以在道路空间中设置不同层次的绿化带、花坛和景观节点，从而丰富城市的景观层次感。合理的景观布局可以使城市道路空间呈现多样化的景观特色，提升城市的美观度和视觉吸引力，如图 1-2-4 所示。主干道、次干道和支路等不同级别的道路应根据其功能和地位，有针对性地规划不同类型的生态景观。例如，主干道可以设置宽阔的绿化带和景观节点，展现城市形象和标志性景观，如图 1-2-5 所示；次干道则可以打造连续的景观带，形成宜人的通行环境，如图 1-2-6 所示；而支路可以注重小尺度的景观细节，提供人与自然的亲近感。

图 1-2-4　多样化的景观

图 1-2-5　主干道景观带

图 1-2-6　连续景观带

（2）城市景观的空间尺度。

通过合理的空间尺度安排，城市道路空间中的生态要素可以得到充分展现，满足市民对自然环境的需求。大范围的生态景观网络应与城市道路系统相结合，形成连续的生态廊道，为城市提供生态服务，如图 1-2-7 所示。同时，在局部空间尺度上，道路的布局、景观元素的配置和植被的选择等应与道路功能和环境相匹配，实现景观与道路的和谐统一。

（3）景观配置的协调。

景观配置的协调涉及多个方面，如对生态要素、临街建筑的整体控制，对整体空间环境、用地功能、交通系统和景观综合提升，将绿化空间和公园、城市建筑相融合等，以形成和谐城市。同时，生态景观的配置应结合城市道路的布局和流线，通过科学的规划设计，在城市道路空间方面增强城市的宜居性和幸福感。另外，生态元素的选择、布置和排列方式应根据道路的功能和交通要求，合理布局。例如，在道路交叉口和拐角处设置景观节点（图 1-2-8），美化城市形象，提供行人的休憩空间和交通安全设施。

图 1-2-7　城市道路生态廊道

图 1-2-8　道路节点处绿化

（4）道路景观空间与道路通行空间的协调与冲突。

城市设计在生态要素设计中需要平衡道路景观空间和道路通行空间之间的关系。合理的设计可以在保证道路通行畅通的同时，保持生态要素的完整性和美观。而不当的设计可能会造成景观和交通冲突，影响道路的安全性和通行效率。因此，在城市设计中，需要权衡生态景观的需要和道路通行的要求。应根据道路的交通功能和承载能力，合理规划和配置道路景观空间，确保行车畅通和生态景观的共存。

（5）满足各景观参与者的需求。

城市设计在生态要素设计中，要结合各类景观参与者的需求。例如，增加公园和休闲设施可以给市民提供更多的休闲活动场所；增加绿化带和树木可以改善空气质量，吸引野生动物等。满足不同参与者的需求，可以增强和提高城市居民对城市的归属感和满意度。例如，根据不同交通参与者的速度特性和视认范围感知能力，对道路的植被进行差异化布置，营造景观的层次感。

（6）对海绵城市和低碳城市建设的影响。

城市道路作为城市的重要公共空间，在海绵城市、低碳城市等方面可以发挥巨大作用。在城市设计中，可以通过道路基础设施的生态要素的设计，增强城市对水资源的调节和保护能力，减少洪涝和水污染等问题。同时，通过促进非机动交通和公共交通的发展，减少汽车使用，降低碳排放，实现城市的低碳目标。

城市设计与道路的生态要素之间的协调性至关重要。通过合理的景观层次感、空间尺度协调、景观配置、道路景观空间与通行空间的协调等方面的措施，可以实现生态景观与城市道路的有机融合。这种协调关系既能提升城市形象，优化市民的生活环境，又能保护生态环境，促进城市可持续发展。因此，在城市道路设计中，应注重生态景观的融合设计，以实现城市景观与交通功能的完美结合。

2.2.3 城市设计对城市道路的地域文化要素设计的要求

城市设计横向囊括了城市的精神内涵和文化塑造。作为城市的框架，城市道路不仅承载着城市的交通功能，也是传递地域文化的重要载体，探讨地域文化与城市道路设计的关系十分必要。基于此，本书着重讨论融入地域文化要素的城市道路对城市形象、文化价值、群众认知以及独特的城市风貌的正向影响，促进城市整体文化风貌的塑造，并探讨历史遗迹与城市道路通行空间存在的冲突。

（1）城市形象的塑造。

地域文化融入城市道路设计，可以赋予城市独特的风貌和形象。通过保留历史建筑、传统街巷布局等元素，城市道路可以呈现出地域独有的特色，成为城市的标志性景观。这不仅提升了城市的吸引力和辨识度，也创造了独特的城市品牌形象。

（2）文化价值的传承。

城市道路作为历史文化的传承者，承载着丰富的地域文化价值。在城市道路设计中融入地域文化要素，如历史遗迹、传统建筑、文化符号等，可以有效传递地域文化的历史意义和人文精神。这有助于激发公众对城市文化的认同感和自豪感，促进地域文化的传承和发展。

（3）群众认知的提升。

城市道路空间设计融入地域文化要素，可以增强公众对城市的认知和理解。历史街区、文化街道等具有地方特色的道路设计，不仅可以引导人们走进历史和文化，还可以激发公众的兴趣和参与热情，推动城市的旅游和文化产业的发展。

（4）历史遗迹与城市道路通行的冲突与协调。

城市的发展与历史遗迹的保护之间常存在冲突，历史街区的城市道路通行空间的规模往往受限于历史遗迹的保护。其主要矛盾在于保护历史遗迹需要一定的空间和环境，而满足道路交通需求也同样需要。因此，在城市道路设计中需要平衡历史遗迹的保护与道路通行功能的关系，通过合理规划和设计，寻找历史遗迹与道路通行的协调点，确保历史文化的传承与城市交通的顺畅。

地域文化与城市道路设计密不可分，它们相互影响、相互融合。融入地域文化要素的城市道路设计不仅可以塑造城市形象，还可以传承文化价值，提升公众认知，创造独特的城市风貌。在实际设计中，需要协调历史遗迹保护与道路通行的冲突，实现文化传承和城市发展的双赢，建设出富有历史厚度和独特魅力的城市道路，为城市的可持续发展和人们的美好生活贡献力量。

2.3 道路空间设计与城市设计融合的意义

分析城市设计对城市道路空间设计各要素的影响可知，对城市与城市道路空间进行融合设计具有重要的意义。随着城市化进程的不断推进，城市道路已不再仅仅是交通通行的空间，更是承载着城市居民的生活、生产与文化交流的重要场所。融入城市设计的理念，可以为城市道路空间赋予更多宜居、宜人、独特的特质，促进城市的综合发展与可持续繁荣。将城市与城市道路空间进行融合设计具有以下几方面的意义。

（1）融合设计的优势在于其综合性的视角。融合设计以其综合视角，基于城市的规划与发展，将城市道路视为城市的血脉，不仅关注其交通功能，更注重与城市其他要素的协调与融合。通过科学的城市规划和布局，城市道路空间能够更好地与城市功能区域相连接，提高交通通行效率，促进城市的资源配置和发展均衡。

（2）融合设计注重人文关怀与文化传承。融合设计基于以人为本的思想，即从人的行为、心理（如艺术性）和老年人、儿童及残障人士等群体的可达性等出发，使建筑空间布局、城市环境品质、人的活动有机融合，形成功能化的、有审美属性的整体。

（3）融合设计提倡可持续发展理念。融合设计通过对城市空间的环境设计，改善道路和城市的环境质量。引入生态景观、海绵城市的设计理念，设置雨水花园、植被带等，实现雨水的自然收集和净化，缓解城市排水压力。提高绿化覆盖率，促进城市的生态平衡与环境保护，为城市的可持续发展做出贡献。

（4）融合设计使道路呈现独特的风采和个性。融合设计通过融入城市文化、历史与艺术元素，城市道路空间可以呈现独特的风采和个性，增强城市的吸引力和凝聚力。将文化街区、公共艺术装置等设计为城市的标志性景观，可以彰显城市的独特魅力与提升城市居民的归属感。

（5）融合设计的跨学科性质为城市道路空间设计带来新的可能性。融合设计涵盖建筑学、规划学、社会学等多学科领域，可以综合运用不同学科的知识和技术，提供更全面、科学的城市道路设计方案。运用先进的科技手段和人文关怀，可以满足不同人群的需求，为城市居民打造更加人性化的道路空间。

直接以宏观的城市规划去指导微观的项目建设和建筑设计，极易造成彼此间的脱节，并导致环境品质的下降。中观层面的现代城市设计，作为两者间的“减振器”，通过对城市空间的环境设计，改善人们的生存空间的环境质量和生活质量，使得城市空间形成有血有肉的整体。例如，图 1-2-9 为苏州市高新区某地块的原始控制性规划方案。由图可知，后巷港河道南北两侧的道路按照平行南侧规划边界道路，地块内路网间距、道路等级、线形指标等均符合现行规范要求，但城市形态、地块尺度始终不协调，整体性较差。

分析其原因，地块中各道路与山川河流并不对景，道路的走向、方位等均未有效配合远处的自然景观，使得地块的整体布局显得较为凌乱。

针对上述问题，设计方提出优化方案（图 1-2-10），改进措施主要为以下三方面：

①理顺主干路网线形。南北向主干加大平曲线半径，弓形对向东侧山体的曲线顺直，后巷港河道南北两侧的道路调整为对向东侧牛头山、姚江山山体，原平行布置的路网优化为扇形布置。

②优化地块划分，沿横三路布置的三块居住用地面积相对一致，引导土地的合理利用。

③城市形态强化山与湖的空间对景，扇形布置的道路成为视线廊道，提升未来城市生活环境的品质，促进城市空间的有序发展。

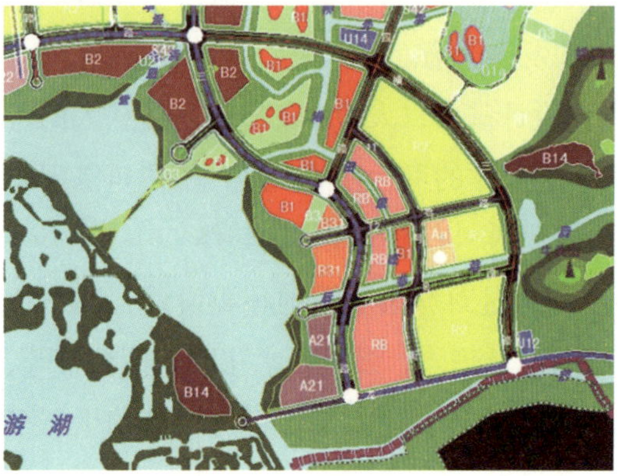

图 1-2-9　苏州高新区某区域地块的原始总规方案

图 1-2-10　苏州高新区某区域地块的改进总规方案

运用城市设计与道路设计融合的方法，对规划方案进行微小的调整后，该地块的路网划分更加清晰，整体布置错落有致，取得画龙点睛的效果。

综上所述，融合设计对城市道路空间设计的意义不可忽视，其综合性视角、人文关怀、可持续发展理念以及跨学科的特性，为城市道路空间的建设提供了新思路。城市道路空间设计应该与城市设计紧密结合，共同促进城市的发展与进步，创造出更宜居、宜人、富有活力和人文气息的城市环境。通过融合设计的指导，我们可以让城市道路成为安全、绿色、高效、活力、智慧的城市公共空间，为城市的可持续繁荣与发展贡献力量。据此，新的城市设计理念旨在形成城市道路空间的设计方法体系，并归纳形成道路设计与城市设计融合导则（以下简称“导则”）。

2.4　道路空间设计与城市设计融合导则的作用与应用

2.4.1　导则的作用

导则的设计对象涵盖城区范围内道路与两侧建筑物之间的 U 形公共空间环境的全要素

优化设计，以实现道路空间内各类要素的统筹协调。导则衔接宏观的城市规划（控制性详细规划、路网规划、市政公用设施规划）、微观的道路项目设计和建筑设计，制定的目的在于指导设计者通过对城市空间的环境设计，改善人们生存空间的环境质量和生活质量。

导则在城市道路设计过程中发挥以下关键作用：

（1）展现城市形象：充分考虑城市的风貌特征，确保道路空间的建设延续城市原有的特色，提升道路的环境和服务品质，使道路成为城市精细化建设水平的亮丽名片。

（2）传承历史文化：城市道路充分发挥它作为公共空间的属性，承载城市独有的历史文化元素，打造市民共有的城市道路场所记忆与人文精神，通过道路空间展现城市的历史变迁和文化积淀，为市民创造深刻的情感共鸣。

（3）改善城市环境：通过提升城市道路空间品质环境，降低城市热岛效应，增强城市的气候环境适应性，提升城市的整体韧性，打造更加宜人的城市道路环境。

（4）促进绿色交通：通过打造高效、舒适、安全、适宜步行和骑行的城市路网，提高绿色出行的便利性和安全性，从而降低城市的碳排放量和缓解交通拥堵，促进"双碳"目标的实现。

（5）构建宜居生活空间：将城市道路打造为充满活力的公共空间，创造更多互动和交流的场所，激发城市活力。

（6）推动经济发展：通过打造高效、便捷、安全的路网，提升城市各片区的可达性，从而创造更多更具吸引力的商业、文化、社会活动机会，增加土地的商业价值和城市的就业岗位，从而实现城市经济实力和国际竞争力的提升。

（7）降低规划风险：降低规划和设计的风险，避免后期大规模改建，节省资源和成本。

2.4.2 导则的应用

（1）导则的定位及其与规范的关系。

制定导则的目的是要突出城市设计导向，营造场所特色，力求使导则成为城市设计的重要组成部分。城市设计在国土空间规划体系下分为总体规划中的城市设计、详细规划中的城市设计、专项规划中的城市设计三类，每一类中均有对道路设计的要求。导则是要将城市设计视角、道路的设计内容以及具体控制要素等多层次、多尺度的形式，贯穿于总体规划中的城市设计、详细规划中的城市设计、专项规划中的城市设计，逐层缓冲，实现对道路设计的指引，以形成完整的设计体系。

在符合国家、省（区）、市有关设计规范和技术规定的前提下，导则对现行相关标准规范进行整合、补充、优化、细化和强调，内容偏重道路空间设计内涵与逻辑的解读，注重道路中人的体验和环境特征的体现，细致推敲公共空间和开放空间，以确定各种空间之间的关系。充分考虑在地性，建立"普适＋特色"双重属性的道路设计指南指引体系。明确规范化和普适性的内容组成，并增加地方特色性的引导内容，以提升其地方适应性。最终实现凸显城市特色，体现与建设社会主义现代化强市的发展目标定位相匹配的道路精细化建设管理水平。

（2）应用对象。

导则的应用对象包括所有与道路相关的管理者、设计师、沿线业主、开发商和市民。管理者主要包括国土空间规划、市政、绿化、市容、交通、交警、城管、工商、基层政府组织等相关政府部门的管理人员，设计师主要包括城市规划师、城市设计师、建筑师、道路工程设计师、景观设计师等专业设计人士和学术研究人士。

（3）应用阶段。

按照时序，导则的应用阶段分为规划管控、用地及方案规划审批、设计施工、工程验收、运营管理五个阶段，主要应用阶段为规划管控和设计施工阶段；按照对象分为管理方、设计与建设方、使用方，按应用阶段分为管理、建设和使用。

道路的设计、建设与管理涉及多个政府管理部门。导则可以作为相关职能部门的参考，指导这些部门开展相关管理和验收工作，并将其作为与管理和服务对象沟通的桥梁。

规划管控阶段需要规划管理部门或相关职能部门组织片区总体规划、分区规划、控制性详细规划、城市设计、交通详细设计等工作时，可以将导则的设计要求、具体设计要素控制等内容融入进去。

用地及方案规划审批阶段，需要规划国土部门在用地出让条件、建设工程许可条件中融入道路管控要素，并区分刚性管控和弹性管控要求。

设计施工阶段，需要设计单位和建设单位严格按照用地及方案规划审批的条件，并遵照国家及地方相关规范和标准要求实施。

运营管理阶段，需要城市管理部门、工商部门、交警部门以及市民对道路规划控制提供评判标尺，提升公众对于重要规划的参与程度，推动居住、生活、工作环境品质提升。

（4）应用范例。

为优化城市重要地段或工程项目的环境，往往针对特定城市地段展开城市设计。以苏州市的狮山路为例，该道路始建于 1987 年，距今已 30 多年，是所在区域的商业核心（较早的商业板块即沿狮山路展开、向外辐射）。该路段承担着连接古城与新区的重要任务。随着高新区中心城区“退二进三”和产业转型升级的顺利推进，作为高新区核心区主干道路的狮山路，两侧及周边集聚了大量的高端金融、商贸、餐饮、休闲服务业，已成为高新区乃至苏州市的门面。

然而，随着城市发展，狮山路的不足之处逐渐显露——超期服役、路幅狭窄、景观绿化迟滞等，与服务城市的 CBD（中央商务区，central business district）和服务业聚集区的功能定位和城市形象不相匹配。

2010—2015 年，相关部门先后编制了《高新区狮山路两侧城市设计》《苏州高新区东大门综合区城市更新项目规划》《苏州市高新区狮山路及周边地区交通系统规划研究》等，明确狮山路的功能定位。狮山路的功能具体包括繁华之窗、交通之廊和生态之脉三个方面：①繁华之窗（街道活力、塑造功能）：支撑沿线商业区，旅游区的重要通道，体现高新区城市活力，彰显高新区形象的重要窗口，是高新区的城市客厅；②交通之廊（交通功能）：集日常通勤、商业文娱、商务办公、文化休闲等功能为一体的客流和机动车流复合廊道；③生态之脉（景观功能）：展现高新区美丽画卷、环境宜人的生态之脉。

基于以上三个功能定位，城市设计对狮山路综合改造发挥了以下指导作用：

①围绕“多元决策，公众参与”的愿景，在方案研究阶段、工程实施阶段通过征求方案意见、政府各部门及沿线单位，加强交流沟通等方式，始终保持系统的开放性与透明度，在公平竞争的原则下达成协议，解决设计标准多重性的问题，起到了很好的规划管控效果。

②围绕“安全、高效、智慧”目标，结合轨道交通建设，实施道路改造，增设公交专用车道，并与在建的轨道交通 3 号线、已建的轨道交通 1 号线、有轨电车形成无缝换乘，增设公共自行车，优化公交线路，打造综合换乘衔接系统。构建智能交通体系，通过智慧交通系统和大数据平台统一交通管理、交通控制、交通诱导和交通信息发布。

③围绕“安全”目标，构建立体交通系统，开展运河路下穿车行通道、滨河路人行地下通道、衔接索山公园地下通道、淮海街人行通道 4 处下穿节点工程建设，以及滨河路人防地下空间停车场建设。立体交通系统建成后，人行过街更安全，沿线停车空间可以实现共享，停车也更加方便，人行、车行、停车之间的分离提高交通效率，降低安全风险。

④围绕“绿色、活力”目标，实施道路景观提升，改造提升沿线广场、绿化、景观、出入口归并等在内的建筑前区，促进土地资源集约利用、城市空间环境协调。

城市设计在上述综合改造过程中发挥了重要的指导作用，将狮山路建设成为安全、便捷、高效、有序、宜人、生态的道路交通环境，提高了交通效率，提升了城市形象，使得狮山路焕发新的活力。

第3章 基于道路功能的城市道路空间设计

功能是城市道路的基本属性。道路设计与城市设计的融合是基于城市道路的功能特性展开的。融合设计理念起到理论指引的作用。而在具体的设计实践中，需要根据道路的不同特性寻找落脚点，以落实具体的设计方案。本章基于城市道路的功能对城市的道路等级进行划分，明确道路设计与城市设计融合中城市道路空间的总体设计内容，进而展开对不同的功能类型的道路空间设计要素的控制。

3.1 城市道路的功能

城市道路是连通城市各个功能区并承载居民活动的公共空间，因此，在道路设计时，功能是首要考虑的因素。城市道路功能主要包括交通功能和空间功能。相应地，城市道路表现出交通特性及空间特性。

3.1.1 交通功能

不同的道路类型具有不同的服务功能，每一条道路都是独特的，每一种道路类型对周边的居民起着重要而又各不相同的作用。城市道路的交通功能特性包括以下几个方面：

（1）连通性：城市道路的基本功能是为行人、车辆等提供联系，连接不同的城市功能区，使人们能够到达目的地，促进区域的经济发展。

（2）流动性：城市道路服务于交通运输，输送货物和旅客到目的地。在交通拥堵的城市，货车通常被限定使用特定的道路网络，以避免对交通流动性造成干扰。

（3）安全性：城市道路应该提供安全行驶的条件。例如，为了保障行人和非机动车的安全，城市道路应该设置人行道和非机动车道，并对各个车道的车辆行驶速度进行限制。

（4）高效性：城市道路在路网、干线及节点层面的设计需要足够高效，以确保人们在合理的时间内到达目的地。

（5）可达性：表示的是路网的通达程度，即城市道路应便于到达城市各服务区内的交通点。

3.1.2 空间功能

传统的城市道路空间是指道路红线范围内的空间及组织形式。而在城市空间一体化设计的视角下，城市道路的空间应当扩展到道路使用者所能观察到的范围（即前述的近人空间）。根据城市道路所处的三维空间，可以分别从纵向、横向及竖向三个维度分析道路的空间特性。

1）纵向空间特征

（1）线性开放。

从道路线形结构来看，道路中心线是满足相关规范要求的一系列线形组合，决定了道路的走向及几何形状。当人们沿着道路行走，道路两侧的景观不断地呈现在人们的眼前。如果将道路视为一条项链的话，道路两侧的景观就好比串联在这条项链上的珍珠。

从空间组成的角度来看，道路上的行人可以观察到两侧景观。道路并不是封闭的，而是与周边空间相连通的。周边空间面向社会开放，具有服务性，服务于沿线单位和居民。

（2）道路空间多元化。

现代城市被划分为多个片区，每个片区具有不同功能，发展定位和发展程度也各不一样。即便在同一片区，在具体的空间布置上也存在差异。城市布局的多元化导致用地性质的差异化，进而产生建筑风格多样化和外部空间多元化。即使各用地功能定位完全相同，也可能产生不同的建筑风格和城市空间。城市道路是线性结构，在城市中贯穿，处于不同类型的城市空间中，必然产生多元化的道路空间。另外，道路是依托于地形地貌并附着在地面之上的结构物，道路空间受沿线地形地貌的影响。因此，用地性质、建筑风格类型、地形地貌迥异促使城市道路空间设计呈现多元化，如图 1-3-1 所示。

图 1-3-1　苏州市道路多元化分区

2）横向空间特征——断面协调

道路横断面由机动车道、非机动车道、人行道、分隔带等组成，如图 1-3-2 所示。

从工程建设角度而言，应根据交通功能分别确定道路横断面各部分的宽度。然而，在空间景观的视角下，道路横断面各部分的宽度应有恰当的比例，以使横断面在视觉上整体协调。在保证道路交通功能的前提下，为使道路空间整体均衡，需要对视觉资源进行管理。例如，道路的分隔带、人行道的宽度占整个道路宽度的比例不能过小；对比路外空间与道路的尺度关系，路外空间作为道路的背景，道路空间尺度宜与路外空间相协调。

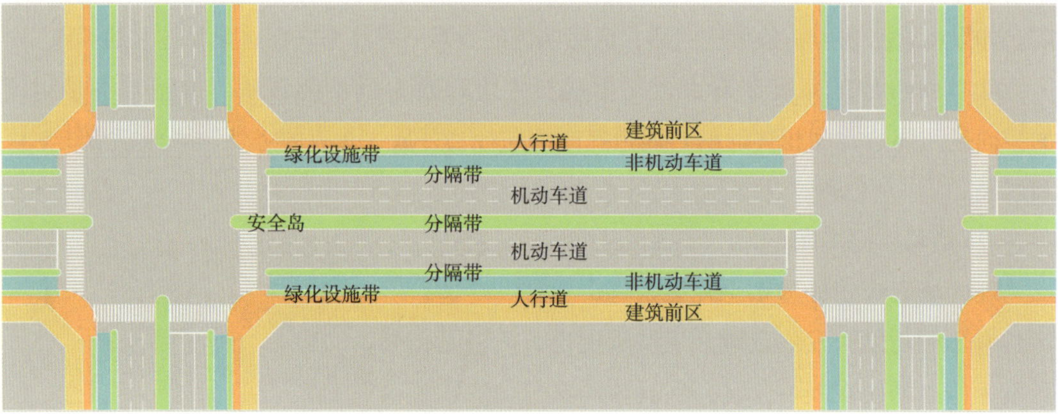

图 1-3-2　道路空间构成要素（平面图）

3）竖向维度特征——竖向交通系统

城市中往往建筑林立，商业综合体占据大部分空间，大型综合体的设置限制了居民和行人的交通便利性，因此人们往往将竖向交通系统作为城市道路交通系统的补充。如图 1-3-3 所示，竖向连廊、天桥和地下过街设施的设置，应满足行人通行的连续性及便捷性，为商业综合体提供人气与活力。

图 1-3-3　竖向交通系统的设计

3.2 基于道路功能类型的道路空间设计

3.2.1 城市道路类型

城市道路的分类标准多样。传统的分类方式包括道路等级、服务功能、区域环境、交通作用以及交通运输性质等，如图 1-3-4 所示。

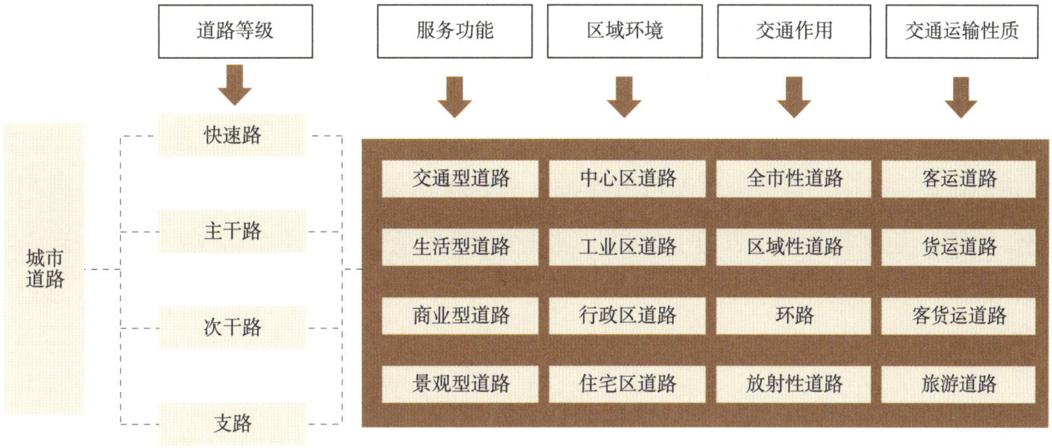

图 1-3-4 传统的城市道路类型划分

如 2.1.1 节中对城市道路空间范围的界定，城市道路空间为道路和建筑底层界面形成的 U 形空间，因而需要注重道路两侧界面的性质和功能。基于道路沿线的用地性质、沿路活动和道路景观等因素，可以将道路划分为商业型、生活型、交通型、景观型、工业型 5 个大类，如图 1-3-4 所示。当前，城市道路交通系统包括快速路、主干路、次干路与支路 4 个等级，4 个等级的通过性依次降低，通达性逐渐提高。综合城市道路等级与沿线用地性质，可将城市道路划分为 15 种类型，见表 1-3-1。

城市道路类型 表 1-3-1

城市道路等级	沿线用地性质划分				
	商业型	生活型	交通型	景观型	工业型
快速路	—	—	快速路	—	—
主干路	商业大街	生活大道	交通主干	景观大道	工业大道
次干路	商业干路	生活次路	交通次干	景观干道	工业干道
支路	商业街	居住区街道	—	休闲街	园区支路

注：“—”表示无该城市道路类型。

针对不同的道路类型，在研究的道路空间范围内，本书以城市空间的整体性和以人为本的融合设计理念，分析不同类型道路的功能，有针对性地对空间设计要素进行设计控制。同一用地性质的城市道路往往空间要素的设计内容相同，但不同等级道路上的空间设计要素的设计指标往往采用差异化取值以适应道路需求。因此，在要素设计的过程中，可根据道路两侧界面进行分类，并确定每一类型的城市道路的设计原则，作为后续各要素的具体设计的基础。

3.2.2 各类型城市道路空间设计原则

1）商业型道路

商业型道路是指沿线以中小规模零售、餐饮等商业为主，具有一定服务能级或业态特色的道路。其中，服务地区及以上规模、业态较为综合的商业型道路为综合商业型道路，餐饮、专业零售等业态为主的商业型道路为特色商业型道路。商业型道路沿线以消费性商业活动为主，如餐饮、购物等，同时也可容纳非消费性活动，包括闲逛、会面、休憩、表演、驻足观看等。

商业型道路应保持空间紧凑，强化道路两侧的活动联系，营造商业氛围。可通过压缩机动车道规模（数量与宽度）的方式，保证充足的步行空间。必要时可结合地区交通组织，对主要商业街进行机非分流。将人行道宽度（设施带、步行通行区和建筑前区总宽度）控制在 5～8 m，以促进步行者与商业界面的积极互动，避免过于拥挤或过于空旷，并在人行横道与车道之间设置 1.5～3.0 m 的绿化带作为分界隔离。当有室外展示、餐饮时，宽度宜取上限；当没有户外展示、餐饮时，宽度宜取下限。商业型道路应对人行道与退界空间进行一体化设计。除餐饮特色街道外，开放式建筑前区宽度不宜大于 3.5 m，使行人可以接近商业展示橱窗。餐饮特色街道可将建筑前区 3～8 m 范围作为室外餐饮区域。

商业型道路应提供适应较大规模人流的步行通行区，设置公共座椅和沿街休憩空间、公共厕所，采用较高品质的地面铺装，提供充足的照明，鼓励设置能够灵活使用的沿街商业活动与艺术表演空间。道路空间较为充足时，可采用非对称断面及较为自由的景观设计，在沿路绿石或在道路中央布置较宽的设施带和活动区。

新开发地区应避免沿主干道布局商业型道路。对于既有主干道沿线的商业区段，应通过绿化等措施进行空间和噪声隔离，以提升活动舒适性。商业型道路沿线应提供便利的穿越道路。交通性较强的道路，在不影响主线交通情况下，尽可能增加人行横道等过街设施。其他道路鼓励采用稳静化措施控制车速，使行人可以便利地穿越道路。

2）生活型道路

生活型道路是指沿线以服务本地居民、企业及其工作者的中小规模零售、餐饮、生活服务型商业（理发店、干洗店等设施）以及公共服务设施（社区诊所、社区活动中心等）

为主的道路。生活型道路应当成为社区日常生活的重要场所，为不同年龄、不同背景的居民提供会面与交往空间。

(1) 生活型道路注重行人的需求，人行道宽敞、平坦，并设置无障碍设施，提供良好的步行和骑行环境。同时，在交叉口的规划中，应设置行人过街设施和标志标线，确保行人的安全通行。

(2) 生活型道路设计中需要增加花坛、树木等绿化要素，为道路增色添彩，吸收噪声、净化空气，提高居住环境质量。绿化不仅美化道路，还有助于改善生态环境，增强居民对道路空间的归属感。

(3) 安全设施也是生活型道路设计的关键。合理设置交通标志、标线和信号灯，提高交通通行的规范性和可视性。在居住区内设置减速带、交通岛等设施，引导车辆减速慢行，保障居民交通安全。

(4) 合理的道路布局也至关重要。需要规划合理的弯道、道路宽度和转角，确保交通通畅的同时，降低交通噪声和排气排放物对居民的影响。

(5) 应注重交通管理和社区参与。通过限制私家车辆通行，鼓励居民使用公共交通和非机动车出行，减少交通拥堵和环境污染。同时，社区居民的意见和需求应得到充分的重视。开展广泛的社区居民意见征求活动，确保生活型道路的设计符合居民的实际需求。

(6) 应集约利用道路空间，保障充足和带有遮阴的慢行通行空间。道路空间有限时，可采用非对称断面，设置单侧设施带。提供满足各类居民活动需求的场所与设施，例如休憩节点、儿童游乐场、健身活动场地等，并为偶然性的会面提供机会。通过在设施带内提供座椅、自行车停放架、信息设施等与日常生活出行密切联系的道路设施，鼓励为社区交往活动提供空间。

3) 交通型道路

各类交通是交通型道路的主要活动内容，其道路界面消极，以非开放为主。对于交通干道而言，机动车交通构成了交通的主要部分。对于社区内部的道路而言，步行、非机动车交通与机动车到发、临时停靠共同构成了其主要活动内容。交通型道路应根据步行交通、公共交通、机动车交通、非机动车交通、货运交通和静态交通的需求对空间进行统筹分配，并优先保障优先级较高的交通方式。

4) 景观型道路

景观型道路主要包括林荫大道、景观大道、滨水道路、历史风貌街道等。林荫大道以沿街种植观赏价值高的高大遮阴乔木形成特色乔木林景观；景观大道绿化率较高，且能营造各类丰富的景点；滨水道路是沿河、沿江并在设计上体现滨水风貌的道路；历史风貌街道则以两侧的历史建筑以及和建筑风貌协调的带有历史印记的景观（如铺地、雕塑、文创小品、植栽绿化等）为特色。

景观型道路的沿街活动以漫步、跑步、骑行等休闲活动为主。对于景观型道路而言，营造独特的景观特色并非目标，通过优美的景观激发道路周边的活动才是根本目的。居住社区和办公社区中可以形成小尺度的景观型道路，通过加强景观设计，促进社区内部的休闲与交往。沿街设置绿化带的景观型道路，应将人行道与沿线绿化带进行一体化设计，扩大可以使用的休闲活动空间。

鼓励景观型道路沿路设置连续的自行车专用道、跑步道等设施。沿路设施应照顾不同年龄人群的需求，除座椅、绿化、市政设施外，鼓励增加饮水、更衣室、公共厕所等设施。设施带一般设置于步行通行区与自行车专用道或跑步道之间，方便不同活动人群的使用。

若景观型道路沿线缺乏商业与服务设施，应结合轨道交通、公交站点及重要的景观活动节点提供商业与服务设施，并重点增加座椅等休憩设施。在道路空间允许的情况下，可以沿路设置临时停车位与停车带，方便驾车者。

5）工业型道路

工业型道路主要位于城市的工业用地与仓储用地较为集中的区域，适应批发、建筑、加工和物流服务企业等的装载和配送需求，是连接工业区和交通干道的城市道路。其交通特性表现为大量大型车辆通行及卸货，行人较少。

工业型道路的类型包括工业大道、工业干道和园区支路三类。工业大道主要是连接工业园区与对外交通干路、园区各组团，是园区生产性交通主路。工业干道构成了工业园区二级骨架，主要是连接组团内部交通，沿着各组团的外围形成组团的环路结构，是组团内部交通与组团外部交通的连接线。园区支路则是工业型道路的最低等级道路，连接单个组团内部各个企业、各地块用地。

工业园区人口组成主要是企业员工，以年轻的外来人口居多，出行次数相对较少，出行目的相对单一，主要是上班、商务往来等必要性活动，以满足工作、基本生活的需求。外来人员在工业园内居住，其出行的范围主要在工业园区内，距离较短，通常选择步行或骑自行车，离开工业园区的出行通常选择公交车或自行车。

工业园区道路的通行能力和通行效率是首要考量因素。这类道路承载大量货运任务，设计时需确保足够的车道数量和宽度，以及合理的转弯半径，以保障货车的流畅通行，实现高效的货物运输。为此，应配合有效的交通管理措施，以防止交通拥堵和事故发生。同时，还要合理规划道路旁的货物装卸区和停车场，为货车的装卸和停放提供便利，从而提高整体运输效率。尽管工业型道路主要用于货运，但仍需要全面关注行车和行人的安全，通过设置交通信号灯、标识标线和行人过街设施，确保道路通行安全有序。环保亦是设计时的重要考虑因素，应采用环保材料和技术，以减少污染物和噪声对环境的不良影响。此外，鉴于工业型道路的高通行量，定期维护显得尤为重要。因此，在设计阶段需要考虑道路的维护便捷性，以确保日后的维护和保养工作能有效地进行。

3.2.3 城市道路空间的总体设计

总体设计应贯穿于道路规划设计的各个阶段。城市重点地段道路由于空间的多元性、系统性强、涉及面广、协调量大、工程较复杂，项目各专业之间、与毗邻工程的关联性较强，更应贯彻“以人为本，整体协调，可持续化发展，促进城市街区发展”的道路设计理念，采用道路和城市的融合设计，系统、全面地协调道路工程项目外部与内部各专业之间的关系，确定项目及其各分项的设计方案，提升工程总体设计的品质。

1）设计理念

融合设计是以城市重点地段或重点节点为对象，将总体城市设计和片区城市设计的内容具体化，以指导和控制城市内一系列在形体环境或功能上有联系的整体形态设计。地段城市设计是具体的建设工程项目设计，重点关注街景、广场、交通枢纽、大型建筑物及其周边外部环境的设计等，塑造城市风貌特色。注重与山水自然的共生关系，协调市政工程，组织城市公共空间功能，注重建筑空间尺度，提出建筑高度、体量、风格、色彩等控制要求，有效地落实上位规划要求。应当根据居民生活和城市公共活动需要，统筹交通组织，合理布置交通设施、市政设施、城市家具，拓展步行活动和绿化空间，提升道路特色和活力。其内容微观而具体，对城市特别是城市重点地段面貌和特色塑造影响很大。

根据项目路历史沿革及现状，结合整体功能定位、形象定位，依据不同路段的景观结构特征，对道路交通、绿化景观等城市公共空间环境建设要素提出环境整治的要求，作为项目沿线各项整治工作的依据。以整治规划导则的形式贯穿于道路设计、施工的各个阶段，系统、全面地协调道路工程项目外部与内部各专业间的关系，确定本项目及其各分项的技术标准、建设规模、主要技术指标和设计方案，并应符合安全、环保、可持续发展的总体目标：①交通功能方面，应达到舒适性、安全性、高效性和可达性等；②环境保护方面，要求道路建设应尽量减少对空气、声环境、生态及人类生活环境要素的负面影响（如采取降低噪声、减少废气排放、防止水土流失等）；③资源节约方面，要求道路建设应能有效利用土地、能源、人力等资源（如节约用地、减少拆迁、少占耕地、降低能耗、利用原有道路或旧料等），符合绿色交通、低碳建设的设计理念。道路设计与城市设计融合理念的总体设计的框架如图 1-3-5 所示。

2）控制要点

（1）重点地段城市设计一般与总体和片区城市设计的内容相衔接，针对不同地段类型，对其自然条件、空间形态、建筑形体、环境设施、交通组织及人文活动等方面进行整合与设计，提出相应的设计原则与实施准则，以指导建筑设计和环境设计。

（2）重点地段城市设计应与详细规划紧密配合，表达形式宜图文结合，提高成果的可操作性。

（3）在设计指引下展开具体设计，包括道路交通、市政管线、绿化景观、水域水岸、建筑界面、户外广告、照明系统、环境设施、标识系统、无障碍设施、重要节点等分项，每个分项包含依据、整治重点与策略、技术要点等。

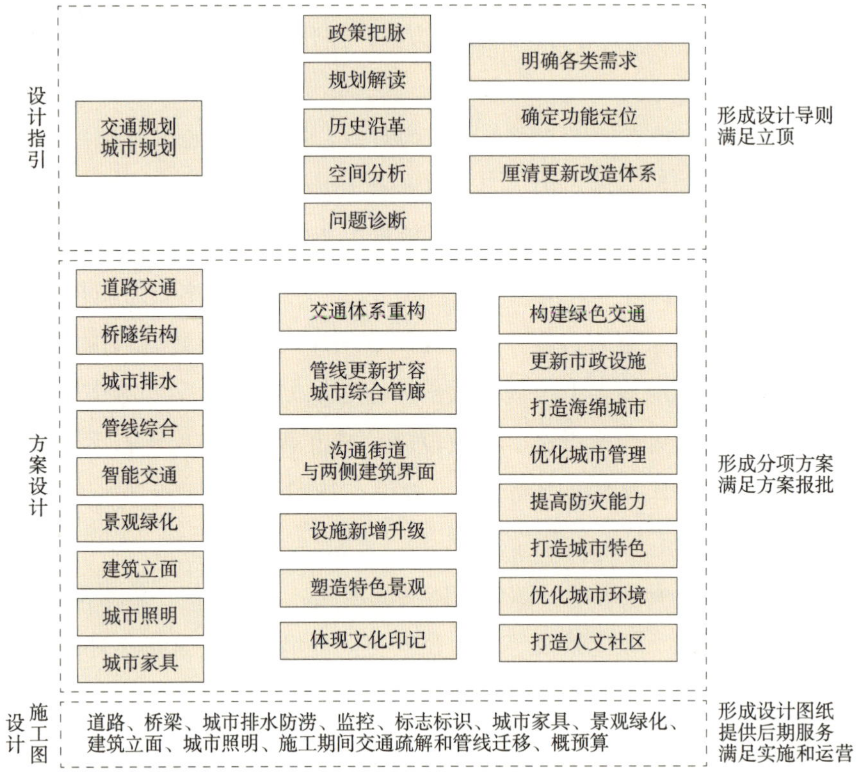

图 1-3-5 道路设计与城市设计融合理念的总体设计框架

3）典型应用范例

苏州市相城区采莲路南北贯穿相城区核心区，是重要的生活型道路，社会关注程度高。周边商住分布密集，居民出行的通勤交通、游憩需求、商业客流集散均需要依托该路解决。

采莲路综合改造项目是基于规划部门编制的导则（《相城区元和塘以东控制性详细规划》《苏州市相城区采莲路综合整治规划（2013）》）而展开的。整治规划涵盖了道路交通、景观绿化、市政管线、水域水岸、建筑界面、户外广告、照明系统、环境设施、标示系统9大分项的设计指引。此外，导则注重轨道交通的衔接，关注慢行交通的体验，支撑综合交通体系的构建，强调细节处理，整治和提升并重。最终形成的采莲路设计方案实现了"车本位的设施设计"向"完整空间——以人为本的空间一体化设计"的转变，强调了服务民生，展现了地方特色。

3.3 基于道路功能的道路空间设施要素的具体设计

基于总体设计界定的研究内容，展开道路空间设施要素的具体设计。将道路空间设施要素分为五个方面分别进行设计，包括道路的基本设计、道路节点设计、公共设施及其整合、慢行交通系统设计以及临街界面管控。

3.3.1 道路的基本设计

道路的基本设计一般包括平、纵、横三个方面。由于城市所处位置通常相对平坦开阔，往往在平面和纵断面上的设计空间较小。因此，基本设计侧重讨论城市道路在U形空间内的横断面设计，对于平面和纵断面的设计参照《城市道路工程设计规范（2016年版）》（CJJ 37—2012）[5]、《城市道路路线设计规范》（CJJ 193—2012）[14] 执行。

横断面设计是道路设计的重要方面，道路红线宽度和道路通行能力标准是道路横断面设计的主要依据。合理划分红线宽度可以大大提高城市土地资源的利用率，通行能力标准的正确选择可以确定新建道路的等级、性质、规模和主要技术指标。

1）道路红线宽度的确定

道路红线宽度的组成包括：通行机动车、非机动车和行人交通所需的道路宽度，敷设地下、地上工程管线和城市公共设施所需增加的宽度，绿化所需的宽度。道路红线的划定与城市规模、道路性质、两侧用地、交通流量等有关。值得注意的是，过宽的道路形成的空间阻隔已经成为城市规划的弊端之一，而过窄的道路会影响道路交通运行与安全。由此可见，合理划分红线宽度非常重要。红线宽度需要满足城市交通运行交通安全及绿化要求，道路红线与道路的绿化率相关。道路可布置绿地的空间主要包括中央分隔带、机非分隔带与路侧分隔带。道路绿化率计算方法如下：

$$\text{道路绿化率} = \frac{\text{中央分隔带宽度} + \text{机非分隔带宽度} + \text{路侧分隔带宽度}}{\text{道路红线宽度}}$$

根据以上计算公式，不同道路等级在不同断面形式下，满足交通流运行与交通安全要求的最小道路红线宽度和红线范围见表1-3-2。

城市道路红线的宽度范围建议值及最小宽度　　表 1-3-2

道路等级	车道数	道路红线		
		绿化率（%）	最小红线宽度 (m)	红线范围 (m)
快速路和主干路	双向八车道	30	65	快速路：80～100 主干路：50～80
	双向六车道	30	54	
	双向四车道	25	41	
次干路	双向四车道	20	37	35～50
	双向两车道	20	29	
支路	双向两车道	20	29	25～35

2）道路通行能力指标选择

如图 1-3-6 所示，从承载的活动来看，城市道路的横断面主要承担机动车交通运输、步行活动等，道路通行能力指标的选择主要通过以下几个方面体现。

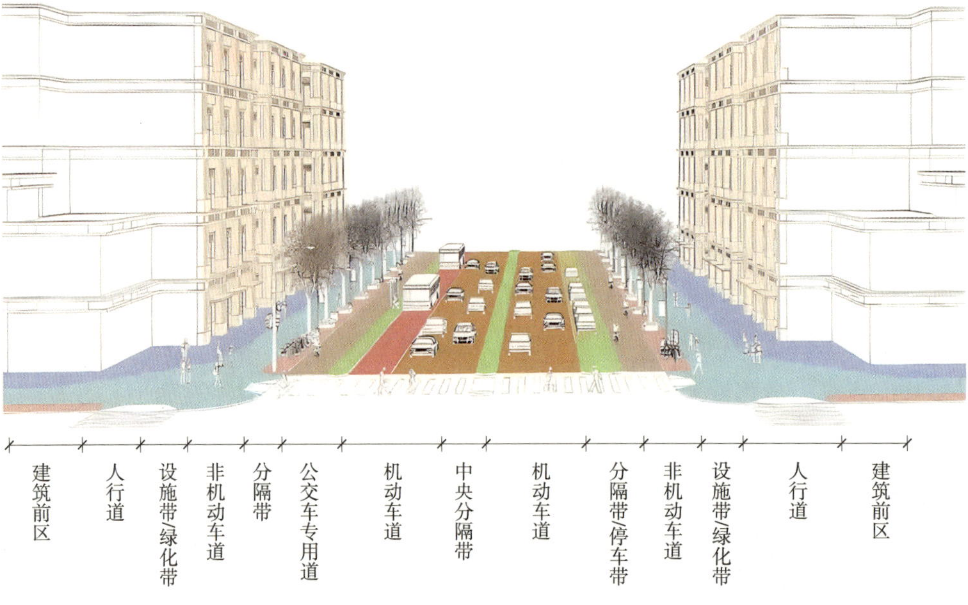

图 1-3-6　道路空间构成要素（透视图）

（1）道路路幅形式的设计。

单幅路是最常用的城市道路横断面类型，横向占地最少，投资相对节省。一般适用于机动车、非机动车相互干扰不太大的次干路、支路，或者用于机动车、非机动车干扰大，但是拆迁困难、用地受限的老城区改建（扩建）的城市道路，这种情况下一般难以保证各个活动区域空间，须在道路相邻区域提供配套设施。

双幅路采用中央分隔带将对向行驶的车流分开，减少对向行驶车辆之间可能的干扰，有利于提高机动车速度；同时，中央分隔带还可用作绿化、布置照明灯杆和敷设市政管线等，适用于非机动车较少、机动车辆较多且有较高行车速度要求的道路。另外，横向地面高差大或地形特殊的路段推荐采用分幅式双幅路断面形式，设置比较宽的中央分隔带，每一幅路采用各自独立的平、纵线形，有利于道路与地形地貌协调。双幅路单向机动车道数不应少于 2 条。

三幅路采用机动车、非机动车分隔带将机动车道与非机动车道分隔，解决我国城市交通长时期以来面临的最大交通矛盾，即机动车、非机动车相互干扰的矛盾。长期实践表明三幅路有利于城市交通安全。三幅路是城市主干路的主要横断面形式，在机动车交通量大、非机动车多的城市道路上宜优先采用。三幅路断面形式占地较多，一般是当红线宽度大于或等于 32 m 时才能满足断面布置的要求。

四幅路将机动车和非机动车流分离，分离对向行驶的机动车流，较三幅路更有利于交通安全，适用于机动车流量较大、车速较高，非机动车较多的快速路或主干路。横向占地约 50 m，同时道路内设有三条分隔带，需要重点分析路段和平面交叉口处的行人过街问题。

（2）慢行交通活动板块的设计。

慢行交通活动板块主要包括建筑前区、人行道、设施区及非机动车道等，这些要素的设计建议采取表 1-3-3 的规定值。其中，在道路两侧条件允许时选取最宜值，条件不足时应保证最小值进行设计。

慢行交通活动板块的宽度控制　　表 1-3-3

道路类型	建筑前区宽度（m）		行人区宽度（m）		绿植及设施区宽度（m）		非机动车宽度（m）
	最宜值	最小值	最宜值	最小值	最宜值	最小值	
商业型	2.0	1.5	3.6	2.4	1.8	1.2～1.5	1.8
生活型	1.0	0.5	3.0	2.4	1.8	1.2～1.5	1.8
交通型	—	—	2.4	1.5	1.8	1.2～1.5	1.8
景观型	—	—	2.0	1.5	2.5	2.0～2.5	1.8
工业型	—	—	1.5	1.5	1.8	1.2～1.5	1.8

注：“—”代表一般不设置对应板块。

利用表 1-3-4 中人行设施基本通行能力和设计通行能力确定道路人行设施的宽度，并结合《城市道路工程设计规范（2016 年版）》（CJJ 37—2012）[5] 中人行设施的设计要求进行验证。兼顾人性化设计的理念，人行道的最小有效通行宽度按 1 个行人和 1 辆轮椅车并行为准。

人行设施基本通行能力和设计通行能力　　表 1-3-4

人行设施类型	通行能力	
	基本通行能力	设计通行能力
人行道［人/（h·m）］	2400	1800～2100
人行横道［人/（hg·m）］	2700	1800～2100
人行天桥［人/（h·m）］	2400	1800～2000
人行地道［人/（h·m）］	2400	1440～1640
车站码头的人行天桥（人行地道）［人/（h·m）］	1850	1400

注：hg为绿灯通行时间。

对于非机动车道，单向通行的非机动车道最小有效通行宽度按 1 辆自行车正常骑行设置；双向通行的非机动车道最小有效通行宽度按 2 辆自行车对向骑行设置。由于非机动车的骑行速度一般为 15～20 km/h，当机动车与非机动车处于同路幅时，若两者的速度差大于 20 km/h，发生事故的概率会增加，而且事故的严重性也会增大，因此，两者速度差较大时，应对各自的路权采用设施分隔。

（3）机动车行驶板块的设计。

机动车行驶板块的设计包括机动车道（数量与宽度）设计以及分隔带的设计等。

①机动车道设计。

机动车道的数量取决于路段的交通需求，根据《城市道路工程设计规范（2016 年版）》（CJJ 37—2012）[5]，采用下式计算：

$$\text{设计车道数} = \frac{\text{设计交通量}}{\text{单车道的设计通行能力}}$$

表 1-3-5 示出了不同道路等级不同断面形式的单向机动车道设计通行能力。

不同道路等级不同断面形式单向机动车通行能力（单位：pcu/h）　　表 1-3-5

道路等级	路幅	车道数			
		双向八车道	双向六车道	双向四车道	双向两车道
快速路	四幅路	5000	4000	2800	—
	三幅路	4700	3800	2700	—
	双幅路	4800	3800	2600	—
主干路	四幅路	4600	3700	2600	—
	三幅路	4300	3600	2500	—
	双幅路	4400	3500	2400	—

续上表

道路等级	路幅	车道数			
		双向八车道	双向六车道	双向四车道	双向两车道
次干路	三幅路	—	—	2500	1250
	双幅路	—	—	2400	1200
	单幅路	—	—	2300	1100
支路	双幅路	—	—	—	1200
	单幅路	—	—	—	1100

注："—"代表无此类型的道路等级与车道数组合。

城市道路的机动车道宽度应参照表 1-3-6 进行选取。

机动车道最小宽度要求　　表 1-3-6

车型及车道类型	设计速度（km/h）	
	＞60	≤60
大型车或混行车道宽 (m)	3.75	3.50
小客车专用车道 (m)	3.50	3.25

②分隔带的设计。

城市道路双幅路和四幅路均应设置中央分隔带。中央分隔带的宽度是根据行车带以外的侧向余宽，防止驶入对向行车带的护栏、防眩网（植被）等所需的设置带宽度而定的，一般不小于 2.0 m，利用中央分隔带设置双侧公交站台的不应小于 5.0 m，设置单侧公交站台的不应小于 3.0 m。其作用包括以下四个方面：

a. 分隔上、下行机动车流。既可防止对向车辆相互驶入对方车道造成严重车祸，又能明显减少道路中心线附近的交通阻力，从而提高通行能力。

b. 设施用地。作为设置交通标志牌、防眩网及其他交通管理设施的场地。

c. 绿化用地。种植花草灌木，可起到美化环境的作用，适当高度和密度的绿篱，夜间还兼具防止眩光的作用。

d. 视线诱导及保护路面结构。设于两侧分隔带内，由于有一定宽度且车道线醒目，既能引导驾驶员视线，又能增加行车所必需的侧向余宽，提高行车的安全性和舒适性，还可对行车部分的路面结构起到保护作用。

路侧分隔带具有提高非机动车和行人安全、减轻事故后果、美化城市环境、控制噪声和污染、引导交通流、提升道路功能、提供可视引导等作用。各级城市路侧分隔带设置公交车站的，宽度不应小于 2.5 m。不设置公交车站的，不宜小于 2.5 m，不应小于 2.0 m。

3.3.2 道路节点设计

道路节点包括道路交通的交汇点或不同交通方式衔接点，节点的设计不当往往容易成为道路的瓶颈，是城市交通规划中的关键组成部分，涵盖交叉口、道路过渡段以及轨道交通出入口等要素。

1）交叉口设计

交叉口指道路之间相交的区域，包括各道路的相交部分及其进出口道路段，是道路空间中的重要节点，是各类交通方式集中交汇冲突之处。交叉口的交通秩序与交通环境直接影响道路通行效率和通行安全。

交叉口的要素设计需遵循“以人为本”的理念，打造安全、便利、集约、特色的节点公共空间，进而以“点”带“面”，通过交叉口环境的优化带动城市道路整体空间品质的提升。交叉口设计重点需要确定相交道路的渠化组织形式以及交叉口的转弯半径。

（1）交叉口渠化组织形式的选择

在交叉口渠化组织形式的选择应遵循以下设计原则，可选形式见表 1-3-7 所示：

①强化步行，确保非机动交通和公共交通在交叉口处的路权，要求：

a. 多于 4 条车道的过街处（或 1 次绿灯时间内不能横过的）需设置人行过街安全岛，安全岛要与道路线形通过渠化措施合理衔接，避免影响机动车行驶安全性，同时，应有足够的行人驻留空间及防护设施。

b. 尽量布设非机动车进口道，并与机动车交通隔离；交叉口内宜划设非机动车过街带。

c. 尽量布设公交专用进口道，以切实保障公交优先。

②注重慢行交通过街的安全保障，营造便捷、顺畅的过街环境，要求：

a. 交叉口的人行横道宜与路段处的人行道尽量保持在一条直线上，以保障过街顺畅性；

b. 人行横道端部应结合护柱设置完善的缘石坡道，以保障过街的便捷性。

③对道路上的各组成要素进行集约布设，以节约交叉口用地，优化交通设施资源，要求：

a. 生活型道路交叉口宜采用较小的转弯半径，以缩短过街距离，限制车辆转弯车速，提升过街安全性；

b. 有路边停车的路口可结合停车泊位进行人行道外拓设计，以进一步缩短行人过街距离。

各道路类型适合的交叉口形式 表 1-3-7

道路类型	组合形式			
	展宽＋实体交通岛	展宽＋无实体交通岛	不展宽	缩窄
交通型	√	√	√	√
商业型	—	—	√	√
生活型	√	√	√	—
景观型	√	√	√	—
工业型	√	√	√	√

注：“√”表示可选的交叉口形式；“—”表示一般不采取该组合形式。

（2）交叉口转弯半径的选取。

交叉口的转弯半径，是指汽车行驶过程中，由转向中心到前外转向轮与地面接触点的距离。平面交叉口转角处路缘石宜为圆曲线或复曲线，其转弯半径应满足机动车和非机动车的行驶要求，可按表 1-3-8 选定。

路缘石转弯半径 表 1-3-8

右转弯设计速度（km/h）	30	25	20	15
主、次干路路口	25	20	15	10

当平面交叉口为非机动车专用路交叉口时，路缘石转弯半径可取 5～10 m。在满足交通、景观与活动功能需求的前提下，适度缩小交叉口转弯半径，有利于集约节约用地，缩短行人过街距离和过街时间，降低车辆转弯速度，引导机动车减速右转，提升交叉口便利性、舒适性与安全性。转弯半径的选择不得影响道路交叉口处的基本通行需求，应满足消防车等特种车辆的转弯需求。

2）道路过渡段设计

道路过渡段是连接不同交通断面道路的路段，是指由于车道宽度、数目、设计速度发生变化，如连接高速公路与城市道路、连接主干道与次干道等；或者因设有公交车站、路内停车带、路中安全岛等情况而引起道路横断面发生变化的区域。同一条道路宜采用相同形式的横断面布置，当道路横断面局部有变化时，应设置道路过渡段，以交叉口或结构物为起、终点。过渡段的设计应考虑车速的平稳过渡、车道数量的调整、导向标志和车道分隔等，以确保车辆能够安全、顺畅地过渡。

道路的过渡段前后的通行能力发生变化，容易形成交通瓶颈。道路过渡段设计应统筹各类道路设施的空间要求和功能要求，合理展宽或缩窄机动车道空间，丰富道路断面设计形式，使道路空间得到更加灵活的利用，保障道路交通安全与舒适地运行。各道路类型可选的过渡段形式见表 1-3-9。

各道路类型适合的过渡段形式　　表 1-3-9

道路过渡段类型		道路类型				
		交通型	生活型	商业型	景观型	工业型
交叉口渠化	展宽	√	√	√	√	√
	内缩	—	√	√	√	—
路段车道数变化	数目变化	√	√	√	√	√
	方向变化	√	√	√	√	√
公交停靠站	港湾式	√	√	√	√	√
	外凸式	—	√	√	√	—
行人过街设施	路内安全岛	√	√	√	√	√
	外凸式	—	√	√	√	—
路内停车区		—	√	√	—	√

注：“√”表示可选的过渡段形式；“—”表示一般不采取该组合形式。

设置宽度渐变段的路面边缘斜率应介于 1：30～1：15 之间，且需要在连接点处做平滑处理。

3）轨道交通出入口城市空间一体化设计

轨道交通作为一种大运量的、快速的、占用道路空间资源较少的公共交通方式，已经成为我国各大城市公共交通系统中的重要组成部分，并且成为各大城市缓解交通拥堵、促进公共交通优先发展的必然选择。轨道交通出入口的城市空间是轨道交通与其他交通方式衔接的关键节点，深入研究城市轨道交通出入口城市空间设计尤为重要。

地铁出入口城市空间的设计内容分为三大类：交通空间要素、休憩空间要素、建筑要素。应与城市的其他交通方式良好衔接，其外观须与城市的整体风貌相协调，并在城市空间中有足够的辨识性和定位能力。

（1）规划理念——借鉴国际经验，结合我国国情做适应性调整。

轨道站点地区步行空间规划方面，积极借鉴日本、韩国的实践经验。日本作为世界著名的轨道交通导向发展的国家，在第二次世界大战后的轨道站点周边开发规划中特别注重步行空间体系的构建，至 20 世纪 70 年代末，技术方法已相当成熟，并积累了较多实践经验。日本步行空间的规划理念、技术原理、技术方法、技术细则等经验，如轨道站点地区步行网络空间模式、人车网络平面分离理念与方法、步行专用道概念，以及新城轨道与步行空间体系一体化开发建设模式，均可拿来借鉴，但应结合我国国情做适应性调整。

（2）建设方式——步行空间体系始终与轨道、新城开发一体化推进。

轨道站点地区步行空间体系一直是与城市开发战略、公共住房事业、轨道交通网络同步规划、同步建设、同步运营的，并由政府职能部门负责。作为城市规划、基础设施投资、轨道交通建设等事业的统筹主体，应在进行轨道站点地区步行空间体系建设时形成规划—建设一体化的开发制度。这一制度能确保"轨道＋步行"的理念落实到开发全过程，使步行空间在前期规划阶段能够与轨道线路规划进行协调衔接，在详细规划中统筹开敞空间、城市道路、公共设施、住宅小区的布局，并且能够在后续长期的开发建设中被一直贯彻执行，而不会被房地产开发商左右。

（3）丰富轨道交通站点接驳元素，打造"微枢纽"。

根据《城市轨道交通运营管理规定》，新建轨道交通站点出入口 5 m 范围内禁止停放车辆；50 m 范围内应综合布置常规公交站点、出租车候车点、非机动车停放设施，既有轨道交通站点出入口条件受限时，可放宽至 100 m 范围；且其直接相连的道路在一个路格之内应有充足的慢行通道宽度。同时，城区范围内电（助）动、自行车停放需求较大，轨道交通站点出入口附近在保障行人疏散空间的前提下，设施带宽度宜设置为 2 m，并可适当降低侧石高度、加密缘石坡道，方便电（助）动、自行车停放和上下人行道。

（4）完善轨道交通站点周边非机动车停车设施。

轨道交通站点周边非机动车停车场应按照"流线安全、便捷停放、规模适宜"的原则，根据轨道交通站点的服务等级、周边道路交通条件、规划用地条件、客流需求等进行合理规划设计。轨道交通站点配建非机动车停车场时，可单独用地，或统筹周边用地（如周边建筑内部）。配建停车场无法满足停放需求时，可结合建筑前区、绿化带、人行道设施带、过街天桥、高架桥桥下空间等区域分散布设，且不侵占步行与自行车的通行空间，同时可与棚架绿化等绿化设施结合。

（5）交通空间方面，提升路边标识系统的可识别性。

遵循清晰、简明的原则，采用不同材质和色彩的铺装增设地面标识，满足不同视角的信息获取，增强引导效果，丰富空间色彩和层次；优化标识位置选择，在人流较大的区域或重要街巷的拐角处设置标识，使标识位置醒目，不易被忽略，保证标识的连贯性，避免行走过程中的指引中断；重视步行尺度对使用者的心理影响，适宜的步行尺度能够确保集散安全，提高通行效率，提高标识信息、宣传信息的有效获取。

（6）功能设施设置方面，尺度较大的开敞空间，可增设一些公共设施，如饮水器、景观小品等，提升功能设施多样性；根据使用者行为心理特征，座椅的设置尽量选择在空间的边界处，面向开阔方向，设置座椅靠背以满足倚靠需求，也可营造一些“凹”形的空间供人短暂停留和休憩，提高空间的使用率。针对尺度较小的空间，可适当增设座椅。

(7) 空间分配利用方面，轨道交通出入口城市空间应满足使用者的通行、休憩、停留等基本行为需求，做到通行流畅、绿色安全、舒适宜人。可先按照“动”“静”划分区域，再设置不同的功能空间，使各空间功能既相互独立、互不干扰，又能做到视线通透、相互交融，多使用“柔性”边界，如植被、绿化带、不同材质的铺装划分空间，达到层次丰富、功能多样的空间效果。在空间充足的街角，可结合设置街角公园或娱乐设施，提升空间品质和功能多样性。

3.3.3 道路公共设施及其整合

除道路本体外的道路附属公共设施一般称为城市家具。城市家具在道路空间环境中扮演着重要的角色，是城市设计和规划中的关键要素之一，合理地设置城市家具可以起到空间分隔和引导、促进社交与互动、营造具有活力和艺术气息的公共空间的作用，对于提升道路的功能性、便利性、安全性、美观性和人性化都具有重要影响。

根据《江苏省城市街道空间精细化设计建设—城市家具建设指南》，城市家具一般包括交通管理、公共照明、路面铺装、信息服务、公共交通、公共服务 6 大系统 33 类，如图 1-3-7 所示。城市家具大多布置于公共设施带内，因此，设施带内公共设施的布置及整合是道路空间内公共设施设计的关键。

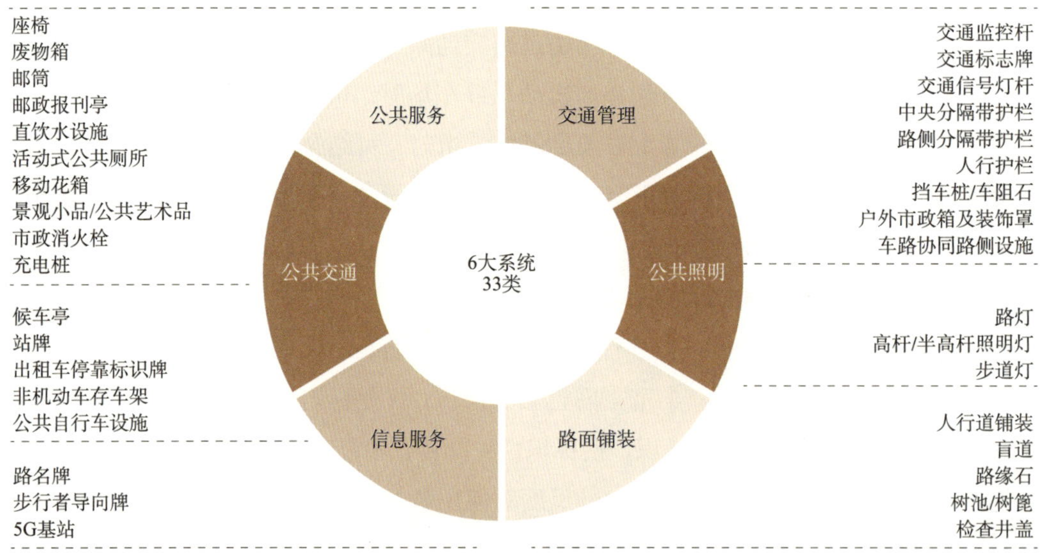

图 1-3-7　城市家具分类

道路公共设施带最重要的作用就是提供人行道所需的基础设施，对于家具布置控制是设施带设计的重点。本节主要介绍设施带的宽度、设施的间距以及设施的整合。

1）设施带的宽度

设施带的宽度不应作为强制性要求，而应该视为道路锦上添花的要素，用作预留的富余宽度以补充人行道和道路。一般建议各类道路的设施带最佳尺寸为 1.80 m，最小尺度为 0.25～0.5 m 满足护栏设置宽度。在生活区和工业区道路上的人行道可以不设设施带，但在公园区、混合使用区、商业中心区、市中心和机构校园则要求最少预留 1.20～1.80 m 的设施带宽度。

2）设施间距要求

设施带常见的要素包括：非机动车停放点、废物箱、座椅、便民亭、行道树等。各要素的间距设置见表 1-3-10，要求：

（1）非机动车停放：一般每 50 m 需要设置非机动车停放装置，每 250 m 左右提供租借自行车的地点。当设置人行道短时间停车区时，宽度为 1.50 m 时应设置倾斜的停车位，宽度为 2 m 时可设置垂直停车位。

（2）废物箱：按照道路同侧不高于 100 m 的间距设置，在沿街店面较多、未配建垃圾收集房的道路，宜结合绿化带、游园绿地等，设置港湾式收集点，选址应便于车辆收运。

（3）座椅：鼓励在商业道路或生活道路设置休憩点，建议结合绿化带或其他设施进行设置，增加一定数量的带扶手座椅，以方便老年人群和残障人士使用。座椅材料应以 PE 环保材料、不锈钢、混凝土、石材、木材为主，结合景观花池和小品一体化设计的座椅宜采用相同材质。

（4）便民亭：便民亭可根据人群需要设置报刊、阅览、零售食物等功能，可设置于宽度 5 m 以上路侧分隔带的设施带、开敞的街头广场，或建筑前区，单个面积不超过 6 m^2，间距一般控制在 500 m。便民亭的信息栏宜面向小广场、街头绿地等较为开敞的公共空间，并在两侧应预留不小于 3 m 的活动空间。宽度小于 3 m 的路侧分隔带不宜设置报刊信息栏。

城市家具控制要素和控制间距　　表 1-3-10

控制要素	控制间距（m）
非机动车停放	≤50
废物箱	≤100
座椅	[400, 500]
便民亭	≥500
行道树	[4, 8]

(5) 行道树：行道树间距一般 4～8 m，常使用乔木。

3) 公用设施的整合

公用设施的设计应遵循集约、小型化的原则，在满足功能的基础上尽可能地减小设施占地面积，减少占用公共空间资源，如图 1-3-8 所示。

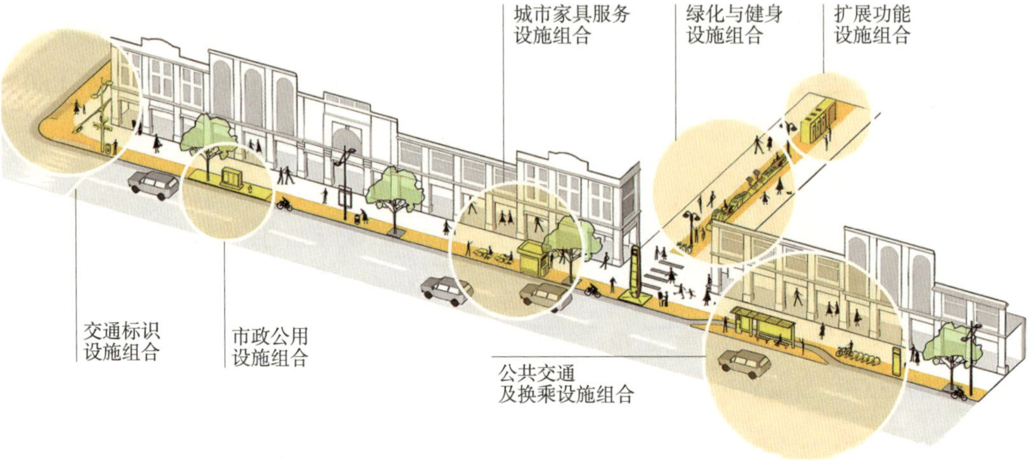

图 1-3-8　公用设施的整合

城市道路两侧的杆件林林总总，路灯杆、交通设施杆、摄像杆、导向牌、路名牌等多种杆体以往都是同时存在，不仅形制上五花八门，还占用大量的空间土地资源，存在大量重复建设的情况。同时，因为涉及的部门比较多，后期的运营管理相互独立，互不干涉，缺乏协调合作。为了增强城市道路空间的整体性，通常会根据城市家具的特征进行合理整合。

(1) 多箱（杆）归并：在满足行业标准、功能要求、安全性的前提下，当多个箱体设施位于商业型、生活型、景观型道路空间时，原则上应将通信箱和广电箱整合在同一固定的箱体中，进行多箱归并，如图 1-3-9 所示。

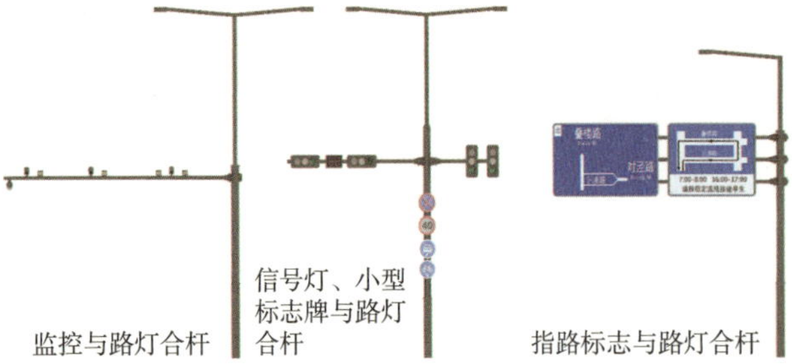

(a) 多杆合一

(b) 多箱并集

图 1-3-9　多杆合一，多箱并集

（2）多箱（杆）集中：在满足行业标准、功能要求、安全性的前提下，当多个箱体设施位于交通型、工业型道路空间时，通信箱、广电箱、交通箱和路灯箱宜集中设置在线缆汇聚中心位置，或箱体相对集中位置，形成多箱集中。原则上应在箱体规格、颜色、材料等风貌要素上统一标准，并在箱体相应位置设置铭牌以及安全警示等标识。

（3）多杆合一：一方面能将城市道路两侧的林立杆体有效整合，杆柱将比现在减少一半以上，各类配电箱也将迎来大幅精简，有效节约城市空间土地等资源，提高城市整体形象，保障市民安全等。另一方面，多杆合一采用的综合运营管理平台能有力解决管理分散的问题，推进城市精细化管理，助力智慧城市建设。此外，推行落实多杆合一后的智慧灯杆或智慧合杆，不仅具有智慧照明功能，还可扩展建设 IP 广播系统、环境监测感应装置、人脸识别系统、车路协同感应系统等。

通过将不同功能的城市家具合并整合，有效提高城市道路空间的利用效率和美观度。例如，在同一杆件上集合交通信号灯、路灯和监控摄像头，可以节省空间并简化设施的布局。采用统一的设计风格和材料，增强城市道路空间的一致性和协调性，营造出更加舒适和宜居的城市环境。

整合城市家具还有助于提高城市道路空间的功能性。例如，在公共候车亭中集成信息板、座椅和垃圾箱，为市民提供更便捷的候车服务，保持公共区域的整洁。此外，合理整合城市家具还能优化城市道路的交通管理，提高交通效率。

城市家具的合理整合是城市道路空间设计中至关重要的一环。结合城市家具的特征和功能，将不同的要素合并在一起，可以提高城市道路空间的整体性、功能性和美观度，为市民提供更好的出行和居住体验。

3.3.4 道路慢行交通系统设计

1）地面慢行交通系统

慢行交通系统是城市综合交通体系的重要组成部分，步行交通是居民出行的基本方式，非机动车交通是居民出行的重要方式之一。步行和非机动车交通适用于中短距离出行及与城市客运交通接驳换乘。慢行交通系统指服务于步行和非机动车的道路部分，包括各等级道路的路侧人行道和非机动车道。慢行交通系统属于城市道路系统的一部分，串联广场、绿地、步行街、公共建筑等主要公共活动场所，应尽可能构建密集的慢行通道网络。步行交通网络应包括市政道路范围内的人行道、步行街、公共通道、过街天桥和地道、空中步行连廊、公共绿地内的步行空间等。非机动车交通网络应包括市政道路范围内的非机动车道、公共通道、公共绿地内的骑行空间等。慢行交通系统的设计主要注重道路的类型，不同功能类型的道路上的慢行交通的需求不同，根据道路的功能讨论构成要素的空间组合关系，包括机动车与非机动车车道间的隔离形式、开口密度等，进行慢行交通系统的一体化设计，并注重完善慢行交通的指引以及信号等设施。

慢行交通系统的构建原则包括：

①安全、便捷、连续、舒适的基本要求；

②与土地利用与开发、公共服务设施、市政与交通附属设施、景观绿化设施等的空间和功能相衔接；

③注重与城市公共空间节点、枢纽等交通吸引点紧密衔接，并与其他各类交通方式相协调；

④注重与环境和风貌相协调。

除满足基本通行需求外，慢行交通系统设计还应符合无障碍要求，并结合不同区域慢行交通的需求特征和建设条件，以人为本，全龄友好，提高慢行空间环境品质、舒适性和服务水平，增强慢行交通吸引力。

融合设计理念对慢行交通系统的要求主要包括三个方面：构建连续、完整的慢行交通网络，提升慢行交通系统的可达性，以及增强绿道与道路的衔接等。

（1）构建连续、完整的慢行交通网络。

应根据不同片区的步行与非机动车功能定位、交通特征、人口密度、自然环境等因素，提出差异化的步行交通网络和非机动车交通网络要求。增加路网密度，优化街区结构。建成区通过“两融合 + 两补充”（融合利用城市道路、公共通道，补充利用绿地、滨水地区绿道），完善慢行交通网络；新开发地区建设高密度街区、小尺度路网。重视跨水系、铁路、高（快）速路等的慢行交通连接，增强慢行交通可达性。

除城市快速路、连续流主干道、中心城越江桥隧外，城市各级道路均应根据需求设置连续的慢行交通系统，构建“骨干 + 支网”式慢行交通网络。构建连通主要功能片区、公共活动中心的骨干慢行交通通道，在此基础上向各片区内部延伸，并在片区内成网，形成多层次、互联互通的全域慢行交通网络。

鼓励“窄马路、密路网”的城市道路布局理念，以适宜人的活动为原则，建议形成 2 hm^2 左右的街坊尺度。依托城市内部主次干路和支小道路网络的完善，增加慢行交通网络密度，优化街区慢行交通网络结构。对于老旧城区，结合片区改造同步开展区域路网梳理，聚焦路网瓶颈，通过路网贯通、道路拓宽、交叉口节点改造等方式，提升路网连通性，增加慢行交通网络密度。

（2）提升慢行交通系统的可达性。

主要通过弹性“禁非”的手段，扩大当前城市慢行交通的可达范围。中心城区既有的禁非道路需要根据道路两侧建筑、用地等拓宽改造条件，结合道路改造工程实施，通过优化路权分配，增设非机动车道，恢复非机动车通行条件。行车道宽度有富裕时，宜优化行车道断面，压缩机动车道宽度，并重新划分标线。

（3）增强绿道与道路的衔接。

沿途串联生活圈、商务圈、自然圈、文化娱乐圈等人流吸引点的区域滨水绿道，公园绿地等休闲空间内部道路，应加强与市政道路的紧密衔接，将蓝道、绿道、风景道三道融合，发挥休闲功能的同时，承担部分通行功能，打造“看得见、进得去”的蓝绿慢行交通走廊。

已有城市的成功实践通过以下三个手段进行控制：①通过加密道路网络与绿道系统衔接，衔接路网间距不宜大于 300 m。②通过绿道设置出入口与市政道路紧密衔接，公共活动型蓝绿空间的绿道与市政道路的衔接开口间距不宜大于 150 m。

2）竖向慢行交通系统

街区式交通组织宜将商业综合体外部空间与交通系统作为整体，以微枢纽的形式打造“15 分钟生活圈”。设计城市竖向交通系统，将空中连廊、地下通道、地面交通三个基面的交通相结合，促使慢行交通系统的完整、连续，减少不必要的机动车出行，并将不同交通方式有机连接，将城市打造成立体城市。商业办公密集区，宜通过地道、连廊、天桥等形式构建立体畅通的慢行交通系统，串联邻近建筑等慢行活动的集中点。其总体原则如下：

①结合轨道交通站点开发的商业体应优先通过空中连廊或地下通道直连，避免大量人流在地面交通系统中集散、转换。

②结合商业办公建筑建设的连廊系统宜串联商业核心区周边的商业体和文旅节点。

③大型商业出入口面向城市干道时，宜设置天桥或地道，满足行人连续过街需求。

④密集商业办公地区慢行交通系统的规划设计应全面统筹协调，宜关注舒适、景观等品质性要求，适应商业办公地区的高品质集中开发特点。

立体慢行廊道使整体竖向交通系统统一连续，其设计的总体要求：

①设置立体慢行系统时，应兼顾地面步行和非机动车空间的连续性。

②立体慢行系统应与地面慢行系统保持合理间距，控制衔接点的数量，可通过楼梯、扶梯、垂直电梯等设施有效衔接地面步行空间。衔接点应重点关注无障碍设施设计，以满足特殊人群通行需求，体现人文关怀。

空中连廊的设计需要遵从以下要求：

①空中连廊宜根据周边建筑及环境进行相应的流线组织和造型设计。根据人流量和建筑的承载能力测算，廊道通道净宽一般不小于 3 m，净高不应小于 2.5 m。

②以公共通道或建筑内部通道形式设置的空中连廊，应保证 24 小时畅通，若有建筑物在夜间必须关闭的，应另设通道以保证空中连廊的连续性。

地下通道的设计需要遵从以下要求：

①宜选取简单、流畅的布局方式，避免过多曲折和转弯。

②净宽和净高应结合沿线两侧活动功能、活动强度和所在地区进行统筹设计。

③应与其他地下空间，如轨道交通站点、地下停车库、地下人防设施等紧密衔接，共享通道和出入口。地下通道出入口与公交站的距离宜控制在200 m以内，有条件的可设计为小型下沉广场，为行人提供缓冲和驻足空间。

④宜通过多样灵活的方式（如天然光线）设置采光和导光系统，提高视觉舒适性。

⑤应设置良好的引导性标识系统，在出入口、交叉点、楼梯等提供引路标识、周边设施指引等信息，以便向行人作清晰的指引。

3.3.5 临街界面管控

临街界面是城市道路U形空间中以临街建筑底层外墙为主要背景的近人尺度的城市空间，由水平方向的道路人行道和垂直方向的建筑底层立面进行界定。道路临街界面是城市道路空间的重要组成部分，临街界面管控是加强城市风貌管理的重要手段，展示城市文化、生活、精神的重要载体。为落实城市设计提出的城市发展要求，重点设计高品质公共空间，在以人为本的设计理念的指引下，聚焦步行者视角下的城市临街界面。临街界面管控可以分为三个层级，即界面空间形态控制、建筑底层界面功能控制、道路界面设计指引。

1）界面空间形态控制

界面空间形态控制一般可以分为道路垂直界面的限定以及道路水平界面的限定。

（1）道路垂直界面的限定。

道路垂直界面的限定要素主要包括道路宽高比（高宽比）、路侧建筑高度控制。

①宽高比控制。

宽高比是经典的道路空间研究的对象，常作为道路规划设计的前期依据。芦原义信将宽高比（D/H）作为设计参数，认为道路的宽高比影响着人们的感受。不同时期不同地区的道路由于宽高比的不同也会显现出不同的气质。芦原义信认为，当宽高比大于1时，随着比值的增加，城市的疏离感增加；当宽高比超过2时，会使人感到空旷；当宽高比小于1时，随着比值减小，城市的接近感增加；当宽高比等于1时，产生平衡感，被认为是空间属性的转折点。[15]

在意大利，不同时期城市道路的宽高比不同。巴洛克时期，意大利道路的宽高比往往超过2，为城市的设计风格增添了壮观和庄严的氛围。文艺复兴时期，意大利的道路宽高比约为1，其城市规划更注重人文主义和文艺复兴氛围的突出，道路的宽高比逐渐趋向平衡，更多地强调建筑的比例和美学，为城市增添艺术和人文气息。中世纪时期，意大利的城市道路宽高比约为 0.5，城市的道路相对较窄，而建筑物的高度也相对较低，反映当时城市设计的紧凑性和实用性，兼顾了城市的防御需求。

当以宽高比（D/H）作为控制参数时，D/H 在 1∶1.5～2∶1 之间城市空间较为宜人；商业道路可以相对紧凑一些，在较窄的地方 D/H 可以达到 1∶3；交通道路的 D/H 在 1∶1～2∶1 之间较为合适；在道路的过渡段可以采用 1 的宽高比；总体而言，当 D/H 为 1～2 时，可以达到很好的空间美学效果。

②路侧建筑高度控制。

当道路的宽高比在 1～2 时，行人感受较为舒适。我国常规的道路宽度通常为 15～40 m，因此，按照宽高比进行换算，路侧的建筑高度需控制在 7～40 m。但是实际上，建筑高度无法只考虑空间美学，因此，常常设置建筑退台，既满足行人的舒适感，又满足土地开发强度等。因此，建筑界面的高度应控制在 15～24 m，不宜超过 30 m，当其大于 30 m 时，需要按照 1.5∶1 的高退比设置退台，如图 1-3-10 所示。

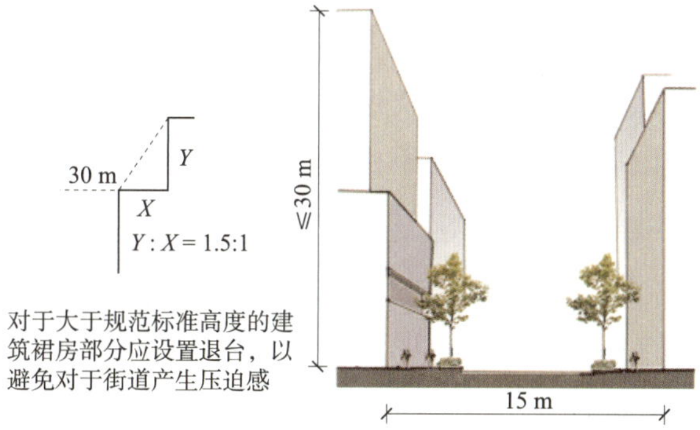

图 1-3-10　建筑界面的高度控制

（2）道路水平界面的限定。

①贴线率。

诺伯格·舒尔茨（Christian Norberg-Schulz）认为，具有“图形”意义的道路才能称为道路，需要道路整齐的边界来实现。贴线率就是用于研究道路界面水平维度上的凹凸变化，可以理解为建筑的边界投影面宽与该段道路的长度之比。贴线率在 70% 以上的建筑界面能形成较强的围合感，给人以舒适感受。[16] 虽然从城市空间美学上看，70% 贴线率的道路较好，但是城市空间美感的决定因素复杂，美国的部分城市设计导则指出可以对不同功能区的道路贴线率分别进行管控，如商业商务区采用高标准，对于住区与工业区等低密度建设地区则规定较低，甚至不做要求。

②建筑退界。

城市法规中有一系列法规规定建筑的退让，如建筑退让道路红线、建筑退界等。和贴线率的任务不同，建筑退界主要是为道路留出舒适的空间距离，对于道路后退距离的规定通常和建筑高度、建筑相邻道路等级有关。一般按照规划路幅和建筑高度来确定退让距离，由于生活型道路和交通型道路存在活动空间需求或净空需求，因此对这两种道路类型的建筑退界做了具体规定，见表 1-3-11。

建筑退界距离值（单位：m）　　表 1-3-11

道路宽度（m）	建筑退界		
	建筑高度≤24		建筑高度＞24
	生活型道路	交通型道路	
$W\geqslant 40$	5	4	8
$24\leqslant W<40$	5	3	5
$W<24$	3	2	5

2）建筑底层界面功能控制

由于受到自身活动区域、视线高度及视野宽度的限制，步行者对道路空间的感知与体验受到沿线建筑的底部界面影响。其中，建筑底层临街界面的透明度、建筑底层的功能控制、底层界面的建筑出入口数量等对步行者活动活跃度具有重要影响。

（1）建筑底层临街界面的透明度。

建筑底层临街界面的透明度是指各路段中具有视线渗透度的建筑界面水平长度占建筑面沿街总长度的比例。透明度会影响道路与建筑、室内外活动之间的交流程度。当建筑底层临街界面的透明度达到 63% 以上时，道路上最容易发生逗留活动。一般而言，对于市中心商业道路，一层街墙的透明度应该达到 50%。商业型道路底层街墙界面最低透明界面面积应达到界面总面积的 60%，鼓励设置展示橱窗；生活型道路底层街墙界面最低透明界面面积应达到界面总面积 30%。透明度的计算公式为：

$$\text{透明度}=\frac{\text{Ⅰ类界面长度}\times 1.25+\text{Ⅱ类界面长度}+\text{Ⅲ类界面长度}\times 0.75}{\text{街段的建筑界面沿街总长度}}$$

其中，Ⅰ类界面为门面完全打开的开放式店面，Ⅱ类界面为视线可以直接看到室内的通透式玻璃橱窗，Ⅲ类界面为设置商品布景的广告式玻璃橱窗，Ⅳ类界面为室内外的视觉被阻隔的不透实墙（包含不透明的平面广告）。

（2）建筑底层的功能控制（图 1-3-11）。

道路功能多样性和丰富度常常由建筑底层界面功能的多样性决定，不同的功能界面也会对道路活力造成不同的影响。相关研究表明，餐饮类店面可以更好地支持人的视、听、闻等感官体验，进而吸引驻足、交谈和消费等活动；而银行、酒店与办公等功能较为消极。在市中心商业区、市中心混合使用区、邻里主街和共享道路上，道路底层空间用途需要多样，并需要精心设计，如零售和餐厅最好放在地面层（靠近人行道的一层）。同时，在街区、街坊和地块进行土地复合利用，形成水平与垂直功能混合，即不同地块设置不同功能，不同功能又设置到建筑的不同部位及楼层。小地块模式有助于功能的深度发挥而大地块则应注重具体功能在道路中的位置设置。

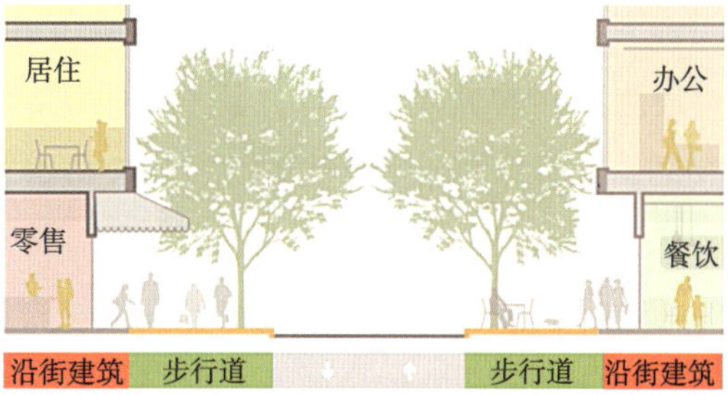

图 1-3-11　建筑底层的功能控制

（3）底层界面的建筑出入口数量。

建筑出入口是衔接建筑内外节点，既具有基本的连接功能，又提供行人步行环境的丰富性。当道路每百米的商铺或建筑出入口数量能够达到 7 个以上时，道路具有活力。商业型道路或生活型道路底层应设置餐饮、零售等功能积极的连续界面，店铺密度设置应达到 7 个 / 百米以上。积极的界面有助于让公众进入，并且触发人们产生更多交流、购物、驻足观望等偶发性活动。积极界面要求店铺（或出入口）尺度合适及业态丰富，鼓励餐饮、文化、社区服务等多种功能的混合。大型商场出入口宜设置于街段两端，中部沿街面宜设置小单元店面（图 1-3-12）。另外，对于所有公共服务设施出入口、建筑主要出入口和地块出入口，以及商业型或生活型道路的出入口在 100 m 之内不少于 16 个，要求出入口间距 ≤ 50 m。

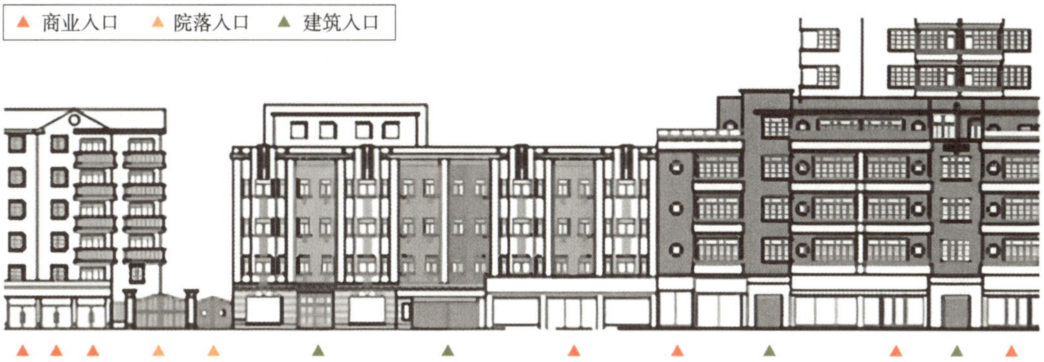

图 1-3-12　建筑入口控制

3）道路界面设计指引

临街界面的组成要素包括垂直界面和水平界面。道路界面设计指引是指利用道路空间内的监控设施和车辆设备等进行城市道路数据的采集，通过数字化手段量化并评估城市道路界面的设计合理性，识别出关键影响因素，从而采取针对性的手段提升界面设计效果。以下分别介绍评估方法、管控指引和理念导向。

（1）评估方法。

通过自动化的道路数据采集和机器学习建模的综合方法评估城市界面设计质量，评估结果作为界面管控的依据。图 1-3-13 为临街界面评估方法的技术路线，主要步骤如下：

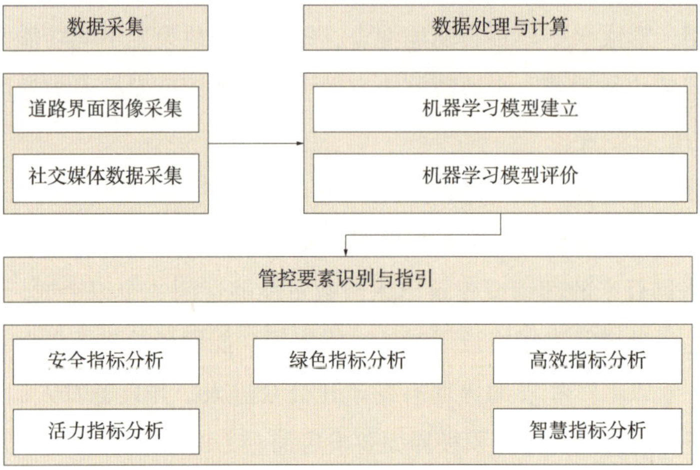

图 1-3-13　临街界面评估方法的技术路线

①数据采集。

数据采集是建模与分析的基础。数据采集主要通过人工手段（人行、车行图像采集）以及自动化手段（路侧智能监控设施）进行。人（车）行图像采集使用高分辨率摄像设备，从行人（车辆）视角记录道路的界面景观及活动，捕捉行人（车辆）数量、速度、行为等信息。路侧智能监控设施：通过固定设备自动化采集道路界面的状态和环境信息，获取路侧智能设备生成的数据。社交媒体数据的采集是利用网络爬虫技术从社交媒体平台中获取与研究区域相关的推文标题、内容、评论、点赞、收藏、评论数量、转发数量以及包含的图像信息。

②数据建模和分析。

利用机器学习模型，如深度神经网络或循环神经网络，对采集的数据进行建模。模型能够自动捕捉道路界面特征，并识别与界面设计质量相关的各项指标。将数据集和模型输出相对应，从安全、绿色、高效、活力、智慧等方面评价界面的设计质量。

③关键影响因素识别。

分析模型，确定影响每个评价指标的关键因素，掌握影响界面设计的主要因素，并将其作为界面管控的依据。

④综合评分。

为每个评价指标分配适当的权重，以反映其在街景质量中的相对重要性，将每个评价指标的预测值与相应的权重相乘，生成界面设计质量的综合评分。综合评分反映界面在安全、绿色、高效、活力、智慧等方面的设计质量。

（2）管控指引。

根据综合评估结果，明确与各个目标最相关的管控要素。这些关键要素的识别可以引导界面设计的优化和改进。依据控制要素与某设计目标相关性的高低，依次对界面的设计要素进行修正，以最终实现整体临街界面设计效果的显著提升。该方法确保设计的精准性和有效性，提供界面设计的改进方向，有助于城市道路界面设计在各个方面达到预期的质量水平。

（3）理念导向。

坚持“以人为本”，将城市道路界面塑造成有活力、有魅力、有文化的高品质公共空间。

①导向一：注重风貌协调、可读性强的空间营造。

城市道路界面应在保证美观、舒适、便捷的基础上，营造富有辨识度的地区特色，展现城市意象。例如：古城区道路界面应在维持其传统风貌的前提下适当植入现代化的时尚元素，激发和调动古城活力，营造具有现代化时尚气息的临街界面；老城区道路界面应融合传统风貌元素与现代城市风貌元素，强调简洁明快、典雅清新的老城意象，成为古城区与新城区之间的有序过渡；新城区道路界面应在维持现代化城市风貌的基础上，以现代化语汇对塑造特色元素进行提炼和重塑，营造具有城市特色的现代化城市道路界面形象。

②导向二：构建活力多元、具有美感的垂直界面。

位于街角和道路对景位置的建筑或建筑局部应进行重点设计，强化道路界面的识别性、引导性与美学品质，重点设计的方式包括增加相应部位的设计细节和装饰、局部檐口高度、材质和色彩的变化等，以及留出街角灰空间等，强化道路场所的识别性。转角道路界面通过建筑形体的扭转、建筑体块的异化等，丰富道路界面形象。

a. 立面设计：沿路建筑立面应重点关注近人尺度区域，结合行人步行速度创设丰富的视觉体验。建筑沿路立面底层设计应注重虚实结合，注重形成丰富的形象。鼓励玻璃橱窗与木材、石材、清水砖等纹理和色彩丰富的材质进行搭配，塑造界面的纵向和横向韵律感。鼓励沿路建筑立面设计整体协调，形成清晰的纵向和横向立面分段，具有节奏感和韵律感。运用当代建筑语汇，将新建筑从几何关系及韵律等方面与老建筑相协调。

b. 围墙设计：尽量利用建筑沿路面作为建设地块和道路之间的保护屏障，或设立镂空式绿植围栏，或设立家具、绿化、景观水体等软隔离，鼓励打开现有围墙，释放道路活力空间，打造舒适、畅通、高品质的城市道路界面空间。对确实无法打开的围墙，如学校、医院、住宅等建筑的临路界面，设立镂空式围栏替代连续的实体围墙，适度降低围墙高度，并美化装饰。增强临路围墙的视觉通透性，不宜设置连续的高于人眼视高的实体围墙，并结合绿化增加视觉深度。对实体围墙进行细部设计，增加墙面凹凸感，增设线脚、雕刻、纹理等细节，丰富围墙界面形象，增强围墙界面与行人的互动，以具有识别性的围墙界面形象打造"网红墙"，将枯燥乏味的实体围墙界面转化为趣味且有活力的城市空间。

c. 店招广告：店招与户外广告设施应与道路整体风貌相协调，满足相应规定的基本要求。公共活动中心地区的商业界面、底层商业界面、公共建筑界面，鼓励通过店招及户外广告展示地区特质，需要保障公共安全、保护历史风貌的地区应限制广告设置，重视店招及户外广告整体设计，设计应与道路的整体风貌相协调，不同形式的店招广告有助于增加界面以及人行道上空的多样性和趣味性。店招与户外广告设施应具有良好的艺术品质，在尺度、色彩、位置、建筑立面元素等方面相互协调。

d. 鼓励沿街功能复合，沿街增设不同类型的出入口，以提升道路空间活动的多样性和活跃度。建筑底层功能包括三个方面：第一，在商业、办公、居住及混合功能的街区应增强底层功能的公共性和界面的开放性。第二，生活型道路应沿路布置零售商业、休闲餐饮与公共服务等，以形成连续的活力界面。第三，鼓励中小规模商业零售、餐饮、文化、社区服务等业态混合搭配。

③导向三：临街界面一体化设计，打造整洁美观、活动丰富的水平界面。

临街界面（公共建筑、城市广场、底商等界面）一体化设计，鼓励开放退界空间，但不仅限于建筑退界空间，而应从建筑底层的室内空间进行整合设计，对建筑底层室内空间、建筑退界空间、步行通行区、设施区进行统一管控，延续相似或同系列的元素以强调景观的连续感。在退界空间导入道路设施区内的景观要素，强调红线内外一体，设置景观小品，为临街界面提供多元化的活动空间，并适当保留建筑前区的独立性，通过绿地、水体景观、家具等软隔离在视觉上进行区分。

保障通行区步道宽度，保证步行通行的安全性和舒适性。开发强度和功能混合程度较高地区的建筑前区步行流量较大，公交车站、轨道交通出入口和大型商业设施都吸引人流，且沿路设施较多，步行通行区需相应加宽，步行通行区的净宽应大于或等于 2 m，以满足 2 辆残障人士轮椅可以相向交错通行等需求。

地面铺装应平整、连续、美观。立足无障碍城市建设，布设安全、连续而平顺的盲道，保障无障碍出行。城市重点地段的道路界面应进行专项设计，采用不同的地面铺装方式及材料，以区别公共空间的用途，使用特殊的铺装方式及图案为临路界面增添特色，为行人指示方向，显示主要的路线和特色的地点。历史城区内的地面铺装宜采用与历史风貌相适应的形式。通过性为主的道路铺装应保证其通行功能，铺装设计简洁、美观。以旅游性为主的道路在保证功能的前提下，应注重铺地的景观性，采用与风貌相协调的材料与铺设方式，体现特色风貌。

退界空间应合理有序布置，提供多元化的活动场地。底层商业界面、公共建筑界面、城市公园（广场）等界面应开放退界空间，并与人行道一体化设计，形成连续、开阔的室外活动空间。

④导向四：布置使用便利、形象美观的城市家具。

合理布置城市家具。设立于道路的家具设施，可分为生活服务设施、环卫设施、信息服务设施、交通服务设施、公共艺术设施、市政设施，其设计与布局要注重道路整体空间的高效集约利用，体现艺术性与人文关怀。

a. 生活服务设施：公共建筑界面、商业界面宜在绿化带、设施带、建筑退让空间内，结合人流量设置座椅。座椅除了正式座位，还包括可供坐靠的高度合适的花坛、台阶、矮墙等多种形式。人流量集中的建筑前区鼓励设置休憩节点，设置固定或移动座椅；在人流密集地段的开敞空间或广场宜设置独立式饮水器。

b. 环卫设施：宜设置垃圾分类设施。在人流密集地段，休憩节点旁宜设置细分类的可回收垃圾收集容器；试点设置智能感应环卫设施，具备垃圾自动压缩和满容提醒功能，提高垃圾收集效率。

c. 信息服务设施：便民亭、报刊信息栏、指示标牌等家具可通过改造，引入多媒体数据终端，提供道路及周边信息查询，并配备 Wi-Fi 热点功能。

d. 交通服务设施：公交站台应满足便捷、安全、便利的功能要求，有完善的遮蔽设施及信息提示。公共自行车租赁点应结合公交站点及公共区域的人流密集程度设置。交通服务设施应形式丰富有趣，与景观进行统一设计，体现区域风貌。历史城区的公交站台可结合现有历史遗存，或应用传统元素，与其所在的道路整体风貌相协调。

e. 公共艺术设施：应注重艺术品质和细节设计，提升道路空间的城市家具设计品质。鼓励采用雕塑等艺术品进行装点，设置喷泉、灯光装置等设施，丰富视觉体验，增强空间环境吸引力。

f. 市政设施：应合理布局，尽量以绿化隐蔽，可对市政设施做美化处理，与道路整体风貌相协调。鼓励架空线入地，促进道路容貌整洁有序。地面杆线应合杆设置，各类管线的附属设施应尽可能归并，减少设施数量及对道路空间的占用，市政设施不宜设置于人行道上，优先选择公共设施带及街边绿地布置。应对电信电箱等进行遮蔽和美化，通过艺术化的手法使其融入道路界面整体风貌。变配电箱、通信开关柜、地铁站风亭等较大型设备宜结合道路绿化进行景观化遮蔽，或对其进行外立面美化设计，使其成为道路空间的艺术品。

鼓励检查井盖上表面采用与路面铺装相同的材质，在对景观有较高要求的区域，检查井井盖应统一设计，以适应区域的自然与人文环境。以城市本地具有识别性和代表性的元素作为设计元素，如特色文化、标志、建筑、景观等，变井盖为街头小品，增强其艺术性，且作为对外展示宣传的途径。注重将检查井井盖的设计与数字化技术结合，与集合城市相关元素的游戏、音乐、电视剧等结合，推出系列化、风格化的主题井盖，使之成为时尚性、先锋性的文化特色。

⑤导向五：营造绿色生态、四季相宜的绿化景观。

合理布局道路绿化，通过多种方式增加道路绿化，发挥绿化遮阴、滤尘、减噪等作用。鼓励有条件的临路界面连续种植高大乔木，形成林荫道，提升休憩空间品质。

充分尊重城市的四季特征，依据季相搭配建筑色彩与植物种类，增加景观层次性、色彩多样性和道路识别性，营造四季相宜的道路景观，展现本地特色的植被种类，营造具有城市特色的道路街面风貌。

道路界面应通过提高绿地的硬地比，协调景观与活动需求。特殊情况经研究论证，可适度降低绿地率要求，设置树列、树阵、耐践踏的疏林草地等绿化形式，结合景观草坪、灌木种植，形成活力区域。

第 4 章 注重生态景观的城市道路空间设计

城市道路空间的设计应从城市道路内外的结构及附属设施的角度保证城市道路设施齐全统一、功能协调完善。城市道路空间不仅包含交通基础设施，还涵盖城市的生态环境。随着经济的发展和人民生活水平的提高，人们不再满足于物质方面的需求，更加注重精神体验，期待舒适、环保、绿色的道路出行体验。城市道路不局限于交通等功能，承载着人们对生态环境的美观、舒适等方面的需求。生态景观对人的活动和心理感受存在重要的影响，城市道路的生态景观设计对城市的海绵建设及低碳建设等同样存在积极影响，是城市道路空间设计不可或缺的环节。因此，本章主要讨论当前城市道路生态景观存在的问题，并针对性地总结城市道路生态景观设计的策略。

4.1 城市道路生态景观设计

4.1.1 概念与意义

随着城市化进程的加速，城市环境和生态系统面临越来越严重的破坏和污染，城市化问题日益凸显。作为城市基础设施的重要组成部分，城市道路对城市环境和生态系统产生着重要影响。生态和道路是构成优美居住环境和城市功能的基础，良好的生态景观提升城市的精神面貌和文明程度。城市道路生态景观设计遵循生态和自然原则，借助现代科技和绿色植物，构筑城市生态系统，在城市道路上创造出具有生态意义、文化内涵和观赏价值的独特景观。

城市道路生态景观设计是指以生态学为基础，以城市道路为载体，融合美学元素，以人为本，以生态环境恢复和改善交通安全为目标，将乔、灌、地被和草坪科学合理地搭配，创造出能维护自我平衡的植物群落，并融入海绵、低碳等设计理念，如图 1-4-1 所示。杨永胜等在《现代城市景观设计与营建技术》[17] 中，将围绕城市道路的生态设计比喻为城市道路“运动的血肉”。相较于传统城市道路设计，城市道路生态景观设计强调环境友好和社会认可度，旨在提高城市道路的功能性、美观性和生态效益。

城市道路生态景观设计在推动城市可持续发展和生态文明建设中具有重要意义和价值。城市道路生态景观设计促使各种生态系统服务得以完善，改善空气质量和减少热岛效应，增强生物多样性。通过融入自然元素和生态系统，城市道路生态景观设计改善城市居民的生活质量，打造生态友好的环境，促进可持续发展和生态保护，为城市发展提供支持和动力。

图 1-4-1 错落有致的城市道路景观

4.1.2 功能

城市道路生态景观在城市中具有举足轻重的作用。如果把城市道路比作动物的躯干，城市道路生态景观则是血肉，其意义不言而喻。城市道路生态景观的主要功能有：

（1）生态保护功能：遮阴，调节并改善道路环境小气候，净化空气，滞尘降尘，降低噪声，杀菌消毒，保护路面，稳固路基。

树木具有遮阴功能。在炎热的夏季，乔木的树冠能够减少太阳光直射，减少热能；同时，植物的光合作用、蒸腾作用消耗掉一定的热量，降低周围空气的温度，使空气凉爽湿润，改变微气候。在严寒的冬季，树冠能够阻挡地面辐射热向高空扩散，将太阳散发在地面的热量保存，具有一定的保温作用。

植物在一定程度上能降低城市各种工业污染以及道路上汽车排气排放物、噪声及烟尘对环境的污染，改善道路的卫生环境。树木对粉尘有明显的阻挡、过滤和吸收作用，可降低粉尘对大气的污染。城市的空气中散布着各种细菌、病原菌，而许多植物都能分泌出强大的杀菌素，能杀死细菌、真菌。植物不仅能够杀死空气中的细菌，还能够消灭土壤里的细菌，部分植物还能杀死林地污水中的细菌。

城市道路生态景观在防治洪涝等自然灾害方面起到重要作用。植被具有良好的水土保持功能，树木的根系能够固定土壤，减少水土流失。道路两侧的绿化带可以作为雨水的渗滤和储存区域，起到缓冲洪水和调节水流的作用，减轻洪灾对城市的影响，增强城市韧性。

（2）交通辅助功能：防眩，美化环境，减轻视觉疲劳，标识作用，交通组织。

合理的植物配置可以有效地协调车流和人流，保障交通运输的畅通，提高交通效率和保障交通安全。从生理感受来看，在长时间的驾驶过程中，城市枯燥乏味的景观容易使驾驶员产生视觉疲劳，从而增加交通事故的风险。植物本身具有形态美、色彩美、季相美和风韵美，巧妙地运用这些特性来进行植物配置，就能创造美丽的生态景观，既表现平面、立体的美感，又能表现运动中的美感，有效地缓解驾驶员的视觉疲劳，提高交通的效率。

（3）景观组织功能：道路绿化植物和道路构成景观，衬托城市建筑，对周围环境进行空间分割和景观组织，临时装饰美化。

将植物通过平衡和协调、韵律和节奏等配置原则进行搭配种植后，会产生美的艺术景观。花开花落、树影婆娑，与临街建筑物产生动与静的统一，丰富建筑物的轮廓线，遮挡有碍观瞻的景象。道路的景观是体现城市风貌最直接的一面，道路绿化植物对周围环境空间进行分割和景观组织，衬托城市建筑，突显道路个性。

（4）文化隐喻功能：表现城市地域文化特征，以乡土植物塑造个性城市植物配置形象。

南北纬度的地带性差异是经济文化差异的重要因素之一，不同地域的城市风貌大相径庭，道路景观是城市风貌的一个重要符号。南部地区滋润多雨，绿化景观组合层次丰富，南方人性格较为温婉。中西部地区缺水地域较多，日夜温差较大，色叶植物在这些地区表现出的色彩比其他地区有过之而无不及，此类地区人们性格坚韧而淳朴。北部地区气温较低，部分地区全年仅三四个月的温暖气候，此类地区人们性格较为豪爽开朗，绿化景观风格以通透开阔为主，品种较为单一，松柏类树木较为常见。

4.1.3 特征、形成机制与分类

1）特征与形成机制

城市道路的生态景观具有变化性与整体统一性。变化性体现在道路的线性延展以及季节的循环更替，沿途的景观随着道路的延伸不断变化，随着季节变化展现出植物景观的季相美；整体统一性体现在城市道路景观生态设计是基于城市整体，与城市规划紧密结合，体现城市整个精神文明建设，突显城市建设的特色。双重特性在道路纵向和横向空间的综合作用促成城市道路生态景观的形成。形成机制分为两种：一种是在城市规划时有目的性地控制与设计形成的道路景观；另一类是城市用地单元自主建设所形成的景观。前者形成过程中，运用相关设计准则，严格地对道路景观进行控制，路网规则、沿路建筑整齐，变化有序，使道路景观呈现出整体性和秩序性的特征。后者在形成过程中一般没有整体统一的设计准则约束，而是在沿路各用地单元建设的基础上，按自然、有机生长的原则自发形成，具有景观空间变化层次较多，物质要素纷呈，视觉变化丰富的特点。城市道路生态景观应注意自然要素和人为作用相辅相成，追求人工设计与自然因

素的完美结合，注重人工设计的同时，努力寻求与自然的和谐共生，旨在营造蕴含人类智慧和自然的魅力的道路生态景观，美化城市的同时增添城市的生命与活力。

2）分类

人既是道路空间的活动主体，又以使用者、设计建设者和管理者的身份对道路景观的设计建设施加影响。为使城市道路的生态景观功能得以实现，各参与者置身于道路空间内的感受十分重要。人的感受主要受距离和速度的影响，因此，可根据道路空间的使用者的速度及其与景观的距离对道路的生态景观进行分类。

沿道路行进过程中人们所能感知的各种人工以及自然作用形成景观，根据距离的远近分为中远景和近景，如图 1-4-2 所示。中远景包括公园、绿地、广场等人造景观，也包括远山、湖泊等自然景观和自然过程（气候，气象要素等）与人工建筑共同形成的城市景观，如落日下的穿湖道路景观及落日下的干将路（相门大桥段）（图 1-4-3）。中远景在实体空间上不属于道路部分，但在视觉空间上是构成道路整体景观的重要元素。中远景更多呈现的是静态景观，充当视觉场景里的背景，不随运动速度的不同而产生明显的变化。

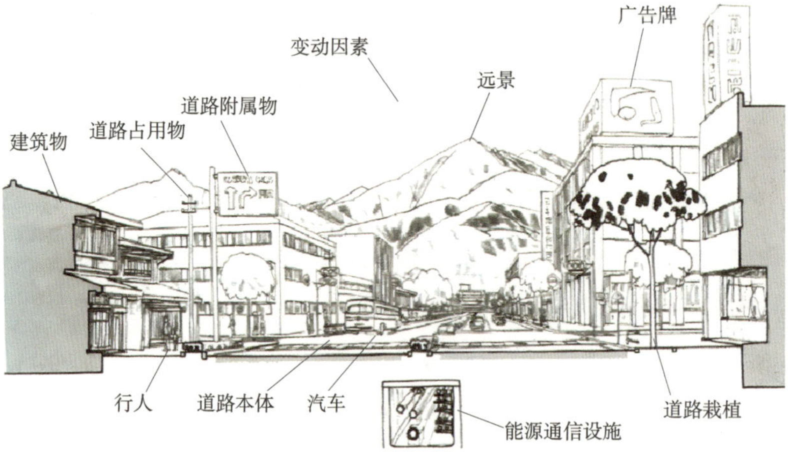

图 1-4-2 道路的整体景观构成（《道路景观设计》[18]）

（a）落日下的穿湖道路景观

（b）落日下的干将路（相门大桥段）

图 1-4-3 落日下的穿湖隧道景观和干将路（相门大桥段）

距离使用者更近的近景，随着使用者运动速度的不同发生景观的变化，即动态视景。我国古代园林设计经典《园冶》[19]一书将其概括为“步移景异”，可以理解为行进过程中视域和空间、景物的变化。园林设计通过对视点位置变化的控制，经营空间形态，构建动态风景画面，运用动态视觉规律来达到空间组织、控制和形态变化的目的。

当人们以一定的速度运动时，道路景观以一系列突现或隐现的连续片段的方式出现。从视觉角度出发，道路景观可分为已经呈现的景观、正在浮现的景观和将要出现的景观，是一连串景观构成要素（如建筑、树木、流水、山体等）的随机组合。在这个过程中，需要构建不同的景观层次，以面向不同的使用者达到不同的视觉效果。

从可见视域来看，道路景观设计需要把道路作为一个连续、整体的视觉系统，分析所在地段环境的景观构成要素、功能及内涵，加强各景观视觉片段之间的联系，将中远景结合到景观视觉系统，把看似无序的环境要素组织成完整的层次清晰的环境意象。因此，道路生态景观设计在保证交通格局、功能、效率的同时，宜进行积极引导，提供足够的视景变化，营造良好的空间气氛和意境。通过同一流线上不同道路区段空间属性的对比呼应，加强彼此联系，丰富视觉体验。

4.2 城市道路生态景观设计存在的问题

城市道路生态景观的设计需要统筹分析景观特性、人的感受以及城市的生态系统建设。在设计城市道路生态景观时，需要从不同交通参与者的活动与感受出发，结合不同类型景观的特性开展城市生态建设。总结当前城市道路生态景观的安全、美观和人性化建设方面的特征，同时深入剖析设计中存在的问题。以期提升城市道路生态景观设计的质量，为居民提供更优质的出行环境，促进城市的可持续发展。

1）忽视中远景景观要素的设计

过往的城市道路规划将注意力集中在具体的道路布局、交通流量和交通设施等专项问题，并非从城市整体设计的角度对道路空间的生态景观进行设计，忽视城市远处的景观对整体城市环境和形象的影响，导致城市道路空间生态景观的不协调、不兼容，使城市的整体风貌大打折扣。

2）忽略不同主体的视觉感受

城市道路的交通参与者包括行人、骑行者以及车辆驾驶员。不同交通参与者的速度特点导致其对生态景观的感知和需求存在巨大差异。

从速度与景观尺度的关系角度分析，速度决定人们对道路景观的感知。交通参与者的速度越快，道路内的景观图像形状越小，残影越多。相反，速度越慢，景观图像的形状就越大。当距离相同但速度越快的时候，人的识别能力和信息获取能力就会越弱。

不同的交通参与者对景观的感知差异显而易见。步行速度通常在 3～5 km/h，他们的视野范围相对较大，其活动的内容主要是步行与休憩，将其归类为低速。对于骑行者而言，其速度在 15～25 km/h，将其划分为中速。对于汽车驾驶员而言，其行驶速度通常在 50 km/h 左右，将其划分为高速。针对不同的速度等级，对不同交通主体以不同的运动方式在不同的道路类型上对景观的感受内容进行分析，见表 1-4-1。对于汽车而言，连续的景观可以引导视线，有助于驾驶员判断道路走向，而过于离散、细腻的景观易分散驾驶员的注意力，增加行车风险。对于骑行和步行，人们对景观的感受主要以观赏为主，若景观尺度过大，则道路空间缺乏吸引力，降低了视觉体验。

不同交通主体以不同的活动方式在不同道路类型上对景观的感受　　表 1-4-1

道路分类	行为模式			主要活动方式	行进速度	对道路景观的感受方式
交通型道路	起点		目标	车行、骑行	高速、中速	浏览
生活型道路	起点		目标	骑行、步行	中速、低速	观赏
商业型、景观型道路	起点		目标	步行、驻留	低速	体验

人对道路动态景观的感知随着运动发生变化。道路景观空间是多维空间的叠加，在空间维度上有延展和变化，在时间维度上也产生位移变化。为了提升景观体验，景观设计应考虑将道路连接成一个完整、连续的视线走廊，创造出清晰的韵律和节奏，以增强驾驶员和其他交通参与者对道路连续性、波动和停顿的感知。

3）忽视安全视角下的生态景观设计

生态景观设计的安全性是基于每一类型的交通参与者。设计时应注意：在行人与车辆交汇处设置绿化，以起到缓冲和保护行人的作用，增强行人的安全感；在非机动车道两侧设置高度适中的绿化带，为骑行者提供安全隔离和视觉引导的作用，在骑行与行人交汇边界设置行人和骑行者的分隔带，既可以防止行人进入非机动车道，又可以提高骑行的安全性；对于机动车，绿化景观的设置可以为驾驶员缓解疲劳和压力，提高驾驶员对道路状况的认识和判断能力；绿化景观不应侵入道路范围，以免遮挡驾驶员视线，如图 1-4-4 所示，道路的中央分隔带绿化树木较高，易影响驾驶员视线，造成安全隐患。

图 1-4-4　道路中央分隔带景观造成视线遮挡

4）忽视美学视角下的生态景观设计

①城市道路景观设计与城市设计不协调：城市道路景观对周围建筑空间环境、城市文化特性产生负面影响与破坏，景观观赏性较差，缺乏尺度感、层次感。在实际的景观营造建设中，存在各专业各自为政而造成城市道路景观缺乏整体性、连续性的现象。景观理论存在着概念和研究对象上的差异，景观规划与营建侧重视觉和感知方面的研究，景观地理学侧重空间结构和历史演化的研究，景观生态学侧重功能和环境上的研究。各专业学科间的分离导致城市道路景观设计没有整体和全面的设计理论。

②景观空间尺度失衡：道路景观的尺度大小决定行车视距，对动态视觉的差异产生影响。由于动态视觉存在较大的差异，道路景观设计尺度过小或景观设计过于细致时，速度较快的机动车驾驶员难以对道路景观形成整体印象，驾驶时就容易分心；当景观的空间尺度过大时，易造成空间的割裂感。

③景观配置不合理：视觉感知是人体感知最重要的组成部分，感知道路空间中环境的信息，感知距离、感知客体的形态结构以及色彩都会对驾驶者的心理产生一定的影响。驾驶员在车辆的行驶过程中，很容易将注意力转移到道路两侧的植物上。不同的速度、感知距离、感知角度使驾驶员对道路景观产生不同感受。合理的景观配置应当保证道路景观的节奏感与连续性，明确道路运动路线方向，加强道路边沿的视觉动态感，如图 1-4-5 所示。

图 1-4-5　连续性景观

5）忽视人性化视角下的生态景观设计

当前城市道路的景观设计较多关注车辆尺度，忽视人的尺度。城市人行道路在设计时以经济、美观为原则，很少考虑行人的心理需求和领域感的营造。宽阔的车道和缺乏绿化的人行道可能会为驾驶员提供流畅的行车体验，但行人在人行道行走时，受到身旁快速车流的干扰，易产生被威胁的感觉，增加步行时的心理负担。生态景观设计时，可考虑在道路两旁融入树木、植被和其他自然元素，以为行人提供阴凉和休憩的场所，为城市环境增添生机与活力。

6）忽视整体性视角下的生态景观设计

在城市道路生态景观设计过程中，往往面临缺乏整体性规划的挑战，导致无法形成整体性的生态视角。例如，绿化、水体、照明系统和野生动植物保护往往被独立地设计，较少将它们作为统一的生态系统来设计。城市可能会选择外来物种或具有侵占性的物种而非乡土植物，导致无法提供足够的栖息地和食物资源给野生动植物。缺乏对水体设计的整体考虑可能导致雨水无法得到妥善处理，对城市的水循环和水质产生负面影响。过度照明可能导致光污染问题以及能源浪费，破坏野生动植物的生态环境；不合理的灯光分布可能导致人们产生视觉疲劳、眩光和视觉不适，影响行人和驾驶员的安全和舒适感。

4.3 城市道路生态景观营造策略

城市道路空间生态景观设计是系统地探索如何将城市生态和景观设计理念整合到城市道路空间设计，确定设计的基本原则以保证景观设计与生态可持续性和人的需求相契合。针对当前城市道路空间景观设计存在的问题，提出一系列的改善要点，提供生态景观营造措施，为城市规划设计提供融合城市设计理念的方法，以构建生态、宜人的城市道路空间。

4.3.1 总体原则

道路绿地规划设计应统筹道路功能，人行、车行要求，景观空间构成、立地条件，市政公用及其他设施的关系，并应遵循以下设计原则：

1）生态性原则

改善生态环境、改进人与自然的关系是城市道路空间生态景观营造的首要任务，为确保道路具有良好的生态环境，应以生态性原则作指导。

在道路修建之前以尊重当地生态环境为前提，并借助道路生态学的相关理论和技术，对当地的植物种类、结构与特点进行分析，充分利用具有调节生态环境功能的植物来提高环境质量，净化空气，以促进人们身心健康，因地制宜地开展道路设计工作，尽力做到“一路一树”“一路一花”“一路一景”“一路一特色”。根据道路所在地形和地势特点，合理利用高低起伏、河流或山脉等自然元素，创造出独特的景观特色和空间体验。

2）以人为本原则

生态景观规划时要贯彻以人为本的原则，满足人们回归自然的渴望，关注人的审美习惯，给生态景观赋予文化内涵。城市居民是城市道路的主要使用者，在道路设计时要确保城市居民的舒适度和安全，更好地发挥城市道路的基本功能。

城市道路生态景观设计立足于自身的发展，将道路作为一个整体来进行设计，要充分融入城市原有的绿化工程、道路基础设施、城市精神主旨、城市特有文化等，避免其与城市整体格调不统一，脱离城市主体建筑风格。

3）可持续发展原则

自我国实施改革开放以来，无论是在政治还是经济上都注重可持续发展，要求不以牺牲环境作为创造经济价值的代价，努力实现经济、社会、自然的协调发展。在进行城市道路生态景观设计时，应将生态破坏控制在最小范围之内，甚至要求在一定程度上实现对城市生态环境建设工作的促进作用。城市道路建设应通过模拟自然生态系统，实现城市雨水管理、生态保护和气候调节的可持续发展，即建造“海绵城市”；也可通过采用再生材料、低能耗产品、乡土植物群落等设计实现碳中和。最终实现最大限度地利用自然资源，有效地应对城市面临的水资源和环境挑战，减少对外部环境的负担，并提供宜人、可持续和生态友好的城市道路空间，促进城市的可持续发展。

4.3.2 改善要点

1）城市道路景观与城市设计的融合

将道路景观与城市设计融合，注重道路景观和城市其他配套设施的联动作用。通过综合规划、设计一体化、绿色技术与材料的运用，提升城市环境质量和居民的生活体验。

2）把握城市道路景观的视觉空间尺度

研究动态视觉的影响，基于不同交通主体间的速度差异，分析不同交通参与者的视觉特性差异。根据视觉特性的差异分层次、分尺度对道路景观进行设计。车辆驾驶员需要更加关注前方道路状况和交通信号，需要清晰、明确的标识和交通导向。在主要交通干道，可以采用简洁明了的景观元素，以减少驾驶员的注意力分散。慢行交通更容易关注周围的景观和环境，可以提供更多的景观元素和文化特色，以提供愉悦的行走和骑行体验。

3）发挥防护功能作用

改善道路及其附近的地域小气候生态条件。降温遮阴、防尘减噪、防风防火是道路绿地特有的生态防护功能，是城市其他硬质材料无法替代的。规划设计中可采用遮阴式、遮挡式、阻隔式手法，采用密林式、疏林式、地被式、群落式以及行道树式等栽植形式。

4）提供物理隔离，营造围合感

行人的安全性和舒适性需要得到保证，可以通过慢行优先、设置过街保护等手段减少交通冲突，避免行人安全受到影响；为行人营造宽松的步行空间，减少行人之间的互相干扰，通过适度的围合营造归属感，提升行人的心理舒适性。

5）道路绿地与交通组织相协调

道路绿地设计要符合行车视线要求和行车净空要求。在道路交叉口视距三角形范围内和弯道转弯处的树木不能影响驾驶员视线通透，在弯道外侧的树木沿边缘整齐连续栽植，预告道路线形变化，诱导行车视线。在各种道路的一定宽度和高度范围内的车辆运行空间，树冠和树干不得进入该空间，同时要利用道路绿地的隔离、屏挡、通透等交通组织功能设计绿地。

6）发挥植物的视觉诱导特性

景观植物可以视设置情况产生不同的视线诱导效果。随着车辆的高速移动，道路两侧的乔、灌木由于视觉暂留原理会形成三维空间的一个“面”，间隔种植的乔、灌木会形成连续的视觉效果，在视觉上产生线性诱导；在相邻的节点间种植体量不断变化的植物，驾驶员视觉产生近大远小的透视效果，预示着下一个道路节点的到来，诱导其进行减速操作。

7) 构建生态绿色系统

通过增加绿化带、植被覆盖和湿地设计来优化道路空间的生态功能。绿化带的设置不仅有助于美化城市环境，更为重要的是为野生动植物提供栖息地和食物源，从而促进生物多样性。绿化带还可以帮助降低热岛效应、改善空气质量，并为居民提供视觉愉悦和心理舒适。湿地设计在道路周边的规划中发挥关键作用，通过自然净化雨水，有效减少污染物的排放，进而改善水质。此外，设置雨水花园、生态沟渠等雨水管理设施，可对道路雨水资源进行收集、储存和利用，以实现水资源的可持续利用。

8) 积极应用低碳环保技术

城市道路设计采用绿色技术和可持续材料能降低对自然资源的消耗和环境的影响。如选择可渗透路面材料和透水铺装，促进雨水的渗透，减少表面径流和洪水风险。采用节能照明设备，如 LED 灯具，能降低能耗、减少光污染并延长使用寿命。此外，避免使用有害的化学物质，推广环保认证产品和再生材料，也可减少对环境的污染。

4.3.3 设计策略

根据不同的城市环境特征，对城市道路景观进行合理的生态规划与设计。依据景观距离对道路景观进行分类，聚焦于道路的中远景设计，探讨如何结合自然的山、水等元素，营造出和谐且富有特色的城市道路景观；对于道路近景的设计，从多个维度进行考量，包括城市道路空间的规模、出行者的体验、地形地貌特点，以及可持续发展的理念，确保设计既具有生态性，又满足人的感性需求。深入剖析城市道路绿化景观的具体设计要素，从母题尺度设计、景观节奏，到绿地配置和树种选择等方面，为设计者提供一套全面而实用的指导原则。

1) 道路中远景的设计策略

在现代城市道路景观规划与设计中，城市的自然元素是城市设计与道路设计融合的关键结合点。通过对道路景观与山体、水体及山水综合环境的深入研究，揭示其相互关系和潜在的设计效果。在城市化进程中，对于山水资源的合理利用与保护可以提升生态环境，提高城市居民的生活品质，建立更为和谐、可持续的城市空间。此外，道路与自然环境的融合设计，能够突显区域文化和地理特色，为城市增添独特的魅力与识别性。

(1) 结合山体的道路景观设计。

城市山林或山体是城市稀缺的自然资源，城市道路规划在满足高效联系、可达和运输效率的基础上，应将山林景致结合到道路景观中，以反映区域景观的特色，利于体现城市地段环境的特征。

在道路规划和景观设计时，应对景观特色鲜明的视觉廊道或视轴远景予以积极保护。从城市设计的角度对道路走向、线形、构造结合山体给予组织和协调，对沿路建筑的体型、高度、轮廓、位置加以控制，限制绿化种植树种、大小、形态，以确保道路景观的视觉质量。

当道路走向与山体平行时，道路线形可结合山脚线有规律地进退变化。为将山体融入道路景观，沿山体一侧应严格控制建筑建造，避免建筑拥塞和阻隔视线。在道路与山脚线之间适宜的路段，可沿道路有节奏地布置小型公园、广场绿地等开敞空间，丰富道路景观的视觉感受。在一些重要节点，或曲线弯道等车速放慢的地段，可结合视景要求，留出一定宽度的视线廊道和广场，为沿道路行进中的人们在侧方向创造具有山林特色的轴向对景，并提供远眺山景的场所（图 1-4-6）。

图 1-4-6　紫金山脚下的沿山带型公园

（2）结合水体的道路景观设计。

城市滨水空间是城市中重要的开放空间和视觉资源。道路选线应尽可能结合水体进行布局，将水体引入道路景观视域。道路布线尽可能近水亲水，实现道路与水面的视线贯通，引导人领略和感受水景的丰富变化。道路景观设计应从平面与剖面两方面控制水面与道路高程的落差，设置水边的人行道、亲水台阶等，营造幽静、安逸的氛围，满足游人观赏的需求，形成滨水道路的景观区域。

当道路与水岸平行时，可结合道路布线的曲率设计其与岸线间的进退变化，形成道路空间的节奏变化和疏密有致，建筑不可阻塞，绿植的设置不宜过密，以保证良好的视景效果。在滨水道路的节点处，宜布置小广场和绿地，精心设计绿植、游憩设施，如雕塑、铺地等硬质景观，结合花架、景观墙、灯柱等景观小品，形成具有标志意义和独

图 1-4-7　无锡环太湖公路

特创意的空间环境，提供远眺水域景观的场所。

如苏州环太湖公路（图 1-4-7），道路布线与堤岸相协调，平面与剖面结合地段环境进退有据，并采取部分架空的手法，让驾驶员与行人都能够临湖见湖，使岸线与湖景充分融入道路视景环境。在重要节点和行人方便可达处，建设亲水平台，布置各种游憩设施和花草绿化，为市民营造与太湖近距离交流的游憩场所，充分体现出道路景观的宜人特性。

（3）结合山水综合环境的道路景观设计。

道路布线应结合山水环境，尽可能“显山露水”，将山水景观引入视域。道路景观设计可强化这种特殊的空间形态，除了参照上述与山景、水景的结合，还应严格控制山水环境中建筑的体量、高度、位置等，发挥建筑的点景、对景作用。

山与路、路与水形成一定的高差，有利于造成视点视域的高低变化，增加视景的丰富性。在游客较多的山水环境，可分别设置机动车道和人行道，有利于保证行车的安全和效率，营造亲近山水的环境，包括建设沿山广场和滨水绿地，方便行人驻足、游憩，如图 1-4-8 所示。人们可以一面仰望高山，一面俯瞰水面，获得“山水之间，亦山亦水”的奇妙感受。

图 1-4-8　无锡环太湖公路十八湾段

2）道路近景的设计策略

道路近景是人们与环境之间最直接、最真实的互动载体，其设计与质量在很大程度上决定城市空间的深度体验。设计时应从多个维度出发，融入生态、地貌、情感和可持续发展等要素，并阐述近景设计的控制要素，以期提供全面、系统的设计参考，创造出和谐的城市道路景观。

（1）城市道路绿化景观设计的多维度考量。

①基于城市道路空间规模的生态景观设计。

在大型道路的设计中，可以在充足的空间条件下巧妙地融入各类树木、花草和湿地等，创造出丰富多彩的景观特色，如图1-4-9所示。大型道路的绿化带的宽度可设置多层次的植物，包括高大的乔木、中型的灌木和低矮的地被植物，形成多层次的垂直景观效果。大型道路的绿化带还可设置生态湿地，既自然净化雨水又为生物提供栖息地，有效促进生物多样性。

图1-4-9　中央分隔带林草配置及生态湿地

空间受限的小型道路可将垂直绿化和悬挂花园等设计应用在建筑立面、道路中央分隔带或人行道上。将植物垂直种植在建筑立面上，可最大限度地减少绿化带占地面积，如图1-4-10所示。悬挂花园和垂直花墙的安排增加绿化面积，使小型道路也能拥有令人愉悦的景观，为城市居民带来舒适、宜人的视觉体验，提升城市道路的美感。

②基于出行者情感体验的道路生态景观设计。

道路是城市的窗口和展示面，直接影响着出行者的感受和情绪，景观设计应该注重道路的美观与舒适性。

图1-4-10　道路沿线垂直绿化

美观的道路设计为出行者带来愉悦的视觉体验，激发他们对城市的喜爱之情。通过巧妙的景观布置、建筑立面设计以及艺术装置的加入，让道路成为具有艺术性和观赏性的场所。选择具有观赏价值的植物，确保其在不同季节都能展现出美丽的姿态。花朵绽放的颜色和形状、叶片的质感和层次感也能够给人带来视觉上的愉悦。精心搭配植物的种类和布局，可创造出丰富多样的景观效果。除了植物的选择，感官设计也是创造令人愉悦情感氛围的重要手段。柔和的照明设计通过灯光的亮度和颜色搭配，创造出温馨而舒适的夜间环境，这样的感官设计将引发行人的情感共鸣，提升出行者的体验感。

③基于地形地貌的道路生态景观设计。

地形地貌是城市道路景观设计中的重点，景观风貌的协调需要根据地形特点进行相应的规划和设计。平原地区地势平坦，景观相对较为开阔，可以充分利用广阔的空间打造城市大型立交生态景观，如图 1-4-11 所示。植被的选择偏向茂密的树木和花草，绿化设计要综合立交特点、道路功能、自然条件等多方面因素，处理好近景、中远景和可视区域的绿化协调关系，使之在风景透视、空间组合、色彩与形态对比、景象变化等方面都能互相烘托，起到交相辉映的作用。同时，平原城市的道路可以采用开敞的规划布局节点景观，使人们欣赏周围的景观，并体验到城市的开放性和包容性。

图 1-4-11　城市立交的生态景观设计

山区地势复杂，地形起伏较大，具有多样、壮丽的自然景观。设计时应充分利用其自然的高差，构建具有层次感的绿化空间和梯田式的生态结构，在关键的高点设立观景平台，供市民和旅客欣赏城市的独特景观。结合高差，设置雨水收集和引流系统，将其与生态景观完美融合，如打造雨水花园和生态湿地。选择与地形相适应的道路材料，与地形景观完美结合，并通过特色的曲线道路的建设（图 1-4-12），使道路设计与山地特性和文化和谐共生，创造出实用、美观的城市道路交通景观。

图 1-4-12 重庆市 3D 道路

沿江（河）城市地理位置独特，靠近水域，拥有迷人的江河景观。在沿河城市道路景观设计中，注重将城市与江河景观融合，如图 1-4-13 所示。选择合适的道路位置和布局，使人们可以从道路上观赏到江河美景。沿江设置人行道和休闲区域，让行人能欣赏美景，享受沿江漫步的愉悦。合理利用沿江绿化带，种植适宜的植物，增加城市的生态氛围。

图 1-4-13 无锡环太湖东路

④基于可持续发展理念的道路生态景观设计。

基于可持续发展理念的道路生态景观设计，致力于在道路规划和建设中实现生态保护、资源利用和环境友好的平衡。注重合理的绿化、水资源管理和节能减排措施，将道路纳入城市生态系统中，促进人与自然的和谐共生。

道路建设对自然环境存在影响，设计时应保护原有植被和生态系统。合理规划绿化带和景观植被，选择当地适宜的植物品种，增加城市的绿地覆盖率，提高生态系统的抵抗力和多样性。引入生态湿地（图 1-4-14）、生态廊道等，促进生物多样性。

图 1-4-14　生态湿地

水资源管理是基于可持续发展理念的道路生态景观设计中至关重要的一环。采用生态雨水处理系统（图 1-4-15），收集雨水并进行净化处理，实现雨水的循环利用或回收至地下水系，减少城市排水系统的负担，提高水资源的可持续利用率。在道路生态景观设计中，合理规划和建设雨水花园和湿地，利用雨水进行灌溉，降低城市的用水量，为植被提供充足的水源，创造出生态更为友好的环境。水资源管理措施的实施能有效降低城市的水资源消耗，保护城市水环境，实现城市可持续发展的目标。

图 1-4-15　透水路面及雨水花园

采用节能灯具、智能照明系统和太阳能光伏发电等先进技术是道路设计中实现节能减排的有效手段。使用高效的LED灯具和智能照明系统，能有效减少道路照明能耗，降低城市的能源消耗，减少碳排放和温室气体的释放，这对于减缓全球气候变化具有重要意义。在保障道路安全和市民出行的同时，减少环境对能源的需求，降低城市的碳足迹，为改善全球环境和缓解空气污染贡献一份力量。

（2）城市道路绿化景观的具体设计要素。

为将生态设计理念融入城市规划与建设，需剖析城市道路绿化的分区标准段长度、母题尺度设计与景观节奏，道路绿地配置，城市道路绿化的种植株距确定，道路树种的配置要点等具体问题，进行细部设计，实现城市道路景观的可持续性、美学性和环境友好性。

如前所述，道路的空间规模和出行者的情感体验等因素，决定景观的尺度、精细度以及标段节奏等方面的设计。

①城市道路绿化的分区标准段长度、母题尺度设计与景观节奏。

分区标准段长度、母题长度和最长节奏共同影响着驾驶员对道路景观的感知和体验。分区标准段是将道路分割为不同的区域段落，使每个段落有其景观特点和设计元素。分区标准段长度是一个母题重复出现在同一定位的道路绿化设计之的长度，分区标准段长度的选择根据道路的特点、车速以及景观的变化来确定。较短的分区标准段可以在有限的距离内展示多样的景观，适合低速道路；较长的分区标准段让驾驶者在速度较高的道路上有足够的时间来感受景观。

城市道路绿化景观的母题变化尺度设计，即安排景观长短不一的节奏变化，用以丰富车行视角的景观感受，即通过乔木、灌木、草坪、花卉的不同组合与母题变化尺度相结合，形成不同的植物空间、道路空间、色彩空间等三维变化，营造丰富而不繁复、简约大气而不单调、清晰变化而不混杂的景观空间。母题长度是在某一特定速度下分区标准段的最大长度，决定在该速度下驾驶者可以连续感知的景观范围。母题长度的选择需要考虑驾驶者的视线范围、景观敏感度以及车速等因素，以确保驾驶者在行车过程中感知到道路两侧的景物。

最长节奏是指在母题长度内景观变化的最大距离，该指标影响驾驶者对景观变化的感知频率。控制较小的最长节奏意味着在母题长度内景观变化更频繁，驾驶者能够更频繁地感知到新的景观。相反，控制较长的最长节奏意味着景观变化相对较少，驾驶者的感知频率较低。

道路景观设计应注重道路绿化设计的节奏和韵律。城市道路绿化景观的母题尺度设计从速度变化的视角入手，根据行车视角、景观敏感度、速度的变化，形成合理的透景线，让驾驶员从行车视角获得外部景物的信息，满足在动视觉特性下景观的敏感度。城市道路绿化景观的母题变化尺度，是舒适观赏的关键，长短不一的节奏变化，能丰富车行视角的景观感受，乔木、灌木、草坪、花卉的不同组合与母题变化尺度相结合，形成不同的植物空间、道路空间、色彩空间的三维变化，营造出丰富而不繁复，简约大气，清晰变化的城市道路绿化景观空间。节奏尺度的选取一般参考表 1-4-2。

不同设计速度下的最长节奏的景观设计长度　　表 1-4-2

项目	设计速度（km/h）			
	≤20	20～40	40～60	60～80
母题长度 (m)	200	400	600	800
最长节奏 (m)	80	150	350	450

②道路绿地的配置。

基于可持续发展理念的考虑，绿地设计应对道路绿地的组成、道路绿地率等展开设计。例如：植被的种植选择，采用抗旱、耐寒的本地树种，实现节水的同时保持景观的美观；通过植被的分布设计，将生态湿地和雨水花园合理地融入绿地设计，实现雨水的净化和利用，进一步强化道路绿地的生态功能。

a. 道路绿地的组成。

道路绿地包括人行道绿地、分隔带绿地、防护绿地、广场绿地、交通岛绿地、休闲绿地等形式。

b. 道路绿地率。

我国现行城市规划有关标准规定：园林景观路绿地率不得小于 40%；红线宽度大于 50 m 的道路绿地率不得小于 30%；红线宽度在 40～50 m 的道路绿地率不得小于 25%；红线宽度小于 40 m 的道路绿地率不得小于 20%。

③城市道路绿化的种植株距确定。

城市道路绿化设计需考虑道路的流线，根据行车速度和视觉需求确定植物的株距。植物的株距受到车速和种植位置的影响，如：人行道分隔带和路侧分隔带主要是分割交通、美化街景；中央分隔带在分割交通、营造景观的同时需要注重交通安全，并起到防眩的作用。在城市道路绿化设计时需要充分考虑道路绿化的功能需求，合理选择种植株距。对于人行道和路侧的分隔带，种植间距一般大于 2 倍的树冠直径。中央分隔带和机非分隔带的种植间距和树冠直径参照表 1-4-3 选取。

防眩种植间距与树冠直径　　表 1-4-3

种植间距（m）	树冠直径（m）
2	0.4
3	0.6
4	0.8
5	1.0
6	1.2
7	1.4
8	1.6

为了营造开放的城市肌理，主要道路应尽可能选择较大的株距，以便行人和驾驶者在行进过程中更好地欣赏周围的景观；在繁忙的商业区，株距应更小，以创造更紧凑的绿化效果，与周围的城市环境相融合。

④道路树种配置要点。

a. 树种的选择。

在山区城市的道路设计中，根据山脉与城市的对景关系，选择合适的树种，使道路沿途的绿化与周围的自然景观相协调。树种选择需要满足景观美化的需求，一定程度上起到保持水土、防止山体滑坡和土壤侵蚀的作用。通过巧妙的树种配置使道路成为连接城市与自然的桥梁。城市道路通用的树种选择有如下几点要求：

阳性树和较耐阴树种相结合，上层林栽植阳性喜光树种，下层林冠可栽植喜阴树种，下层的花灌木应选择下部侧枝生长茂盛的；根据各树木生长过程，各个时期种间、株间生长速度不同，合理搭配；根据各类树木的观赏特性进行配置，以达到丰富多彩的观赏效果。

b. 城市道路绿化的植株冠幅选择。

植株的冠幅和其在人眼中出现的时间直接影响到其是否能被察觉和识别。人们在驾驶或乘坐车辆时，视觉是瞬时的动态感知，人眼对事物的反应时间为 0.03 s，植物的露出时间大于人眼的反应时间时，植株才能被察觉。植株冠幅约为反应时间与车速的乘积，车行速度的大小也会影响植株冠幅大小的选择。若车速为 120 km/h，则冠幅应约为 1 m 才能被察觉。城市道路的车速往往低于 120 km/h，则灌木列植的冠幅应在 1 m 以上，以确保植物的大致形状可被察觉，不致造成驾驶员视角下的视觉模糊。

第5章 重视地域文化的城市道路空间设计

在对城市道路的功能及设施、生态环境进行设计后，城市道路空间形成了一个交通安全、功能完善、舒适宜人的城市公共空间。然而，从功能和生态进行设计的城市道路虽然能够在一定程度上突出城市的特色，但仅依赖功能及生态层面的建设容易形成“千路一面”的印象，道路景观缺乏审美体验和文化品位，不利于城市个性的表达。随着经济的发展，人们开始追求城市道路的精神文化。如何借鉴优秀设计理念，延续城市的地域特色，打造出独树一帜、精神文化内涵饱满的城市道路和城市形象至关重要。因此，城市道路的设计需要分析地域文化的影响，让道路空间表达并传递城市地域丰厚的文化内涵，塑造独特的人文气息。

5.1 城市道路空间的地域文化

本节从地域文化的概念与内涵出发，解构地域文化的构成要素，分析地域文化与城市道路景观的关系以及地域文化景观在城市道路空间中发挥的作用与意义，并针对当前城市道路文化景观设计中存在的问题进行总结。

5.1.1 地域文化的概念与内涵

地域文化通常指在相关范围的地方环境中与环境相契合且具有地域“名片”象征的一种特殊的文化。地域文化是一个地区特有的个性化文化的展现，体现地域最本质的特色。地域性文化景观是地区经历岁月漫长的变更，人与环境彼此之间相互影响形成的地区景观综合体，受到多方面因素的持续变化的影响，是地区地域性的整体外在表现。

长期以来，由于生活和生产方式的不同，尤其是不同群体之间文化价值的差异，不同文化背景下的社会群体形成特定的审美心理和审美观念。这种差异不可避免地给城市道路景观的创作产生深远影响，不同地区的文化差异造就不同的城市道路景观。北京作为首都的庄严感使城市道路景观强调城市的中心轴和向心性，尊重建筑群的对称性和平衡性。江南地区在继承中国的传统文化遗产的基础上，吸收西方的近代和现代文化，形成混杂而多样的文化底色，例如明清两代的传统民居和园林，带有革命历史性质的纪念馆，中西合璧的里弄住宅与西洋楼等，形成独特的城市风貌。最具代表性的是上海旧城区的历史街区，例如浦东建筑群，是现代中国改革开放的象征；自由、开放的广州城市道路景观，源于广州特殊的自然地理位置，反映广州人开放和开拓性的海洋文化精神和务实的性格。城市艺术景观与自然景观紧密相连，形成明亮、开朗、多样的形式和复杂的装饰是人们对自身与环境和谐共生的追求和优美的生态环境珠联璧合的结果。地域文化承载着人民的回忆，使城市人民产生归属感，使异域的流动人员通过城市道路的景观了解城市的文化内涵。

5.1.2 地域文化的内容

地域文化要素是地域文化的符号，在地域文化景观设计中频繁被融入和应用。地域文化构成元素大致可以分为自然环境、文化习俗和社会环境三种，如图 1-5-1 所示。自然环境要素是特定地域内人们赖以生存的必要自然生存条件，是地域文化要素中最为直观的。在城市道路景观设计中，自然环境要素是设计的背景与基础，要合理地利用与保护。文化习俗要素包含着一个地区的历史建筑、历史传说、风土人情、饮食文化等，构成一个城市的性格与底蕴，是道路景观地域性设计的核心。文化习俗要素多种多样，在充分挖掘和理解的基础上才能自然融入景观中。社会环境要素包括社会经济水平、社会价值观念、社会产业布局和社会政治等。由于各个地区的资源、交通条件、教育水平存在差异，因而会有不同的特色经济和世界观、审美观。在道路景观设计中，应用社会环境要素可以起到旅游宣传的作用，提升地域性景观的文化内涵。这三个方面的设计要素相辅相成，自然环境要素是文化习俗要素和社会环境要素的基础，文化习俗要素、社会环境要素是自然环境要素的升华，更是地域文化差异性的本质体现。

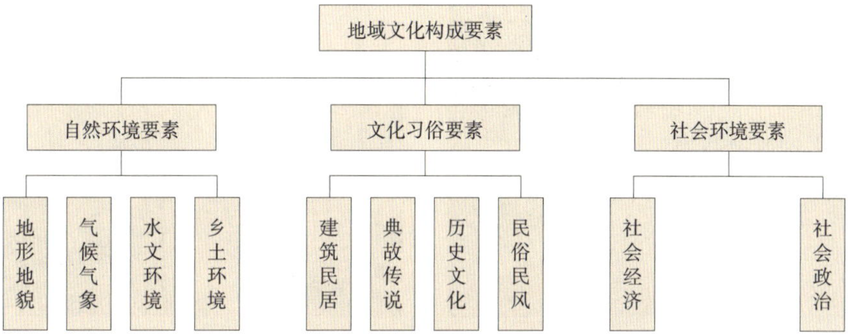

图 1-5-1　地域文化构成要素

（1）自然环境要素。

自然环境要素是指城市道路周边一定范围内的自然景观环境，道路与城市所处的景观需要与区域环境相协调。优美的自然环境，极具特色的地形地貌等要素，给道路使用者呈现出一幅绚丽多彩的道路景观图像，充分展现出不同区域的景观环境特征，利于地域文化的传播。自然环境要素主要包括地形地貌、气候气象、水文环境及乡土植物。

①地形地貌：城市道路遍布在国家不同的城市空间内，不同的城市、不同的地域环境的道路所呈现的形态和结构大不相同。如图 1-5-2 展示的是关中平原、陕北黄土高原以及陕南山地，不同的地形地貌形成的城市道路景观存在明显差异，展现的地域文化要素各不相同，能够给道路使用者带来丰富的视觉体验，创造出独特的城市道路景观。

(a) 关中平原

(b) 陕北黄土高原

(c) 陕南山地

图 1-5-2 关中平原、黄土高原、陕南山地

②气候气象：季节更替会使城市道路呈现出不同的季相变化，能给予人们内心更丰富的景观体验。气候气象变化所带来的自然景观变化效果往往比人为营造的景观给人以更丰富的体验感，如图 1-5-3 所示。云、雾、雨、雪、日出、日落等气象变化也是道路环境增添光彩的重要内容，极大地丰富道路景观的色彩体验感，展示道路环境独具魅力的一面，如图 1-5-4 所示。在道路景观的营造过程中，充分利用气候气象的变化让城市道路景观更具美感。

图 1-5-3 不同季节的道路景观

图 1-5-4 不同气象下的道路景观

③水文环境：城市道路的江、河、湖泊等水体，是构成道路景观环境最具有生命力的要素之一，其蕴含的能量、气势和声音能够给人以精神层面的震撼和享受，给城市发

展增添活力和趣味。如中国江南地区，丰富的水资源创造出江南水乡的地域特色景观，从而享有“上有天堂下有苏杭”的美名，如图1-5-5所示，水文环境是主要的景观要素，甚至也可以成为独特的交通补充方式。

图1-5-5 江南水乡景观

④乡土植物：城市道路景观中的植物包含自然界中的各种花草树木，是使景观环境能够呈现出丰富多彩的景色的重要因素，是道路景观的装饰品，能提高道路景观的品质。植物通过其自身的形态、色彩以及生机勃勃的生命力，给道路景观呈现出一幅优美的画卷。植物受到地形、气候、土壤等要素的影响，山地和平原植物不同，南北方不同气候条件下生长的植物也不同，这些乡土植物影响城市的地域风光与文化。

（2）文化习俗要素。

文化习俗要素是指道路周边一定区域范围内，由人们创造出来的建筑、城镇村落、交通设施等具有地域特色的基础景观，还包含名人故事传说、景观雕塑小品等文化艺术内容。这些要素与城市道路的自然景观相结合，交相辉映，极大地提升了道路景观的内涵和价值。文化习俗要素主要包括建筑民居、典故传说、历史文化民俗民风等。

图1-5-6 苏式花窗围墙

①建筑民居：城市道路景观中的建筑包括道路两侧一定范围内的民居和其他构筑物，是地域特色文化的展现，体现地域文化独有的精神面貌，展现出地域环境风格和特色（图1-5-6），让人们感受到历史长河中绚烂的地域景观。

②典故传说：部分城市道路沿线许多特色村镇流传着典故传说，为突出文化特色，村镇的布局及形态会加入典故传说这一要素，从而影响着城市道路线形设计和景观设计。此类景观资源一般地域文化特色较为明显，但受限于区位分布，文化利用价值有一定的局限性。

③历史文化：历史文化景观是一个地区极具自身特色的文化形象，包含着漫长岁月留存的历史遗迹等内容，文物古迹给城市道路景观的营造增添了浓厚的历史文化气氛，具有极高的历史文化价值。图1-5-7展示了城市特有的历史古迹，城市道路景观建设要充分利用这些历史文化，以突出城市的历史底蕴。

(a)苏州北寺塔　　(b)苏州古城墙(蛇门)

图 1-5-7　苏州北寺塔和苏州古城墙(蛇门)

④民俗民风：包含地域的风土人情、风俗习惯、饮食特产、民族服饰、传统手工艺等内容，是地域文化发展中留下的瑰宝，是地域文化艺术内涵的展现，高度凝聚着地区人们的精神风貌。例如，宋锦(图 1-5-8)是苏州地区明清时期沿袭至今的织造工艺，传承历史的同时，体现苏州的温文尔雅与精雕细琢，格调品位与风雅内蕴。

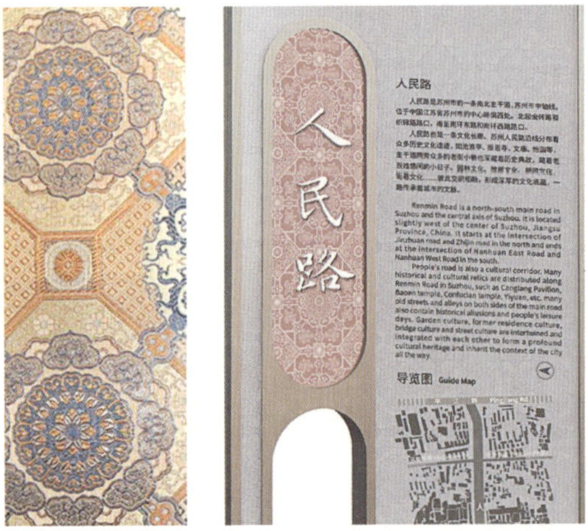

(a)宋锦　　(b)城市家具设计融入宋锦

图 1-5-8　传统织造工艺——宋锦及其与城市家具设计的融合

通过提取宋锦的图案和色彩，采用表面经纳米涂料处理的真宋锦或丝网印刷的方式，将传统手工艺融入沿线的城市家具的设计中，打造个性化、内涵化的城市文化风貌，从而进一步提升城市形象品质。

(3)社会环境要素。

社会环境要素主要是道路周围区域的经济发展情况、社会政治制度，是地区城市发展的隐性要素，不会在道路景观上直接展示，但时刻影响着城市的发展，从侧面充分地展示城市道路景观所蕴含的景观价值。

①社会经济：社会经济主要是指国家经济发展的速度对于城市道路基础设施建设、基本的景观建造和维护的能力，当经济发展速度不断加快时，也就意味着政府能够在城市道路景观上投入更多的资金，帮助景观环境得以提升。

②社会政治：社会政治是指国家对于城市道路发展政策的调整和控制，城市道路的发展需要国家有关政策的支持和推动，政策的制定要符合城市道路发展的需求，积极的道路景观建设政策能够推动城市区域景观环境的不断优化。

5.1.3 地域文化传承与城市道路景观设计的关系

城市道路是宣传地域文化的重要载体，地域文化是城市道路景观自身的文化内涵和意蕴，帮助城市道路景观提升其观赏特性，让城市道路景观更具有价值和意义。文化为城市道路景观注入灵魂，使道路空间更有活力；城市道路景观能够让文化发展有物质载体，促进地域文化的传承与发展。

(1) 地域文化要素是城市道路景观设计的源泉。

良好的景观设计向人们展示出地域文化的价值和内涵，透过景观设计看到背后的文化，让景观拥有赏心悦目的视觉效果。地域文化通过建筑、服饰、民俗风情、宗教信仰等要素展现出来，在道路两侧可以通过融入点状、带状的景观体现。地域文化一般通过三个层面呈现在道路景观的设计当中：

①自然环境层面，通过地形地貌、植物、气候等要素展现出来，例如河网密布地区的穿湖路景观（图 1-5-9）。

图 1-5-9 苏州阳澄湖水上自行车道

②文化环境层面，通过建筑风格、传统风俗和地域风情展示出来，例如古朴的江南小镇景观（图 1-5-10）。

③社会环境层面，通过地域文化景观设计背后的政治、经济要素展现出来，如现代化的城市道路景观，是城市现代化的突出体现（图 1-5-11）。

图 1-5-10　独特风格的江南小镇道路

图 1-5-11　现代化城市道路

（2）城市道路景观设计是地域文化传承的物质载体。

地域文化是人们在漫长的社会历史发展中受到自然环境、地形和气候影响，形成的独具地域特色的文化。城市道路景观建设经历简单的绿色植物构建到分层设计，形成将道路设施、文化、建筑和景观融为一体的综合景观发展体系。城市道路景观的设计已不再局限于基本的绿化功能，它已经成为地域文化发展的重要物质载体，传递地区文明，展现地域文化，给道路使用者呈现丰富的视觉效果。现如今，地区经济的发展，尤其是旅游经济的发展，离不开蕴含地域文化色彩的城市景观，城市道路景观是传播地区文明的重要载体。

5.1.4 基于地域文化特色下城市道路景观发展需求

城市道路是城市文化的载体，道路本身也终将成为城市文化的历史遗存。将地域文化纳入城市道路设计中，有以下两方面的意义：

（1）地域文化是城市道路景观的内核。城市道路景观应以地域文化的展示和弘扬作为出发点，以服务城市空间通行职能为最终目的。优秀的道路景观具备良好的景观功能，以人为本的基础设施建设，满足通行、驻足的行人的审美需求，人们行走在道路上能感受到人文气息和文化沉淀。无论是外来的游客还是当地市民，通过感官全方位地感受当地独特的地域文化内涵，清晰认知城市的文化脉络，了解地域文化精神，接受隐性的文化教育。

（2）地域文化为城市道路景观发展提供方向。以宣扬地域文化为核心的城市道路景观设计为当代城市道路景观的发展提供方向。过往城市开发建设多崇尚“国际主义”，效仿欧美国家艺术形式，未考虑当地地域文化环境因素，致使道路周围立面风格杂糅。文化自信的缺失、传统文脉的断层是导致近代城市道路景观设计追随“西式”这一现象产生的根本原因。深入认知和发掘地域文化，结合现代设计的先进思想与手段，弘扬优秀地域文化的同时增强文化自信和民族自豪感，是城市道路景观正确积极的发展方向。

我国国土辽阔，在历史发展的长河中形成了瑰丽的中华文化，如首都文化、中原文化、徽文化、巴楚文化等，体现在宗教信仰、传统民俗、意识形态、服饰容貌、经济形态等方方面面。作为文化形成的地理背景，范围可大可小，大层次的地域文化所包含的文化要素丰富多样，小范围的地域文化则能体现地域文化的特殊性。然而，我国早期的城市发展较多通过建造宽阔的道路来体现城市发展，以道路建设为主导的城市发展模式导致大规模拆除和建设；加之保护城市历史和文化遗产观念相对落后，加宽后的道路从地表抹去许多传统的城市文物及文化，导致许多城市道路缺失对地域文化的体现。

21世纪以来，我国逐渐开始重视城市文化形象的塑造，随着近年我国文化宣传的实施和推动，地域文化步入一个全面发展的新时期。2006年交通部发布的《交通文化建设实施纲要》对于城市道路建设提出要求：城市道路建设需要应用地域文化要素，持续输入交通文化精神，对道路中拥有的文化资源和地区文化脉络进行梳理与整合，提取地域文化要素并充分运用到道路景观建设当中；此外，对于道路文化应用要有制度体系规范，文化要有层次感，不可胡乱使用；物质文明要与道路文化协调发展，两者之间要互相成就，道路交通文化需要独具特色，充分地展现地域文化魅力，让城市道路更具有体验感和吸引力。

5.1.5 城市道路地域文化景观设计存在的问题

随着经济全球化发展，城市的设计与建设理念受到外来文化的影响，在城市景观的布局上日益趋同，城市之间的景观非常相似，空间格局大同小异。地域文化研究的相对落后，使规划和设计环节中的城市道路景观地域化研究迫在眉睫。现今，道路景观设计趋同，掩盖了地域文化本身所具有的魅力。在此背景下，基于地域文化特色下的城市道路景观研究已经成为当代道路景观发展的关键方向。而当前城市道路地域文化景观设计主要存在以下几个方面的问题：

（1）地域文化呈现形式较为单一。

城市道路景观中地域文化的呈现形式主要是雕塑小品、植物造型等，道路景观中其他构成要素参与度较低，如服务设施、交通设施等。现今，城市道路的服务设施如座椅、垃圾箱、公交站牌或者路灯皆千篇一律，缺乏造型设计，故在城市道路景观设计中可以在交通、服务等设施中融入地域文化元素，以全面地展示城市个性。

（2）地域文化展现的色彩较为纷杂。

随着人们对道路景观的视觉审美及文化审美的需求日益增加，部分城市道路景观拼凑地域文化的现象较为常见，导致城市道路色彩纷杂。道路景观规划应对地域文化色彩要素进行认真筛选和提取，切忌随意拼凑以免造成道路整体氛围的凌乱和破坏。

（3）地域文化未能与人形成良好互动。

城市道路景观中文化雕塑小品等在人们生活环境中随处可见，然而大部分景观出于设施完整性的保护以及维护的便利性，不允许市民与之互动，导致“可远观而不可亵玩焉”的现象。行人无法参与其中，体验感低，城市文化传播效果不佳。良好的城市道路设计应提供给人们远可观、近可赏的景观空间，与人们形成有效互动，给人们带来参与感和体验感。

（4）地域文化未与时俱进。

文化是与时俱进的，传统文化需要与现代社会相融合才能散发出其独特魅力。优秀的地域文化传承应当完美融入现代文明环境，文化设计思路应当以现代文明为基石、传统文化为背景。过往部分城市道路景观设计未能充分挖掘城市文化的内涵，部分设计对地域传统文化的理解存在偏差。地域文化的应用需要结合时代发展和历史洪流推陈出新，塑造出具有现代意义和价值的道路景观。

5.2 城市道路地域文化景观的塑造

城市是居住之地，更是历史和文化的载体。随着城市化的快速推进，如何在保护历史文脉和文化遗产的同时，展现城市的现代活力和地域特色，成为城市规划和设计的一项重要任务。城市道路地域文化景观的塑造，一方面应注重历史名城或历史街区的保护，分析如何有效地保护历史遗迹的核心范围和表达城市地域的特色；另一方面，探索城市道路文化特色的具体表现手法，结合传统和现代元素，打造兼具历史厚重感和现代活力的城市空间，实现通过规划和设计达到城市的历史文化传承与现代化发展的和谐共融。

5.2.1 城市道路地域文化的特征

（1）历史性特征。

地域文化是经过漫长的历史岁月发展的，经过自然环境和人文环境的共同作用形成当前的城市道路景观，具有明显的历史性特征。历史性能够反映不同时代的政治、经济、文化的发展状态，城市道路空间景观设计需将无形的文化资产转化为生动、直观、具有观赏性的实物景观，让历史文化意识形态得以展现。

（2）民族性特征。

地域文化能够将地区的某种地域特色展现出来，包括民族发展的特性。地域文化发展的民族性能够引起人们对于文化的认同，激起人们对于地域文化的共鸣。

（3）时代性特征。

地域文化的发展是随着时代变化的，发展的过程必然会不断地创新，出现孕育着新文化的传统文化。地域文化的发展具有时代性，但是不能盲目地拒绝传统文化，一味地强调新的时代文化，对于文化需予以包容的心态，尊重不同文化的发展。传统文化和经典地域文化要不断地汲取更多的营养，推动新时代文化的不断前进。

（4）包容性特征。

地域文化具有其自身发展的时代特征，对于其他文化的发展具有强大的包容性，不断地吸收其他文化中有益的成分可以壮大自身发展。地域文化不像表面上只属于一个地区，其发展并非一成不变，它是多个地区文化融合发展的结果，各个地区文化的发展也是在相互交流、不断借鉴中进步的。城市道路作为城市发展的门面，是城市向外界展示自身形象的旗帜，随着环境的变化不断地吸收有价值、有意义的元素，传承和发扬符合时代发展潮流的优秀文化，学会兼容并接纳其他文化，保持文化自身源源不断的生命力和活力，是优秀文化能够长久发展的动力。

（5）空间差异性特征。

地域不同，地理区位、气候环境、民族风情就不同，使得地域文化展现出的文化特征具有明显的空间差异性。在进行城市道路空间景观设计时，应结合地域的空间差异性特征，保障地域文化自身的发展特色。

5.2.2 城市道路地域文化的设计内容

针对既有道路对地域文化表达的不足，从分析环境条件、凝练文化构成、织补道路职能和串联历史轨迹四个方面来探讨如何使城市道路成为文化的传播者和历史的见证者。

（1）分析环境条件，对接现有道路。

城市道路作为城市的骨架，与城市的环境融为一体。为了地域文化融入道路景观的合理性，在对城市道路进行分析前，应对道路所在城市进行全面分析，对背景进行挖掘，对城市定位和发展进行研究。将城市发展状况对接城市道路，分析城市道路所存在的问题，分析道路与城市发展的优势，是道路景观设计结合地域文化的首要任务。

（2）凝练文化构成，尊重既有遗存。

在对城市定位和环境分析的基础上需要对城市文化进行挖掘。城市所保存的文化是其宝贵财富，在道路景观设计中城市历史遗存的文化与城市道路景观的交融能够充分激发地域文化的活力。总结归纳城市文化的构成要素，将城市所涵盖的自然文化、文化习俗、社会风情等进行罗列，尊重历史遗留下的财富，在后续道路景观设计中充分融入城市文化。

（3）织补道路职能，构建道路目标。

城市道路具有连接城市中各个要素的功能，城市道路在保证交通功能健全的同时还需要对道路空间进行完善，增加道路空间的丰富程度。以往的道路景观设计忽视对未来发展的需要，故如今设计应该全方位纵观全局，加强道路地块与周围空间环境以及建筑物的相互联系和相辅相成的关系，尽可能为行人创造出多样且有层次的空间。同时结合道路两侧生态环境、地形地貌和文化氛围营造出与之协调的景观带和道路景观节点，完善道路职能，构建道路目标，增加道路空间多样性，为驾驶人员和行人塑造开放有致、多样创新的廊道。

（4）串联历史轨迹，对接城市文脉。

通过隐喻和象征融入多元文化，来表达主题，叙述内涵，能够将物象升华为意境，使城市道路景观更容易被感知，引发共鸣，使得主观感受和客观存在的道路景观相融合，提升城市形象的同时注入了时代更迭的新思潮、新风尚。在城市道路景观设计中，应在对文化构成和道路职能分析基础上将历史文化场景串联起来。不仅需要对设计形式进行改进，还需保护和传承原有的历史文化遗产，重现历史风貌。简而言之，既体现时代风尚，又对接城市文脉。

5.2.3 城市道路地域文化特色的设计

在城市道路地域文化的设计过程中，历史名城或历史街区的保护分为两个方面：一是在历史遗迹核心保护范围内重视遗迹保护，保持传统格局与历史风貌的完整性；二是在对历史遗迹核心保护范围外的周边地带或城市其他街区，侧重提炼和展示城市历史元素或地域元素的展现，强调城市道路的历史性与地域性的协调性，突显城市地域特色的同时保证其整体和谐。

1）历史文化城市和街区的保护与设计

在对历史文化街区进行设计时，必须综合考虑城市的历史发展和现存风貌，以确定能够展现历史演变或特定时期风貌的区域作为历史城区，在此基础上对街区进行设计。在这些区域内，应着重保护和传承传统格局和历史风貌。基于此，将城市和街区分为核心保护区和建设控制地带。核心保护区应包括历史风貌完整、历史建筑和传统风貌建筑聚集的区域，核心保护区范围之外的城市空间设定为建设控制地带。历史文化街区的核心保护范围不得小于 $1hm^2$。区域的划分控制旨在维护历史文化的宝贵遗产，同时兼顾城市的现代化建设。在划定保护范围的界线时，应遵循以下规定：

①确保在重要眺望点的视线范围内，建筑物外观的界面保持完整，并与相应的建筑用地边界保持一致；

②保持现有用地边界的完整性；

③保持构成历史风貌的自然景观边界的完整性。

以下针对历史文化核心保护区的设计原则和内容进行阐述，指导核心保护区在街区环境、道路交通设施和市政基础设施等方面的设计。

（1）要在城市层面对城市道路的设计进行约束控制。①在城市建设中，必须综合考虑历史城区的特色，保护其传统格局、历史风貌和空间尺度，包括加强城垣轮廓、历史轴线、河湖水系、街巷肌理、重要节点等空间特征的保护和延续。特别是对于历史城区视线廊道内的建筑，必须严格控制其建筑高度、体量、风格和色彩。②对城区整体的道路格局和交通组织等进行精细化控制。对于道路网应保持原有的道路格局和传统街巷的原有空间尺度和界面。对于交通组织应以疏导为主，合理规划交通干道和交通换乘设施，并将通过性的大型机动车停车场设置于历史城区的外围。避免在历史城区内新建高架道路、立交桥、货运枢纽等交通设施，优先发展公共交通，完善步行和自行车交通环境，提高公共交通可达性。

（2）要在物质和文化层面上维护历史街区特色的完整性。对于历史文化街区的保护与利用应基于对历史信息真实性的保护，维护风貌的完整性，延续生活功能性，禁止大拆大建和强制性的居民搬迁。在物质方面应保护历史建筑、传统风貌建筑、自然景观环境（地形地貌、河湖水系等）和其他历史环境元素（如山水的空间格局、古井、古桥、古树名木、围墙、石阶、铺地、水系、驳岸等）。在文化层面应保护和延续文化活动，提升街区活力；同时，传承传统文化习俗，保持历史文化街区内长期形成的邻里关系和社会结构。

（3）要对基础设施和公共服务设施进行适度改善。改善形式应以微改造为主，逐步修缮与更新，提升环境品质和居住条件。针对历史文化街区的历史建筑、传统风貌建筑和其他建筑，分类采取修缮、改善、保留、整治等措施，并根据政府主导、居民参与、逐步更新等方式改善生活条件和街区环境，完善城市功能，提升城市活力。

（4）在历史文化街区的规划和设计中，必须在保护珍贵历史遗产和促进现代发展之间取得平衡。在核心保护区内避免进行新建或扩建活动，仅允许对必要的基础设施和公共服务设施进行建设和改造，确保历史文化街区内的元素与现代城市功能要求间相协调。对于与历史风貌不符的建筑，必须根据保护要求进行整治、拆除或重建，以保持视觉和文化一致性。新建或改建建筑的高度、体量、色彩等方面应与核心保护范围内的历史风貌协调。内部设施改善应适应居民的现代生活需求，标志牌、户外广告牌等设施不应影响建筑外观和景观环境。通过这样的规划和设计，历史文化街区可以保持其独特价值，同时为当代居民创造兼具传统与现代的宜居环境。

2）城市道路地域文化特色的表现手法

对于历史遗迹核心保护范围外的周边地带或其他城市街区，应当采用合适的表现手法对城市历史元素或地域元素进行设计，具体包括传承与创新、重现与概括、对比与交融、隐喻与象征及探索与互动等表现手法。

（1）传承与创新。

在城市道路景观设计过程中，要注意历史文化特色和地域文化。任何城市或地区都有其独特的历史背景和文化特征，要充分挖掘和传承历史文化特色，同时运用多种表达方式将文脉特色元素融入城市道路景观设计中，从而推动城市道路富有创新性的历史文脉景观营建，满足当地人民的精神需求，获得城市居民的认可。公众对城市道路景观设计的认可不仅体现在物质上，如道路是否坚固美观，还体现在精神上，城市道路景观设计应该能够给人们带来精神愉悦，使人们能感受到城市文化氛围和地域特色。一般尽可能地保存原有的建筑风格并进行修缮更新，主要采取修缮复原和缝合更新两种手段。修缮复原时可根据原有风格拆除非本体的构筑物，恢复初始面貌，展现原有建筑立面；缝合更新以新的空间连接老建筑，使新旧和谐、旧旧弥合。

苏州市对干将路进行复兴改造，从空间形态、环境生态、经济商业形态和文化活动四个方面对该街区进行整体改造。通过“微修复与微更新”对传统古城进行复兴改造，并加入新的设计元素，改变古街的旧面貌，如图 1-5-12、图 1-5-13 所示。同时，对保留下来的建筑进行必要的维护、修缮和传承，保留建筑外观和外部环境，对内部进行全面更新，以适应新的使用功能。

图 1-5-14 南京熙南里街区在更新设计中保留原有的历史文化特色，传统与现代的碰撞，传承与再生的共融，千年古巷再次“活”了起来。熙南里片区所在地曾是明清时期

南京城内最繁华的商业中心，建筑立面保持传统建筑的风格和装饰，维持特有的历史韵味，尊重历史文化，追求传统氛围的融合感，白墙黛瓦延绵不绝，青砖小瓦马头墙，回廊挂落花格窗。通过对历史文化的保留和融合，更新的街区将使人们感受到城市历史的厚重与传统文化的魅力。

图 1-5-12　苏州市历史地段复原

图 1-5-13　苏州市干将路历史雕塑的缝合

图 1-5-14　南京熙南里街区

（2）重现与概括。

重现与概括是指在城市道路景观设计中，根据当地景观环境的特点，采用直接或间接、具体或非具体的方法，再现其独特的历史文化景观。图 1-5-15 展示的成都宽窄巷子，是成都最受欢迎的当地民俗文化的缩影，美丽的门廊、特色雕塑、梧桐树和老茶馆重新出现，承载对城市历史的美好回忆。

成都的文殊坊以专业手法复原老成都建筑风貌，以院落式仿古建筑、四川民俗街区为载体。如图 1-5-16 所示，街区中几组雕塑作品运用再现手法展现了成都的历史文脉、居民社会生活以及文化气息浓厚的生活场景。

图 1-5-15　宽窄巷子门头

图 1-5-16　文殊坊雕塑

苏州市独墅湖隧道口路侧以景墙的形式展现了苏州传统建筑的独特风貌（图 1-5-17）。景墙以其立体的视觉效果，直观地呈现苏式建筑的精细之美，体现出浓郁的地方特色。

苏州的城市道路将宋锦等非历史文化遗产融入城市家具中，如图 1-5-18 所示。道路建设与极具形象化的艺术展览结合，既有古风又有时尚的韵味，是姑苏文化与活力的代言。

图 1-5-17　苏州独墅湖隧道口路侧景墙雕塑

图 1-5-18　苏州的道路信息板

（3）对比与交融。

将建筑造型、材质、结构和规划方法与现代科学技术相结合，在色彩、造型和感官方面进行全面对比，表现出对比中的协调统一。例如上海的田子坊街区（图 1-5-19）为多种建筑风格的完美碰撞，包括折中主义风格、巴洛克风格、现代主义风格、西班牙建筑风格、文艺复兴风格、英国城堡建筑风格和中国的传统砖木结构风格，通过对比和融合不同风格的建筑，产生完整的连通性，反映出强烈碰撞的文化氛围，被定位为海派文化展示地和世博主题解读地，成为上海最著名文化旅游集聚地。新加坡克拉码头（图 1-5-20）曾经是海上贸易和货运交易的场所。根据现代城市的需要，进行现代创意设计，保留建筑空间的外部色彩、灯光和景观，体现传统与现代的对比与融合。在不破坏老建筑的情况下完整保护老建筑，并通过现代科技景观的创意设计，使老建筑和现代景观交相辉映，展现出不同魅力，散发出独一无二的具有典型文脉代表性的城市风貌。

图 1-5-19　上海田子坊街区

图 1-5-20　新加坡克拉码头

（4）隐喻与象征。

隐喻通常是场所环境设计中表述叙事主题，展现视觉文化或地域印记，是作品与欣赏者沟通的手段。城市道路景观通过隐喻和符号融合多元文化，通过符号和隐喻合理、积极地将历史语境元素运用到道路景观的各个元素中，通过隐喻，将客观镜头提升为意境；通过符号，使城市道路景观更容易被感知，并引发人们共鸣。

新加坡鱼尾狮公园上高 8 m 的鱼尾狮雕塑，如图 1-5-21 所示。其身形洁白，双眸有神，毛发蓬松，狮口张开，昼夜不停地从口中喷洒水柱，射向新加坡河水，再一路奔涌流向大海。其形态的设计有着非常美好的寓意，象征着财源滚滚，兴旺发达，纪念祖辈为了后代漂洋过海、谋生定居、艰苦奋斗的历史。

图 1-5-21　新加坡鱼尾狮

图 1-5-22　上海东方之光雕塑

上海世纪广场上有一座名为东方之光的景观雕塑，如图 1-5-22 所示，设计为日晷的形式，整体高度超过 20 m。采用无数的钢管和钢板连接，形成一个结构复杂的金属网格结构。造型设计以日晷为元素，其主题为时间旅行，并突出诸多历史性的重大事件，将沙漏计时的方法雕刻在柱体上，沙子的连续流动象征着时间飞逝，其寓意时刻激励人们珍惜当下，并隐喻上海这座城市日新月异的发展。

（5）探索与互动。

互动型文化景观的设计是一种注重在历史地段内增设小型公共开放空间、融入丰富文化要素的设计手法。根据地理环境和历史文化特色，因地制宜地规划出错落有致的庭院、步道、小径等探索性景观元素，将历史与文化融入景观中，从而提升公共空间品质，并增强互动性。这一手法旨在创造引人入胜的环境，使人们能够在探索和互动的过程中感受历史的魅力。

在互动型文化景观设计中，景观元素的布局和形态被精心设计，以引导人们在其中探索。这些小型公共空间不仅是景观的一部分，更是城市居民与历史文化互动的场所。通过添加雕塑、艺术品、信息板等文化元素，创造出充满趣味和惊喜的环境，吸引人们深入其中。

图 1-5-23　苏州市人民路的历史地图景观

如图 1-5-23 所示，苏州市的人民路在路侧空间景观设计时，以地图的形式将历史元素融入景观，增加人们与景观的互动，加深人们对城市文化的印象。探索性文化景观设计为历史地段带来全新的体验方式，提升了公共空间的美感和互动性，并为人们提供了与历史和文化亲近的机会，使整个城市空间更具活力和吸引力。

第6章 城市道路融合设计方案的评价方法

为响应日益增长的城市发展需求与多样化的道路功能，评价城市道路融合设计方案的科学性和实用性至关重要。本章立足于安全、绿色、高效、活力和智慧的评价目标，系统地阐述城市道路融合设计方案评价体系。综合定性和定量的评价指标，采用层次分析法-模糊综合评价法，通过实际道路案例探讨评价体系的应用与效果。

6.1 评价目标

在新的设计理念的指引下，城市道路融合设计方案旨在确保道路空间达到安全、绿色、高效、活力和智慧的目标。这些目标代表对城市道路设计的全面关注，旨在创造优质的城市道路环境，满足居民的多样化需求，促进城市的可持续发展。

1）安全

安全是城市道路设计的首要目标。安全包括以下内容：

（1）协调人、车、路的时空关系，促进交通有序运行。强化城市交通规划与道路设计、交通管理间的衔接，促进道路交通功能与沿线土地使用的协调和各交通模式之间的协调；在满足人行过街设施配置要求及沿路上下客需求的前提下，车速较快和流量较大的路段设置分隔带，对机动车与路侧的非机动车及行人进行快慢分离；对行人和非机动车通行空间从高程、铺装等方面进行区分。

（2）追求道路的人性化设计，确保社区内部道路平和与共享。合理控制机动车道的宽度，扩展慢行空间，并强化道路的公共属性，创造安全、舒适的慢行环境。

（3）为行人提供宽敞、畅通的步行通行空间。行人通行区应进行无障碍设计；集中布局各种设施，避免道路设施给步行带来干扰；建筑底层需具有吸引力，合理设置前区，防止与沿街活动发生冲突。

（4）保障行人安全、舒适地通过道路。道路交叉口应优先保障平面过街设施，鼓励城市道路两侧的建筑进行互联互通，通过空间连廊或地下通道的形式构建竖向交通系统。

（5）保障非机动车行驶路权，形成连续、通畅的骑行网络。

（6）提供可靠的道路环境，增加行人安全感。

2）绿色

绿化在城市道路规划中占有至关重要的位置。绿化包括以下内容：

（1）重视土地与空间资源的集约、节约和复合利用，提高利用效率，与生态原则相结合。通过增强城市绿地体系与道路设计的协同，确保绿化与道路功能之间的和谐平衡；采用现代生态技术，如生态种植、透水铺装等，提高道路对雨水的透水性和滞蓄能力，促进雨水自然循环。

（2）倡导绿色出行，以减少碳排放和空气污染。鼓励步行、骑行和使用公共交通工具，减少机动车辆的出行量；对主要道路进行绿化景观设计，以提供清新的空气和降低噪声。

（3）强调道路的绿色景观品质，结合功能和需求，突出生态效益。创建生态廊道，配备本土植物，强化生物多样性，同时满足城市居民的休闲需求。

（4）从宏观到微观，针对城市不同尺度、特点进行绿化设计，以实现可持续发展目标。

（5）追求道路设计的低碳化，选择可再生材料和低碳材料，优化道路结构和技术手段。

3）高效

在城市化快速发展的背景下，道路的通行效率成为衡量城市交通系统性能的关键指标。高效包括以下内容：

（1）优化交通网络布局，保证道路系统的畅通和高效。通过综合交通模型预测合理设置道路等级和功能，以确保路网的连通性和容量；促进公交、非机动车、步行等多种交通方式的互补与协同，提高整体的通行效率。

（2）对城市道路瓶颈段进行针对性改造，提升道路的通行能力。

（3）通过引入智能交通系统实现道路交通的实时监控和管理，提高交通流的平稳性和安全性。

（4）强调与土地利用的协同，保证交通与城市发展的平衡与和谐。

（5）推进绿色出行，鼓励使用公共交通，减少机动车出行，以提高道路使用效率。

4）活力

城市道路的活力与其功能、景观和文化内涵紧密相连。活力包括以下内容：

（1）加强沿街道路功能的复合与多样，形成更加活跃、多元的空间界面。通过细致的城市设计手法，促进商业、文化、休闲等功能的融合与互动，使道路成为城市生活的宜人空间。

（2）优化道路环境，提供丰富的公共设施，满足市民多样化的活动需求。

（3）确保道路空间设计舒适、有序，与人的尺度、感知和体验相适应。利用光、色、质感等元素，为市民创造宜人的道路环境。

（4）强调沿街建筑与公共空间的视觉与功能交互，促进多元文化的展现和交流。

（5）通过对道路空间的设计和管理，展现城市的特色和时代风貌，体现其独特的地域文化。

（6）利用现代技术手段，打造智能化、互动性强的道路，为市民提供丰富的体验和享受。

5）智慧

随着技术的进步，智慧城市成为当前城市建设的发展方向，道路作为城市的“动脉”，其智能化建设尤为关键。智慧包括以下内容：

（1）整合城市道路上的各类信息，实现数据的全覆盖和实时更新。采用物联网、大数据、人工智能等技术，实现道路的各类设备和系统的互联互通。

（2）提高道路交通管理的自动化和智能化水平，实现对交通流的实时监控和管理，提高道路的通行效率和安全性。

（3）强化与其他城市系统的互联互通，实现信息的共享和融合，提供更加精准和便捷的公共服务。

（4）鼓励创新和试验，探索前沿的智慧道路技术和应用模式，以满足未来城市的发展需求。

（5）在智能交通系统的基础上构建开放、共享、协同的交通数据平台，为决策提供支撑，促进交通与城市的和谐发展。

综合以上目标，城市道路设计方案将以人为本，注重出行者的需求和感受，兼顾城市的可持续发展。通过综合权衡和创新设计，城市道路空间将更好地满足多样化的城市功能，提升城市形象，为城市居民创造安全、绿色、高效、活力和智慧的出行环境。

6.2 评价指标的选择

6.2.1 评价标准

城市道路融合设计方案评价应综合定量指标和定性指标，以确保评价的公正性、准确性与全面性。

定量指标是用具体的数据描述、比较和分析某对象或情况，定量指标往往容易搜集、计算和解释，为决策提供客观依据。例如：道路绿化覆盖率、车辆的平均延误时间和道路服务水平等。定性指标无法直接通过数值来衡量，但可以通过描述、观察或主观评估来表达。其涉及主观判断、感受和经验，不易量化，但在评估和决策中也十分重要。例如，道路空间界面的协调性、景观设计与地域文化的协调程度、建筑对人的影响程度等，涉及主观感受和审美评价，需要借助专家的判断和民众的参与来获取评价结果。

6.2.2 评价指标选取

根据安全、绿色、高效、活力和智慧的目标，选取5类共21个指标作为城市道路融合设计方案的评价标准，见表1-6-1。

城市道路景观融合设计评价因子集　　表 1-6-1

评价目标层	评价因子集
安全（B_1）	步行空间安全性（C_{11}）
	道路空间围合度（C_{12}）
	跨越道路的通道安全（C_{13}）
	道路使用者安全教育程度（C_{14}）
绿色（B_2）	道路绿化覆盖率（C_{21}）
	绿色出行设施完备度（C_{22}）
	绿化使用本地植被比例（C_{23}）
	道路材料的环保性（C_{24}）
	污染控制与空气质量（C_{25}）
高效（B_3）	车辆的平均延误时间（C_{31}）
	交通流量与道路容量匹配度（C_{32}）
	多模式交通整合效率（C_{33}）
活力（B_4）	道路与周边公共空间互动性（C_{41}）
	文化与艺术元素融入度（C_{42}）
	沿路商业与休闲活动多样性（C_{43}）
	周边社区活跃度与参与度（C_{44}）
	路径中的休憩与观景点分布（C_{45}）
智慧（B_5）	沿路智能监控设施的覆盖率（C_{51}）
	智能交通管理与优化平台的完善性（C_{52}）
	公众交通信息互动平台的完善性（C_{53}）
	车联网与智慧交通信号系统的完善性（C_{54}）

6.2.3　评价指标的解释

以下对每个评价指标进行具体解释和描述，以便更好地理解城市道路融合设计方案的优劣和改进方向。

1）安全

（1）步行空间安全性。步行空间安全性评价指标包括事故频率、事故类型和事故严重程度等。然而，上述数据在方案设计前往往无法有效获取。在步行空间的规划设计中，较宽的人行道和合理交通组织可以减少行人与车辆间的冲突，降低行人受伤的风险。除了交通设计，步行空间安全性还与城市家具的设置相关。例如，合理设置分隔带等设施，以降低安全风险。

(2)道路空间围合度。道路空间围合度反映道路的封闭性和连续性。高围合度的道路空间通常表现为两侧建筑紧密相连，形成连续的建筑立面，道路空间具有封闭感，可减少外部干扰，给行人和车辆提供相对独立、安全的通行环境。高围合度的道路空间能够形成更好的微气候效应，减少风的侵扰，提供舒适的行走和停留环境。低围合度的道路空间表现为两侧建筑之间有较大间隔或空地，形成较为开敞的道路环境。虽然视觉景观效果较好，但缺乏连续性和封闭感，使道路空间显得分散和不连贯。低围合度的道路空间可能导致交通流动不畅，增加行人过马路的距离和不安全感。

(3)跨越道路的通道安全。跨越道路的通道是指为行人或非机动车辆提供的从道路一侧到另一侧的通行设施，包括天桥、地下通道与人行横道。通道的安全性是评价城市交通规划成功与否的重要指标。通道的设计应确保行人在使用时不与机动车产生冲突。例如，合理的坡度确保老人、儿童或残障人士易于通过，明确的警示标志提醒机动车驾驶员减速或避让等。

(4)道路使用者安全教育程度。道路使用者的安全教育程度直接影响整体交通安全，反映机动车驾驶员、非机动车骑行者和行人对交通规则的了解程度和遵守情况，需要实施广泛的宣传、教育和培训活动以提高。教育和宣传的广泛性、持续性和针对性是评估的关键指标。

2)绿色

(1)道路绿化覆盖率。道路绿化覆盖率是指道路两侧及中央分隔带上植被覆盖的面积与总道路面积的比例。道路绿化覆盖率不仅关系到城市的美观程度，还涉及城市的环境质量和居民的生活质量。高绿化覆盖率提供阴凉、减少噪声、过滤空气中的有害物质并为城市生态系统提供价值。此外，道路绿化调节城市微气候，减少热岛效应。评估道路绿化覆盖率需要测量植被覆盖的实际面积、植被的种类和健康状况。

(2)绿色出行设施完备度。绿色出行设施是指鼓励低碳、环保、健康出行方式的交通设施，如非机动车道、步行道、公交优先通道等。其完备度可以通过这些设施的连续性、完整性、维护情况以及满足出行需求的能力来评估。高完备度的绿色出行设施可以满足多种出行需求，提高公众的绿色出行意愿，减少机动车的使用，降低碳排放和交通压力。

(3)绿化使用本地植被比例。绿化使用本地植被比例是指道路绿化中使用本地植被的面积与总绿化面积的比例。使用本地植被进行绿化是城市可持续发展的重要策略，本地植被通常对当地气候和土壤条件有更好的适应性，维护需求低，为当地生态系统提供支持。

（4）道路材料的环保性。道路材料的选择直接影响道路的生命周期及其对环境的长期影响。在构建海绵城市时，选择环保和透水性好的道路材料可以促进雨水在地面上的渗透，减少城市内涝的风险并为地下水补充水源。环保的道路材料在生产和使用过程中产生较低的碳足迹，在使用后可以进行回收或生物降解，与海绵城市的理念相契合。透水性道路材料能减少雨水径流，减轻城市排水系统的负担。该指标综合评估所用道路材料的可持续性、回收能力、与海绵城市配合度及其对环境的长期贡献。

（5）污染控制与空气质量。空气质量是评价城市环境健康的重要指标。有效的污染控制措施，如排气排放物处理、绿化吸尘等，能减少道路交通对空气质量的负面影响。

3）高效

（1）车辆的平均延误时间。车辆的平均延误时间是指车辆在道路上交通堵塞等导致的平均延误时间。长时间的延误影响物流和交通的整体效率，增加燃料消耗和污染物排放。

（2）交通流量与道路容量匹配度。关注道路的使用效率，即实际的交通流量与道路设计的容量是否匹配。如果交通流量经常超出道路容量，道路就可能经常出现拥堵；反之，交通流量远低于道路容量，说明道路的资源被浪费。

（3）多模式交通整合效率。该指标评估的是多模式交通系统（如公交、地铁、自行车、步行、驾车等）不同交通模式之间的连接和转换是否顺畅，例如公交和地铁的换乘是否衔接得当，是否有为骑车和步行的市民提供的安全、便利的过渡空间等。

4）活力

（1）道路与周边公共空间互动性。公共空间如公园、广场和文化设施等与道路之间的连接关系会影响人们的活动和交通方式选择，该指标关注公共空间与道路之间的连接是否便利、安全，公共空间是否吸引人，以及是否鼓励人们多参与公共活动。

（2）文化与艺术元素融入度。评估道路空间设计是否融入当地的文化和艺术元素，如雕塑、壁画、地面装饰等，以增加道路的吸引力，增强当地居民的归属感。

（3）沿路商业与休闲活动多样性。道路两侧的商业和休闲设施为市民提供购物、餐饮、休闲和娱乐的场所，该指标关注设施的种类、数量和质量，以及是否满足市民的多样化需求。

（4）周边社区活跃度与参与度。道路不仅是交通工具，还是连接社区的重要纽带，该指标评估周边社区居民对道路的使用和参与程度，例如道路空间内的活动，居民是否参与道路的规划和设计等。

（5）路径中的休憩与观景点分布。该指标关注的是道路休憩和观景点的布局和设计，如公园、观景台、座椅等，是否为市民提供了休息的场所，是否增强市民对道路的使用体验。

5）智慧

（1）沿路智能监控设施的覆盖率。随着科技的发展，智能监控设施在提高道路安全和效率方面发挥越来越重要的作用。该指标评估设施的布局、数量和功能是否满足道路的实际需求。

（2）智能交通管理与优化平台的完善性。智能交通系统可以实时收集、分析和反馈道路交通信息，从而帮助交通管理部门做出快速、准确的决策。该指标主要关注系统的完备程度、功能和效率。

（3）公众交通信息互动平台的完善性。为了鼓励公共交通的使用，为乘客提供准确、及时的交通信息是非常重要的。该指标评估的是信息发布的渠道、内容和更新频率等是否满足乘客的实际需求。

（4）车联网与智慧交通信号系统的完善性：车联网和智慧交通信号系统是现代交通系统中的两个重要组成部分，可以实时调整交通流量，提高道路的使用效率。该指标重点关注系统的设计、功能和实施情况。

6.3 评价方法

定量评价是景观评价中常用的评价方法。该方法通过确定评价指标，利用数学统计方法，获得项目整体的评分。为了使评价结果更加客观和全面，层次分析法和模糊综合评价法被选用于城市道路融合设计方案的评价打分，其步骤如下：

（1）通过专家对各候选指标进行评价，得出各指标的相对重要性，获得各指标的权重，根据权重进行排序。

（2）筛选出高权重的评价指标制作设计问卷，调查城市居民对景观的主观感受和看法。调查结果将提供有关各项指标的模糊评估数据，包括评分和权重。

（3）运用模糊综合评价法将专家评价和民众调查结果进行综合，得出对整体设计方案的综合评价结果，为城市道路融合设计方案的优化和改进提供科学依据。

通过此评价方法，我们将更全面、客观地了解城市道路融合设计方案的优劣，并为实现安全、绿色、高效、活力和智慧的目标提供有效的评估手段。

6.3.1 层次分析法

层次分析法（Analytic Hierarchy Process，AHP）是一种多方案、多评价因素的评价方法。这是一种定性与定量评价相结合的方法，特别适用于评价因素难以量化且结构复杂的评价问题。层次分析法是对复杂系统的决策思维进行层次化，将决策过程中定性和定量的因素有机地结合起来，通过建立判断矩阵、排序计算和一致性检验，最后得到结果。运用层次分析法时，要把问题层次化，即根据问题的性质和要达到的总体目标，将问题分成不同的组成因素，并按因素间的相互关系及隶属度组成一个多层次的分析结构模型，最终把系统问题分析归结为最低层相对于最高层的相对重要性权值的确定或相对优劣次序的子问题。具体步骤如图 1-6-1 所示。

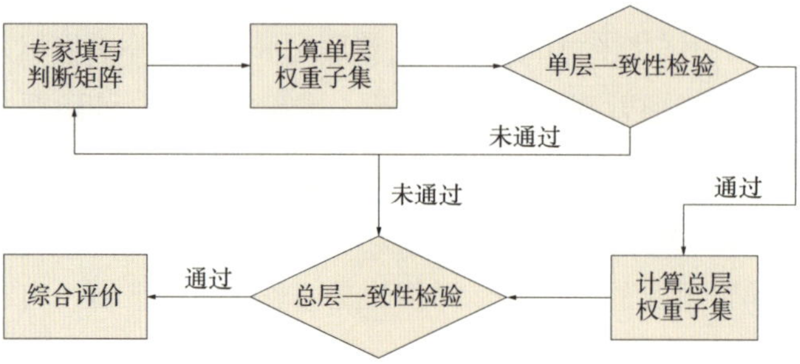

图 1-6-1　层次分析法评价流程

1）构建递阶层次结构

将问题分解为各种（定性 / 定量）指标，按不同性质分成若干组以形成不同的层次，同一层次上的指标作为准则，对下一层次的某些指标起支配作用，且受上一个层次指标的支配。处于最上层的称为目标层，中间层一般是准则层或子准则层。

2）建立判断矩阵

判断矩阵是层次分析法的基本信息，判断矩阵是以上一层某一要素作为评价准则，对本层各要素进行两两重要性判断从而确定矩阵元素。除最高层外，每层都要建立判断矩阵，每层的判断矩阵个数等于上一层的要素数。判断矩阵见表 1-6-2。

判断矩阵　　表 1-6-2

要素	要素权重值			
	A_1	A_2	…	A_n
A_1	A_{11}	A_{12}	…	A_{1n}
A_2	A_{21}	A_{22}	…	A_{2n}
…	…	…	…	…
A_n	A_{n1}	A_{n2}	…	A_{nn}

上述判断矩阵是在总指标 A 下，指标层各要素进行两两比较建立的。A_i 对 A_j 的相对重要性的判断尺度通常按照表 1-6-3 取值。

指标比较的标度及其描述 表 1-6-3

标度 A_{ij}	定义描述
1	i 因素与 j 因素同等重要
3	i 因素比 j 因素略重要
5	i 因素比 j 因素较重要
7	i 因素与 j 因素比非常重要
9	i 因素与 j 因素比绝对重要
2，4，6，8	为以上两个判断值的中间状态的标准值
倒数	若 j 因素与 i 因素进行比较时，$A_{ij}=1/A_{ji}$

3）层次单排序及判断矩阵一致性检验

层次单排序是依据判断矩阵计算本层各要素对上一层某一要素而言的相对重要性权值，方法是求判断矩阵的特征向量。

特征向量一般采用方根法计算，见式（1-6-1）。计算最大特征根 λ_{max}，找出它所对应的特征向量 $\boldsymbol{W}$，即为同一层各因素相对于上一层某因素相对重要性的排序权重，然后进行一致性检验。

$$\boldsymbol{AW}=\lambda_{max}\boldsymbol{W} \tag{1-6-1}$$

计算步骤如下：

（1）$\boldsymbol{A}$ 的元素按行相乘；

（2）所得乘积分别开 n 次方；

（3）将方根向量归一化得到排序权重 W；

（4）按式（1-6-2）计算最大特征根 λ_{max}；

$$\lambda_{max}=\sum_{i=1}^{n}\frac{(\boldsymbol{AW})_i}{n\boldsymbol{W}_i} \tag{1-6-2}$$

式中：$(\boldsymbol{AW})_i$——$\boldsymbol{AW}$ 的第 i 个分量。

（5）一致性检验，定义一致性指标 CI，而后计算一致性比率 CR，见式（1-6-3）～式（1-6-4）所示。

$$\mathrm{CI}=\frac{\lambda-n}{n-1} \tag{1-6-3}$$

$$\mathrm{CR}=\frac{\mathrm{CI}}{\mathrm{RI}} \tag{1-6-4}$$

式中：n——判断矩阵阶数；

RI——平均随机一致性指标，其取值见表 1-6-4。

随机一致性指标 RI 取值 表 1-6-4

n	1	2	3	4	5	6	7	8	9	10	11
RI	0	0	0.58	0.90	1.12	1.24	1.32	1.41	1.45	1.49	1.51

通常 CR≤0.1 时满足判断矩阵的一致性检验；如果 CR>0.1，说明判断矩阵不一致，需要调整判断矩阵元素的值。

4）层次总排序

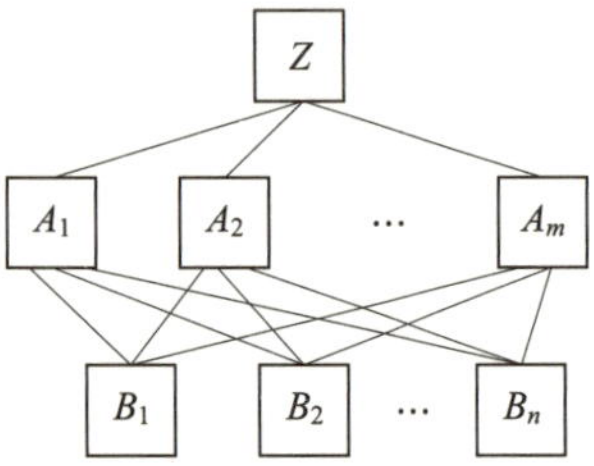

图 1-6-2 层次结构

层次总排序是计算本层各要素对更上一层的相对重要性权值，它是在单排序基础上进行的，从上到下逐层顺序进行，如图 1-6-2 所示。其基本计算方法如下：

A 层有 m 个要素 $\boldsymbol{A}_1$，$\boldsymbol{A}_2$，…，$\boldsymbol{A}_m$，对总目标 Z 的排序为 $\boldsymbol{a}_1$，$\boldsymbol{a}_2$，…，$\boldsymbol{a}_m$。B 层是 A 层的下一层对应 $\boldsymbol{A}_j$，有 n 个要素 $\boldsymbol{B}_1$，$\boldsymbol{B}_2$，…，$\boldsymbol{B}_n$，的层次单排序为 $\boldsymbol{b}_{1j}$，$\boldsymbol{b}_{2j}$，…，$\boldsymbol{b}_{nj}$ $(j=1, 2, \cdots, m)$。

逐层计算，直至指标层为止。

6.3.2 模糊综合评价法

对城市道路融合设计方案的评价涉及多个因素或者多个指标。一般地，把不确定的因素分成两类：一类具有随机性，另一类具有模糊性。前者可用概率统计学加以研究，后者则可用模糊数学的理论解决。将模糊综合评价方法用于城市道路融合设计方案评价中，其分析过程为：

（1）将道路融合设计方案的评价目标看成由多种因素组成的模糊集合，建立评价因素集。

（2）建立权重集，用权重来反映各评价因素对评价对象影响程度的大小。

根据各个指标相对于评价目标的重要性程度，以此为基础构造综合评价一级指标判断矩阵：

$$\boldsymbol{A}=\begin{bmatrix} a_{11} & \cdots & a_{1n} \\ \vdots & & \vdots \\ a_{n1} & \cdots & a_{nn} \end{bmatrix}$$

其中，a_{nn}表示一级指标相互间的重要性判断值（n=1, 2, ⋯ , 5）。

（3）设定这些因素所能选取的评审等级，组成模糊集合，即建立评价集。

令 $\boldsymbol{F}$= [10，30，50，70，90]，$\boldsymbol{E}$ 为方案安全比较总评分，则 $\boldsymbol{E}=\boldsymbol{A}\times\boldsymbol{F}^{\mathrm{T}}$。将安全比较总评分 $\boldsymbol{E}$ 和表 1-6-5 给出的评分标准表进行比较，评分值越大，则风险越小，对交通安

全的保障能力越强；相反，评分值越小，则风险越大，对交通安全的保障能力越差。本次安全比较评分值主要用于方案相对比较，分值越大，方案越好，评分标准见表 1-6-5。根据比较方案的评分值，提出有相对优势的比较结果。

评分标准　　表 1-6-5

评价结果	好	良好	一般	较差	差
分数	[95,100]	[85,95]	[75,85]	[65,75]	[0,60]

（4）分别求出各单一因素对各个评审等级的隶属程度，以各因素评判集的隶属度作为构建的模糊矩阵，即单因素评价矩阵。

（5）根据各个因素在评价目标中的权重分配，通过模糊矩阵运算求出模糊评价集。

6.4　评价案例分析

干将路，位于苏州古城，历经多次改建已成为这座古城现代化发展的重要交通大动脉。此路得名于古代苏州的干将门和干将坊。干将门和干将坊位于干将路附近，与干将墓相近。在 1982 年的城市改造中，干将路向东延伸并与周边地区如松鹤板场、濂溪坊、新学前、狮子口合并，统一命名为“干将路”。1994 年，干将路进一步向东、西两方扩展，分为干将东路和干将西路，总长约 7 km，形成一条横贯古城东西的主要干道。

20 世纪 90 年代初，苏州市政府视干将路为城市发展的关键，并开始对其进行系统的拓宽和改建。为了连接苏州高新区和苏州工业园区，干将路被打造成东西走向的现代化交通干道，其宽度达到 50 m，两侧建筑控制高度为 24 m，设双向六车道。尽管此路经过多次扩建和改造，但城市规划始终注重保留其古典特色。2007 年，为满足城市交通需求，苏州开始建设轨道交通 1 号线，但在此过程中仍然对干将河及其两岸的传统风貌给予足够的重视。

2010 年，为了进一步提升干将路的城市中轴线地位，并修复地铁施工带来的损坏，市政府决定进行综合整治。此次整治不仅关注道路的基础设施，更涵盖市政管线、绿化景观、水域水岸、建筑界面、户外广告、照明系统等多个维度。完成后的干将路不仅实用性增强，其独特的古典韵味也得到进一步的突显。

干将路的特色在于传承了苏州古城的“路河相错套棋盘”特色，保留了“两路夹一河”的格局。其中，干将河的宽度为 6～10 m，共穿越 19 座特色景观小桥，与路两侧的古典建筑相映成趣。沿途的粉墙黛瓦、飞檐漏窗及古井老宅等，展现了苏州传统街巷的民居特色风貌。随着时间的流转，干将路沿线逐渐形成商业、金融、娱乐等多功能区域，尤其是中部地段，已成为城市的高档商圈。

干将路及沿线经历多次的规划与改造，才形成现今的格局。干将东路东起东环路，西到乐桥，全长 3082 m，红线宽 40～55 m；干将西路东起乐桥，西到西环路，全长 4407 m，红线宽 32～55 m，如图 1-6-3 所示。其总体走向为东西走向，全线地势平缓，平均 海拔为 3～4 m。

图 1-6-3　苏州市干将路俯瞰图

干将路作为苏州市的城市门户，承载着展现城市独特魅力的重要使命，它不仅体现苏州市深厚的历史和文化底蕴，还融合了江南水乡的独特风情。规划设计师将两侧众多的古迹和历史遗址将成为干将路的珍贵财富，将这些古迹融入道路规划设计中，使路边景观成为历史的画卷，为行人和驾驶者带来一场穿越时光的文化之旅。

在体现城市特色的同时，高效运行也是干将路规划设计的追求目标。通过科学的道路规划和交通设计，确保交通流畅，最大限度地减少拥堵现象，为市民和游客提供便捷的通行体验。

在干将路的规划设计中，将历史古迹与现代交通需求融合，以沿途的古迹、绿化和水景营造出江南水乡的浪漫氛围，同时采用智能交通技术，确保干将路成为既能展示苏州独特文化又能实现高效运行的城市门户，让人们在通行的同时领略到历史的韵味和现代的活力。

运用层次分析法和模糊综合评价法对干将路的规划设计方案进行定量评价，通过整理近几年来城市道路的规划设计方案等相关文献资料，得出评价的准则层和指标层，初步构建评价因子集，通过整理调查问卷对评价因子集的重要性进行排序，并根据重要性选定合适的评价因子。运用层次分析法计算出各个评价因子的权重值，然后构建评价集，进行模糊综合评判，根据最大隶属性原则得出最后的评判结果。

(1)判断矩阵构建及权重计算。

根据选取的指标构建判断矩阵并计算各指标的权重值，见表 1-6-6。

一级评价因素判断矩阵及权重值　　表 1-6-6

判断矩阵	安全 B_1	绿色 B_2	高效 B_3	活力 B_4	智慧 B_5	归一化权重 W_i
B_1	1	1	1/3	1/5	1/2	0.079
B_2	2	1	1/3	1/5	1/2	0.079
B_3	1	3	1	1/3	2	0.222
B_4	3	5	3	1	4	0.486
B_5	5	2	1/2	1/4	1	0.135
$\lambda_{max} = 5.06, CI = 0.015, RI = 1.12$						
CR = CI/RI = 0.013, 满足一致性						

通过表 1-6-6 计算可得一级评价因素中权重值从高到低的排列为：活力（0.486）> 高效（0.222）> 智慧（0.135）> 安全和绿色（0.079）。

进一步计算二级指标的权重，判断矩阵及权重值见表 1-6-7～表 1-6-11。

二级评价因素判断矩阵及权重值（B_1 安全）　　表 1-6-7

判断矩阵	C_{11}	C_{12}	C_{13}	C_{14}	归一化权重 W_i
C_{11}	1	2	4	2	0.436
C_{12}	1/2	1	3	1	0.244
C_{13}	1/4	1/3	1	1/2	0.101
C_{14}	1/2	1	2	1	0.219
$\lambda_{max} = 4.021, CI = 0.007, RI = 0.89$					
CR = CI/RI = 0.008, 满足一致性					

通过表 1-6-7 的计算结果可得安全因素中的因子的权重值从高到低的排列为：步行空间安全性（0.436）> 道路空间围合度（0.244）> 道路使用者安全教育程度（0.219）> 跨越道路的通道安全（0.101）。

二级评价因素判断矩阵及权重值（B_2 绿色） 表 1-6-8

判断矩阵	C_{21}	C_{22}	C_{23}	C_{24}	C_{25}	归一化权重 W_i
C_{21}	1	2	5	3	3	0.407
C_{22}	1/2	1	3	2	2	0.237
C_{23}	1/5	1/3	1	1/3	1/3	0.064
C_{24}	1/3	1/2	3	1	1	0.146
C_{25}	1/3	1/2	3	1	1	0.146
λ_{max} = 5.075, CI = 0.019, RI = 1.12						
CR = CI/RI = 0.017, 满足一致性						

通过表 1-6-8 的计算结果可得绿色因素中的因子的权重值从高到低的排列为：道路绿化覆盖率（0.407）> 绿色出行设施完备度（0.237）> 道路材料的环保性、污染控制与空气质量（0.146）> 绿化使用本地植被比例（0.064）。

二级评价因素判断矩阵及权重值（B_3 高效） 表 1-6-9

判断矩阵	C_{31}	C_{32}	C_{33}	归一化权重 W_i
C_{31}	1	2	3	0.539
C_{32}	1/2	1	2	0.297
C_{33}	1/3	1/2	1	0.164
λ_{max} = 3.009, CI = 0.005, RI = 0.52				
CR = CI/RI = 0.009, 满足一致性				

通过表 1-6-9 的计算结果可得高效因素中的因子的权重值从高到低的排列为：车辆的平均延误时间（0.539）> 交通流量与道路容量匹配度（0.297）> 多模式交通整合效率（0.164）。

二级评价因素判断矩阵及权重值（B_4 活力） 表 1-6-10

判断矩阵	C_{41}	C_{42}	C_{43}	C_{44}	C_{45}	归一化权重 W_i
C_{41}	1	3	2	1/4	6	0.241

续上表

判断矩阵	C_{41}	C_{42}	C_{43}	C_{44}	C_{45}	归一化权重 W_i
C_{42}	1/3	1	1/2	1/6	3	0.098
C_{43}	1/2	2	1	1/5	4	0.152
C_{44}	4	6	5	1	8	0.472
C_{45}	1/6	1/3	1/4	1/8	1	0.037
λ_{max} = 5.243, CI = 0.061, RI = 1.12						
CR = CI/RI = 0.054, 满足一致性						

通过表 1-6-10 的计算结果可得活力因素中的因子的权重值从高到低的排列为：周边社区活跃度与参与度（0.472）> 道路与周边公共空间互动性（0.241）> 沿路商业与休闲活动多样性（0.152）> 文化与艺术元素融入度（0.098）> 路径中的休憩与观景点分布（0.037）。

二级评价因素判断矩阵及权重值（B_5 智慧）　　表 1-6-11

判断矩阵	C_{51}	C_{52}	C_{53}	C_{54}	归一化权重 W_i
C_{51}	1	2	2	1/2	0.243
C_{52}	1/2	1	3	1/4	0.172
C_{53}	1/2	1/3	1	1/4	0.099
C_{54}	2	4	4	1	0.486
λ_{max} = 4.185, CI = 0.053, RI = 0.89					
CR = CI/RI = 0.059, 满足一致性					

通过表 1-6-11 的计算结果可得智慧因素中的因子的权重值从高到低的排列为：车联网与智慧交通信号系统的完善性（0.486）> 沿路智能监控设施的覆盖率（0.243）> 智能交通管理与优化平台的完善性（0.172）> 公众交通信息互动平台的完善性（0.099）。

（2）组合权重值计算。

根据表 1-6-6 ～表 1-6-11 展现的各层级权重值的计算，将评价因子集权重值与所在的二级评价因素权重值和一级评价因素权重值相乘，可得评价因子的组合权重值。按照权重的大小对其进行数值排序，最终归纳整理出干将路道路空间设计的组合权重值，如表 1-6-12 所示。

城市道路景观评价因子集　　表 1-6-12

评价因子集	组合权重值
周边社区活跃度与参与度（C_{44}）	0.229
车辆的平均延误时间（C_{31}）	0.120
道路与周边公共空间互动性（C_{41}）	0.117
沿路商业与休闲活动多样性（C_{43}）	0.074
交通流量与道路容量匹配度（C_{32}）	0.066
车联网与智慧交通信号系统的完善性（C_{54}）	0.066
文化与艺术元素融入度（C_{42}）	0.048
多模式交通整合效率（C_{33}）	0.036
步行空间安全性（C_{11}）	0.034
沿路智能监控设施的覆盖率（C_{51}）	0.033
道路绿化覆盖率（C_{21}）	0.032
智能交通管理与优化平台的完善性（C_{52}）	0.023
道路空间围合度（C_{12}）	0.019
绿色出行设施完备度（C_{22}）	0.019
路径中的休憩与观景点分布（C_{45}）	0.018
道路使用者安全教育程度（C_{14}）	0.017
公众交通信息互动平台的完善性（C_{53}）	0.013
道路材料的环保性（C_{24}）	0.012
污染控制与空气质量（C_{25}）	0.012
跨越道路的通道安全（C_{13}）	0.008
绿化使用本地植被比例（C_{23}）	0.005

通过表 1-6-12 可知，周边社区活跃度与参与度的因子得分最高，排在前列的多为道路与周边公共空间互动性、沿路商业与休闲活动多样性等。据此表明，在新理念的指引下，评价标准侧重于道路的活力等方面的要求。

（3）模糊综合评价。

①建立判断集。

判断集分为五个评价等级，即 V={V_1（好），V_2（良好），V_3（一般），V_4（较差），V_5（差）}。

②构建模糊判断矩阵。

设评价指标集合为 $U=\{u_1, u_2, u_3, \cdots, u_n\}$，设评价等级 $V=\{V_1, V_2, V_3, V_4, V_5\}=\{100, 90, 80, 70, 60\}$，模糊判断矩阵 $\boldsymbol{R}$ 则是由指标集合 U 关于评判等级集合 V 的隶属度构成，表示 U 到 V 的模糊关系。

③建立隶属函数。

针对所评价的评判等级，设置相应的隶属度函数表，对每一个评判等级进行分数赋值（表 1-6-13），结合前面的模糊判断矩阵 $\boldsymbol{R}$ 和指标权重值，计算出评价对象的模糊算子，得出最后综合评分。

隶属度函数表　　表 1-6-13

评价值 A	定级	评语
$A>95$	F1	好
$85<A\leqslant 95$	F2	良好
$75<A\leqslant 85$	F3	一般
$65<A\leqslant 75$	F4	较差
$A\leqslant 65$	F5	差

根据前人的问卷调查研究，结合道路使用者调研评价问卷，搜集干将路道路使用者对于调研路段的使用感受及其景观需求。根据其统计结果，最后获得各评价因子的分值，如表 1-6-14 所示。

干将路综合评价分值　　表 1-6-14

评价因子集	权重值	分值	综合评价分值
周边社区活跃度与参与度（C_{44}）	0.229	88.295	87.682
车辆的平均延误时间（C_{31}）	0.120	87.487	
道路与周边公共空间互动性（C_{41}）	0.117	89.960	
沿路商业与休闲活动多样性（C_{43}）	0.074	88.420	
交通流量与道路容量匹配度（C_{32}）	0.066	86.474	
车联网与智慧交通信号系统的完善性（C_{54}）	0.066	88.516	
文化与艺术元素融入度（C_{42}）	0.048	92.814	
多模式交通整合效率（C_{33}）	0.036	84.313	
步行空间安全性（C_{11}）	0.034	88.482	
沿路智能监控设施的覆盖率（C_{51}）	0.033	89.391	

续上表

评价因子集	权重值	分值	综合评价分值
道路绿化覆盖率（C_{21}）	0.032	86.381	87.682
智能交通管理与优化平台的完善性（C_{52}）	0.023	86.860	
道路空间围合度（C_{12}）	0.019	79.582	
绿色出行设施完备度（C_{22}）	0.019	85.820	
路径中的休憩与观景点分布（C_{45}）	0.018	92.532	
道路使用者安全教育程度（C_{14}）	0.017	81.226	
公众交通信息互动平台的完善性（C_{53}）	0.013	85.327	
道路材料的环保性（C_{24}）	0.012	76.329	
污染控制与空气质量（C_{25}）	0.012	73.825	
跨越道路的通道安全（C_{13}）	0.008	86.472	
绿化使用本地植被比例（C_{23}）	0.005	68.813	

④评价结果归类。

根据最大隶属原则，将评价结果归类。根据表 1-6-14 的评价结果可知，现行评价体系显示干将路的综合评价达到 87.682，将结果与表 1-6-13 所呈现的隶属函数相对应。据此可得知，干将路的现行设计已达到“良好”水平。

在这种分类方式下，评价的结果得以明确呈现，为干将路的设计提供了实际的标准。这样的归类有助于更准确地了解评价结果，并且为道路的设计方案进一步优化与改进提供指引。

第 2 篇　案例与实践篇

案例1 苏州市采莲路改造工程

1.1 项目概况

（1）项目背景。

采莲路位于苏州相城区的元和街道，全长约 6.4 km，区位分布如图 2-1-1 所示。其定位为南北向生活型道路。采莲路解决了该区域居民出行的通勤交通、游憩需求、商业客流集散，是重要交通走廊和景观生态空间，承担重要的城市职能，为该区域的城市发展提供重要的推动力。截至 2010 年，采莲路已为苏州市民服务逾 10 年。与此同时，苏州市轨道交通 2 号线以高架桥形式敷设在采莲路，由于道路的长期使用与轨道交通施工的影响，路面出现明显的破损与老化。结合其作为相城区的重要交通廊道和景观交通轴带的地位，改造采莲路成为一项紧迫任务。

图 2-1-1　采莲路区位示意图

（2）功能与定位。

采莲路的土地功能丰富多样，连接香益园、元和公园等景点，服务周边的欧风丽苑、嘉元花园等多个居民区，沿线分布相城人民医院、相城区市民活动中心等公共设施以及乐天玛特、欧风商业街等大型商业设施。包括蠡口家具店仓库在内的工业设施以及 4 个与轨道交通 2 号线相接的高架站点也位于此路。采莲路沿线具有独特的景观特色，即两路之间夹一条蜿蜒的河流，为城市增添静谧的美景。

（3）规划、设计与实施。

在规划过程中，相关部门通过现场踏勘、大数据分析等手段，对采莲路的设施、周边环境、交通流量等进行详细调查和研究，全面了解采莲路的交通状况、社会需求等，确定改造项目的重难点，为后续的设计和施工提供可靠的依据。针对采莲路改造项目，制订全面、系统的整体规划方案（图 2-1-2）。结合轨道交通建设，强化采莲路生活职能和交通职能，充分利用现有空间提升环境品质。

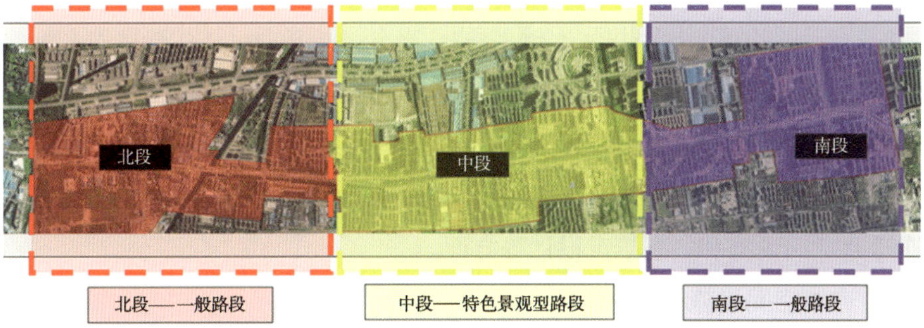

图 2-1-2　梳理沿线空间结构，分区分段进行设计控制

采莲路综合改造在 2011 年年底开展前期规划研究，2012 年 10 月完成前期各项论证，2013 年 12 月底完成全专业方案及施工图设计。基于《采莲路综合整治规划》，对采莲路的改造进行全方位的综合研究，形成一套各专业协调的改造设计导则。在导则的基础之上，采莲路综合改造工程完成了不同专业的施工图设计。改造后的采莲路不仅满足基本的交通需求，而且更加重视行人与自行车的通行体验，环境品质与公共服务也得到显著提升。

（4）改造的必要性与意义。

随着采莲路的老化及设施损坏，其改造被提上日程。前期规划主管部门制定《采莲路综合整治规划》，旨在将道路从以“车”为中心转向以“人”为中心，进一步满足居民的多样化出行需求。这在 2010—2013 年间还是相对超前的理念。规划主管部门计划通过综合改造，进一步完善采莲路道路空间的各类设施，提高城市空间品质，加强轨道交通

2 号线与其他交通方式的接驳，实现一体化换乘。该项目设计内容囊括道路设施、生态景观等城市设计的多个方面。其设计周期长、涉及专业多，是典型的道路设计与城市设计融合的综合改造类项目。其改造意义如下：

①实现了以“车”为中心到以“人”为中心的转变。采莲路路面破损严重，缺乏各类设施；在满足道路基本通行功能的同时，新增共享自行车、港湾公交站，满足各类出行需求，提升周边生活、商业组团的市政配套服务。

②提升了城市空间品质。采莲路景观绿化空间较大，与市政设施结合较差，缺少必要的慢行配套设施；改造提升后将景观绿化与市政交通结合，在沿河景观带中修建慢行步道、慢行桥梁，增加行人休憩设施，打开原来“封闭的景观”，提升环境品质，服务公众，使采莲路成为一条生活型、交通型并重的城市主干道和展示城市建设成就的窗口道路。

③轨道站点建设的需要。改造提升后，采莲路沿线与轨道交通 2 号线构建起良好的一体化换乘系统，轨道交通与常规公交、机动车、出租车以及公共自行车的接驳设施共点布置，方便换乘出行，促进大公交系统的实施，塑造宜居环境。

1.2 存在问题

随着城市化进程的推进，采莲路承载越来越重的城市形象的塑造任务。为确保采莲路能够更好地满足未来的发展需求，需对其现状进行深入的问题分析。采莲路的问题主要集中在道路空间设施和生态景观设计等方面。

1.2.1 道路空间设施

采莲路之前是为了满足较小规模的出行需求而设计的。随着时间的推移，道路已不能适应现在增长的多样化出行需求，且缺乏合理、科学的交通规划以及有效的管理策略，制约沿路地区的发展，需要对其功能进行重新评估和全面的改进。

1）道路设施

（1）该路段是南北向主干道，周边商住服务设施分布密集，如大型商场、医院等（图 2-1-3、图 2-1-4），拥有众多的交通吸引点，容易引发大量的出行需求。居民出行的通勤交通、游憩需求、商业客流集散均需要依托采莲路解决，导致高峰时段道路承载力不足，对道路的运输效率产生负面影响，给居民出行造成困扰。

（2）采莲路人行道铺装破损严重，如图 2-1-5 所示。人行道是市民日常出行的重要部分，其状况直接反映城市的规划和管理水平。人行道应保持安全、流畅且整洁的状态。人行道的铺装破损主要归因于轨道交通施工，大型施工车辆需要进出施工现场，部分车辆在人行道上行驶，超出人行道设计承重能力，导致路面铺装砖块的松动和破损，破坏了城市的景观，给行人通行也带来潜在的安全隐患。

图 2-1-3　中环百惠广场

图 2-1-4　相城人民医院

（3）采莲路在早期的建设中并未预设专用的非机动车道，如图 2-1-6 所示。随着城市的发展和交通模式的变化，非机动车的交通量逐渐增大，导致机动车与非机动车混合通行。两者在行驶速度上的显著差异影响了通行效率，也增加了交通事故的风险。

图 2-1-5　人行道铺装破损

图 2-1-6　缺少非机动车道

（4）采莲路与其他道路的交叉路口横向宽度过长，需二次过街，机动车与非机动车碰撞事故高发。苏州相城实验小学距离采莲路与建元路的交叉路口仅 240 m（图 2-1-7），学校师生及家长的安全通行由此受到影响。

图 2-1-7　采莲路与建元路交叉路口（尺寸单位：m）

2）市政设施

采莲路井盖和市政箱体缺少合理的设计和规划。井盖和市政箱体的位置随意（图 2-1-8），管理粗放，导致设施的使用效率低下，维护成本较高，而且对公共安全也存在着潜在威胁。

采莲路上的架空电线破坏道路的整体视觉效果（图 2-1-9），使得原本连续、和谐的城市景观被撕裂开来，影响人们的视觉体验，使得城市道路空间显得杂乱无序。

图 2-1-8　绿地中的开闭所

图 2-1-9　架空电线比较多，影响城市景观

3）沿街界面

采莲路沿线的建筑物外立面的颜色和材质等关键视觉元素并未统一规划（图 2-1-10），导致建筑物之间的视觉风格存在显著的不一致性，破坏城市道路空间的和谐性和连续性，对城市景观产生负面影响。

4）照明设施

采莲路缺少装饰性的照明设施，如图 2-1-11 所示。装饰性照明除可提供必要的照明功能外，还可增强道路的美学效果，提升其视觉吸引力。良好的照明设计还能提升公共空间的安全性和舒适性，从而增加人们在夜间使用这些空间的意愿。

图 2-1-10　广告比较无序，部分广告体量过大

图 2-1-11　装饰性照明设施缺失

5）标识系统

采莲路的标识系统缺乏特色（图 2-1-12），未能充分反映区域独特的旅游资源。采莲路沿线未能突出当地地域文化特色，缺乏独特性和文化内涵。尽管该地区的地理位置和历

史背景为其提供了丰富的文化资源，但在实际的城市规划和建设中，特色并未得到充分体现。景象表现为普遍性和同质性。这削弱了该地区的吸引力，失去了展示和传承本土文化的机会。

图 2-1-12　标识系统无特色

1.2.2　生态景观设计

采莲路生态景观系统整体设计呈现出“量大而平淡”的特征，与采莲路公共交通走廊的定位不匹配。该系统未能有效融合自然与人工元素，导致景观单一，缺乏层次感。

1）绿化景观

（1）对土地利用的规划不够细致。采莲路周边的配套绿地未统一规划建设，存在大量尚未开发的地块（图 2-1-13），未能完全实现对绿色空间的综合可持续利用，对环境保护和生态系统服务等关键要素的注重程度较低。部分绿地的设置较为粗放，如图 2-1-14 所示。

图 2-1-13　未开发的地块

图 2-1-14　块状公园绿地设计粗放

（2）采莲路周边的轨道工程施工对分隔带的植被造成显著的破坏。施工过程中，大型机械设备和工作人员的频繁进出以及土地的剧烈扰动导致分隔带的植被被破坏。

2）水域水岸

采莲路沿线的河流景观受到严重的阻隔，可视性较差，“临河而不见河”现象严重（图 2-1-15）。其原因为周边植被的过度生长和物理结构的遮挡，以及道路空间规划设计时忽略自然景观。作为重要的自然资源，河流景观的遮挡削弱了人们的景观体验，掩盖了城市的特色。

图 2-1-15　“临河而不见河”现象比较严重

1.3　整治措施

采莲路改造工程包括项目前期规划、设计、施工、监管、验收等多个环节，基于《采莲路综合整治规划》，从城市整体设计的层面对采莲路进行多学科、全方位的综合改造，以下对各个环节的措施进行详细介绍，如图 2-1-16 所示。

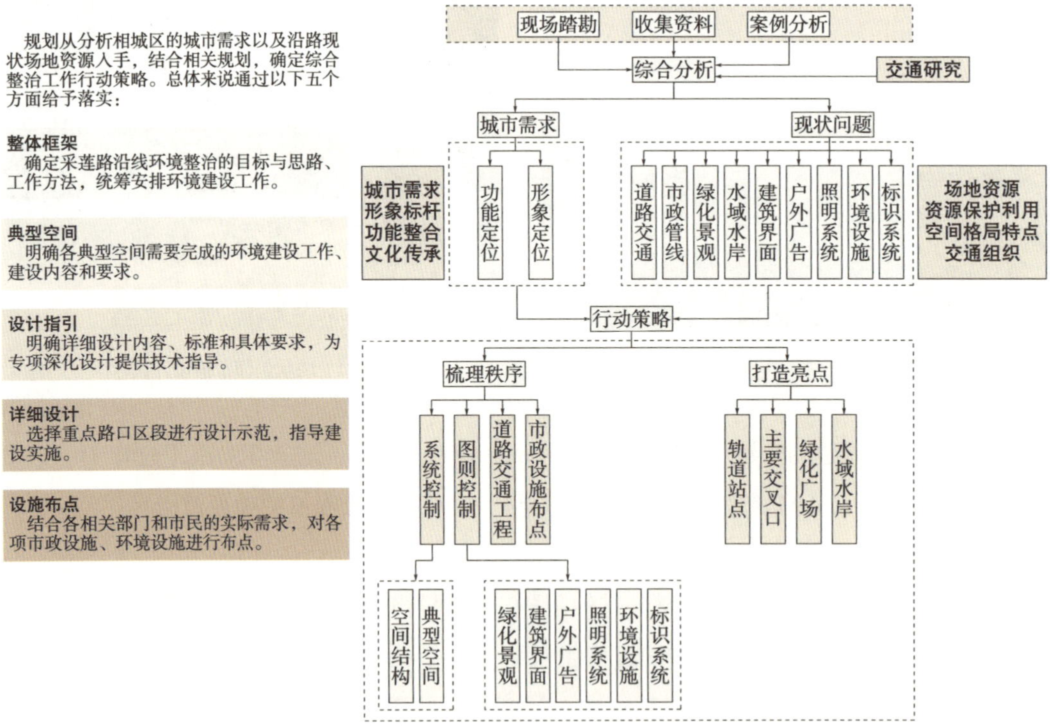

图 2-1-16　采莲路融合城市设计理念的改造内容

1.3.1 设计理念

（1）承担城市风貌、门户和服务职能。

采莲路改造设计的主要目标是建设一条相城传统文化和现代文明交相辉映的公共交通走廊，为市民提供高效、便捷、安全、舒适的出行体验，满足未来城市发展的需要，与周边城市功能区、景观区、交通节点等相协调和衔接，打造成地区的标志性道路和城市形象工程。

（2）注重可持续发展。

在采莲路改造设计过程中积极倡导可持续发展，坚持“安全、绿色、高效、活力、智能”的设计目标，贯彻“人本、品质、科技、安全、美观”的设计原则，注重与周边环境的融合和协调。

（3）以人为本，注重绿色交通。

采莲路改造项目的设计中，以提升市民的生活质量为出发点，注重人们的出行、游憩和消费需求，采取多种措施创造绿色休闲空间，打造美丽景观，提供便捷交通，满足市民和游客的不同需求。

1.3.2 改造策略

1.3.2.1 基于道路功能的城市道路空间设计

采莲路综合改造工程是苏州市轨道交通 2 号线项目建设完成后的恢复建设。采莲路的定位为城市生活、商业的纽带，相城区中心城区公共交通走廊。轨道交通 2 号线以高架形式穿越采莲路，突出立体交通的便利性，并为慢行交通提供一定的空间。

采莲路沿线分布欧风丽苑、嘉元花园等居住小区，相城人民医院、乐天玛特等大型公建、超市，以及蠡口家具店仓库等仓储工业用地。沿线服务受众群体多样，项目存在复合型需求：既有进出地块的交通需求，也有商圈对提升环境质量的景观需求，同时还有周边小区日常休闲的需求，且需要与 4 处轨道站点形成良好衔接。

例如，轨道交通站房周边的市政配套设计需要保证其集散、消防、停车等功能；道路本身通过渠化港湾需要保证其交通功能，例如在相城实验小学段落，适当渠化港湾，缓解进出学校交通与主线交通之间的相互影响。

1）道路交通

（1）构建一体化换乘系统。

采莲路沿线应与轨道交通 2 号线构建起良好的一体化换乘系统，轨道交通与常规公交、机动车、出租车以及公共自行车的接驳设施共点布置，方便换乘出行，促进大公交系统的实施，塑造相城区宜居社区的环境。换乘系统的改造内容包括公交站台和慢行交通系统两部分。

① 公交站台。

根据规划，道路设计中沿线共分布 11 对公交站台，间距约 600 m，均为港湾式公交站台。公交站台长 30 m，减速段长 30 m，加速段长 40 m。富阳路、徐图港、蠡口、阳澄湖中路站点处分别设置 4 对出租车临时停靠点。此外，每处公交站点周边均设置公共自行车泊位，基本实现轨道交通、常规公共交通、公共自行车、出租车的在轨道出入口 20 m 范围内的无缝换乘。

② 慢行交通系统。

改造设计中，注重对慢行交通系统的提升。改造结合 4 个轨道交通站点设置 8 处公共自行车租赁点，包括独立设置的和与非机动车停车场合并设置的，每处设置 50～100 个车位；结合居民小区出入口单独设置 10 处公共自行车租赁点，每处设置 30～40 个车位。所有公共自行车租赁点均不占用人行道，设置于道路红线外。沿采莲港贯通的慢行步道新增人行桥，与市政道路的慢行系统一起构建较为完整的慢行交通体系，服务周边居民的休闲出行，并与轨道换乘的慢行交通形成便捷的流线，图 2-1-17 展示站点周边综合交通换乘设施的布置。

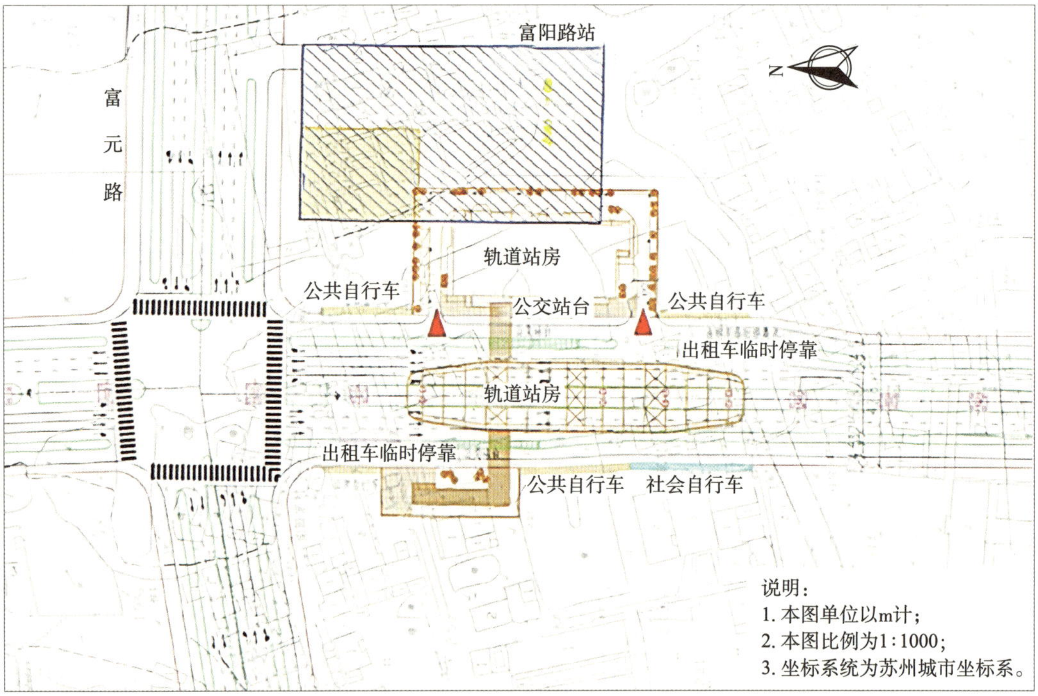

图 2-1-17　富阳路（现改名为富元路）站点周边综合交通换乘设施

两路夹一河的沿河绿化带中布置休闲慢行系统，如图 2-1-18 所示，为城市居民创造与自然亲近的休闲空间，促进健康的生活方式和可持续的出行选择。

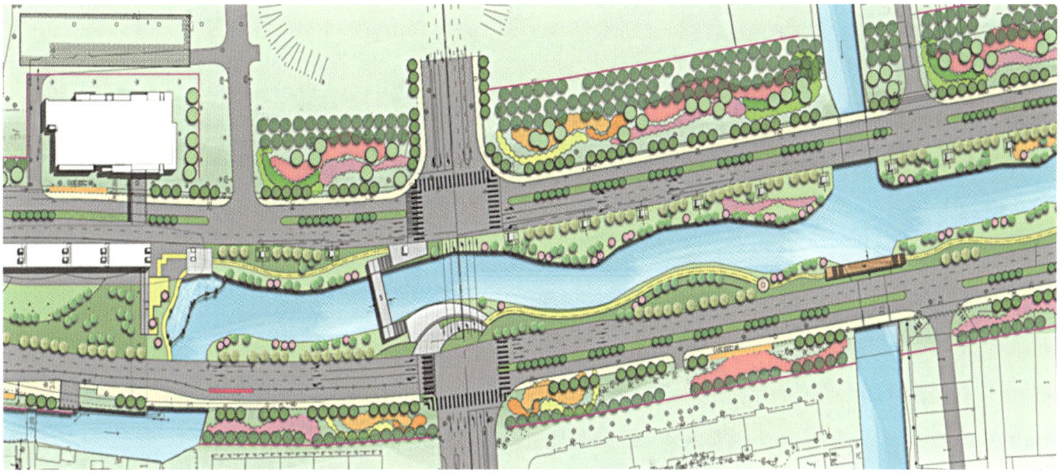

图 2-1-18　沿河绿化带中布置休闲慢行系统

（2）道路断面改造。

为满足车辆和行人出行的需要，采莲路道路断面进行全面改造。增加非机动车道，改善道路通行能力和行车舒适度。改造后的采莲路幅发生变化，横断面与周边环境的适应性较强。机动车为双向四车道，两侧各布置 4.5 m 非机动车道（红线宽度 42.8 m 的路段为 4.0 m）和 3 m 的人行道。图 2-1-19 和图 2-1-20 分别为采莲路无河道段和河道段的改造横断面示意图。

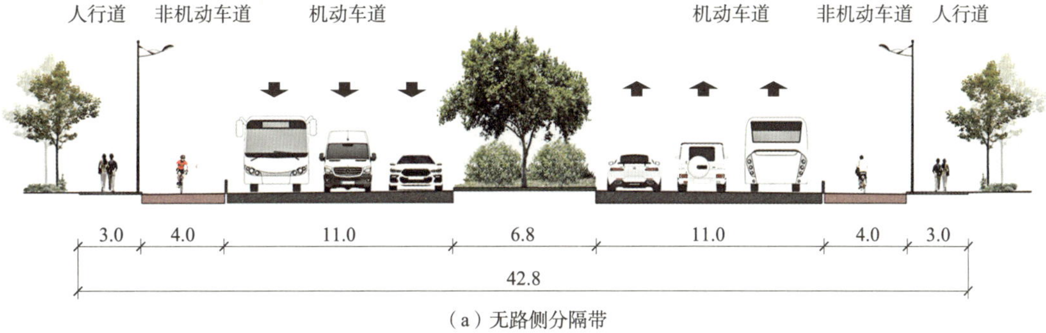

（a）无路侧分隔带

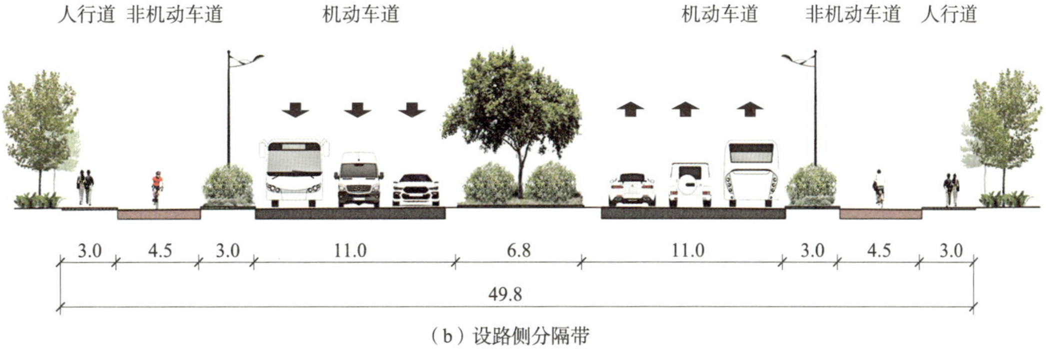

（b）设路侧分隔带

图 2-1-19　改造后的采莲路标准横断面（无河道段）（单位：m）

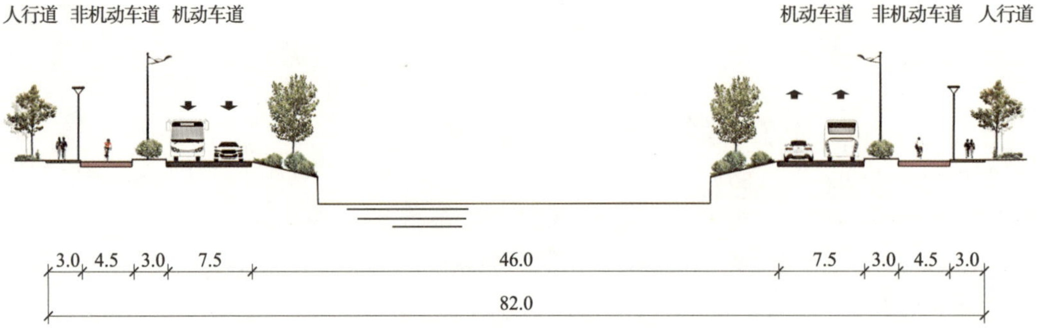

图 2-1-20　改造后的采莲路标准横断面（河道段）（单位：m）

图 2-1-21　无障碍设计

（3）人行道改造。

对沿线人行道进行改造，在修补破损的基础上对沿线人行道以及所有路口均进行无障碍设计，以保障残障人士安全出行，全线都设置盲道，在坡道落地段、障碍物前设置圆点以指示前方障碍，如图 2-1-21 所示。

（4）交叉口改造。

采莲路各平面交叉路口均进行渠化展宽设计，沿线地块出入口均采用右进右出的交通组织方式。针对多处弯道和交叉口，通过调整中央分隔带宽度，增加左转弯车道，外侧拓宽右转车道，其拓宽长度结合公交停靠站的长度统一设置；交叉口设置信号灯控制，提高车辆通行的安全性和流畅度。路口人行道允许设置交通标识杆、交通信号灯杆、信息指示类标识，路口的设施应合杆设置，减少数量；邮筒、果壳箱、市政箱体等应调出路口范围。沿线各个交叉口设置行人过街横道和中央驻足区，原则上路段行人过街通道间距不超过 250～300 m（河道段除外），共设置有 7 处。在 4 个轨道交通站点内部设置过街天桥，改造细节如图 2-1-22 所示。

2）市政设施

系统设计果壳箱、公交候车亭、路灯、信息亭、电话亭、邮政信箱等城市家具，做到合理布局，如图 2-1-23 所示。针对市政杆线、市政箱体、公厕等市政设施，合并杆线、箱体，优化布置，减少对人行空间的挤占。在采莲路南段还增设城市雕塑、景观小品等景观设施，点缀城市景观环境。

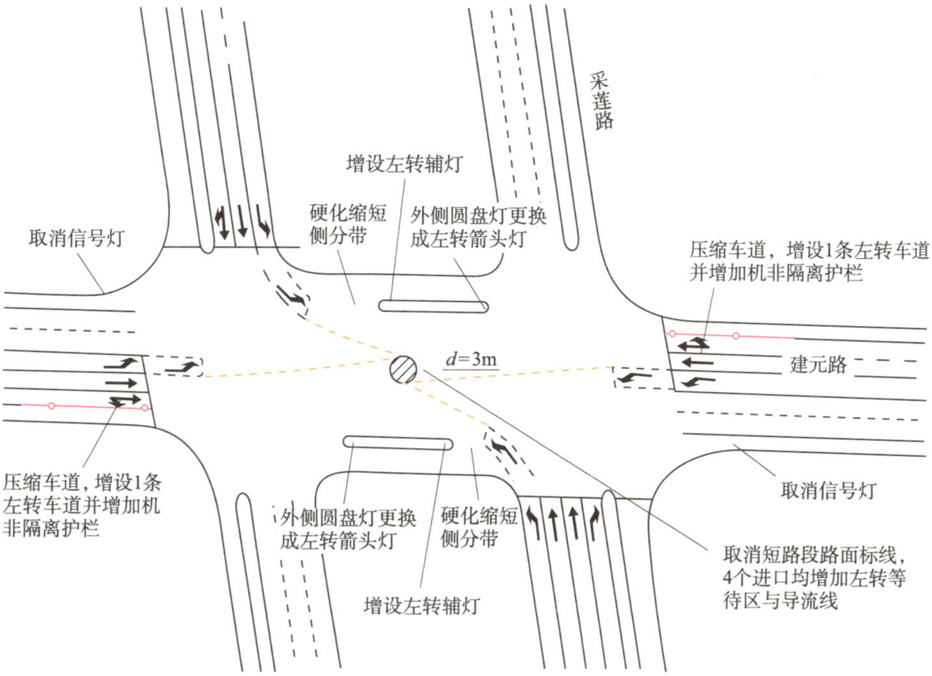

图 2-1-22　整改措施细节（以采莲路建元路路口为例）

图 2-1-23　设施的布置与整合

1.3.2.2 注重生态景观的城市道路空间设计

采莲路中段 2 km 为具有江南特色的两路夹一河格局，原状已有成片沿河的绿化带及部分小品，景观条件较好，为充分展示及利用滨水的景观资源，打开亲水空间，在道路设计中，两路夹河段重新设计滨水慢行走道。

（1）绿化景观。

为提高采莲路的城市品质，提升城市形象，进行全面的城市景观改造，将景观绿化与市政交通结合，在沿河景观带中修缮慢行步道、慢行桥梁，增加行人休憩设施，打开原来“封闭的景观”，以提升环境品质，如图 2-1-24 所示。重新设计滨水慢行走道，通过扩宽人行桥、架设人行桥等形式使滨水慢行走道成为一条完整的滨水景观游步道，与建元路、春申湖中路、华元路等市政道路连通，并与元和之春等小区出入口沟通。

（2）水域水岸。

恢复因轨道交通施工受到破坏的采莲港的水域水岸，维持原有风貌，体现水城特色。河岸局部增设栏杆，其材料、造型、色彩、雕刻花纹等方面应与原有护栏保持统一。对安元佳苑、元和之春、徐图港等 3 处水务设施进行必要的修缮维护，改造后的水岸夜景如图 2-1-25 所示。

图 2-1-24 改造后的河岸绿地

图 2-1-25 改造后的水岸夜景

1.3.2.3 重视地域文化的城市道路空间设计

在充分挖掘采莲路背后的历史文化背景基础上，利用要素提取的方法赋予采莲路以鲜明的地方特色。如图 2-1-26 所示，提取苏州砖雕、御窑金砖、渭塘珍珠、元和绎丝等苏州文化要素，运用到公交车站或道路侧石的设计中。图 2-1-27 展示的是道路侧石的装饰，每隔一段距离镶嵌采莲主题的图案，展现地方文化。

（1）临街界面

总体广告色彩以“淡、素、雅”为主。商业路段可体现“亮、跳、艳”。禁止设置影响交通安全和公共安全、妨碍居民正常生活以及损害市容市貌或者建筑物形象的户外广告。规范公交候车亭广告牌，单面广告牌面积不得大于 2.5 m^2，公共电话亭不得设置商业广告，设置的灯杆只允许用于宣传重大活动的临时性广告，离人行道地面高度不得小于 3 m，幅面小于 0.6 m × 1.5 m，灯杆之间的间距不得小于 50 m。

苏州砖雕　　御窑金砖　　浒墅珍珠　　元和缂丝

图 2-1-26　苏州文化要素的提取与运用

图 2-1-27　道路侧石上采莲主题的图案

图 2-1-28　高架电线入地后不再被“撕裂”的天空

（2）市政设施。

为了避免高架电线“撕裂”城市景观，对所有架空线都进行入地处理（图 2-1-28）。仔细梳理管线走向，并根据需要进行增容扩建，在有条件的地方增设共同沟，对同类管线进行合并设置，减少检查井数量，以避免行车颠簸，提高行车舒适度。

（3）照明系统。

采莲路照明整治重点是强化景观照明，体现夜间景观特色。采莲路夜景照明以“点、线、面”相结合的方式来体现采莲路的整体风格和文化特色。针对平时及节庆的照明要求，有针对性地采用灯光分级控制系统，并注重节能环保型灯具的使用。改造后的景观照明如图 2-1-29 所示。

图 2-1-29　改造后的景观照明

（4）标识系统。

对沿线交通指示牌和旅游标识进行整合，结合轨道交通 2 号线站点的设置增加站点指示标识，并且从形式、色彩上突出体现苏州特色，注意避免指示牌相互遮挡，尽量合杆设置，如图 2-1-30 所示。

立牌式引导标识　　立杆式引导标识　　交通指示标识

图 2-1-30　改造后的标识

1.3.2.4　典型空间处理

（1）居住空间。

传统居住社区的改造目标：营造美观、宜人的居住氛围。如图 2-1-31 所示，改善措施如下：

①完善设施布点：对现有设施进行布局和规划，确保基础设施如道路、水电、燃气等能够满足居民的需求，并进行必要的维护和改善。

②提升绿地效果：增加公共绿地和花园，使居住社区更具自然美感。植树种草、种花，营造绿意盎然的环境，同时提供休闲和锻炼的场所。

③增加便民设施：确保社区内有足够的便民设施，如超市、药店、学校、医院等，以满足居民日常生活需求。

④改善交通和停车：改善公共交通系统，增加停车位或者推广使用共享出行方式。

对于新建居住区域，如图 2-1-32 所示，改造措施侧重以下方面：

①规划美观设计：要注重美观性和宜人性。选择合适的建筑风格、色彩方案和景观设计，以打造吸引人的居住环境。

②优化基础设施：更灵活地规划基础设施，确保其满足未来居民的需求。考虑使用可持续技术和绿色建筑标准，以提高社区的可持续性。

③强化社交空间：加强社交空间如公园、社区中心和户外休闲区域的构建，以促进居民之间的互动和社交活动。

④引入现代便民设施：引入现代化的便民设施，如智能家居技术、无线网络覆盖等，以提高居住的便捷性和舒适度。

（2）大型综合商业办公空间（图 2-1-33）。

改造目标：改善商业办公环境、美化道路空间界面。措施包括以下几个方面：

①优化交通环境：确保在商业办公空间周边有便捷的交通，包括公共交通、非机动车道、人行道和汽车停车设施。改善交通流畅性，以吸引更多人流。

②提升道路铺装：更新和升级道路和人行道的铺装，确保它们的质量和美观。采用高

图 2-1-31 传统居住社区周边空间

图 2-1-32 新建居住社区周边空间

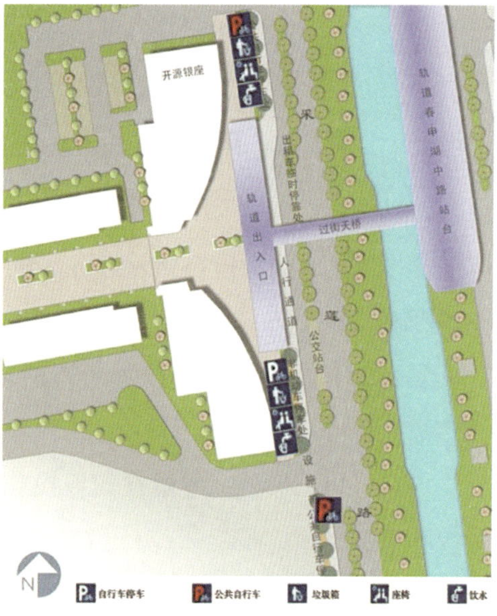

图 2-1-33 大型综合商业办公空间

品质的路面材料，考虑使用环保型铺装以减少水污染。

③塑造公共空间：创建吸引人的公共空间，包括广场、露天座位、雕塑和公共艺术装置。这些空间可以吸引人们在商业办公区域停留，增加社交互动和促进购物消费。

④优化步行空间：设计步行友好的空间，增加步行街区和人行道宽度，提供足够的行人通行空间，并提供阴凉处、休息区和自行车停车区。

⑤完善公共设施布置：提供足够的公共设施，包括垃圾箱、长椅、自行车架、路灯、公共洗手间等，以提升人们在商业办公区域的舒适度。

⑥商业增值：鼓励多样性的商业和餐饮选择，吸引不同类型的客户。提供商家支持计划，以吸引和留住租户，提高商业办公段的商业价值。

⑦绿化和景观设计：增加绿植和景观设计，以改善空间的美观性，提供舒适的环境。栽种树木、花卉，提升空气质量，减少城市热岛效应。

⑧注重可持续性：考虑采用可持续建筑和能源管理措施，以减少对环境的影响，降低运营成本，并吸引环保意识强的租户和客户。

图 2-1-34　小型商业设施空间

（3）小型商业设施空间（图 2-1-34）。

改造目标：避免混乱，实现规范化。措施如下：

①规范非机动车停放：设立专门的非机动车停车区域，确保自行车和摩托车等非机动车有合适的停放位置。使用路牌标志和地面标记来指示停车位置，以确保非机动车有序停放。

②清除和规范建筑立面附属物：审查并规范商业设施的建筑立面和附属物，包括广告牌、招牌、橱窗陈列等，维护视觉整洁和一致性。

③添加必要的便民设施：添加必要的便民设施，例如座椅、垃圾箱、自行车停放架和照明设施，提高商业设施的功能性和舒适度。

④管理和维护：建立有效的管理和维护计划，以确保商业设施空间始终保持规范和整洁。

⑤促进可持续性：考虑在商业设施中引入可持续性措施，如太阳能照明、雨水收集系统和植被屋顶。

⑥吸引公众参与：吸引商业设施附近居民和业主的参与，以共同维护规范化和整洁的环境。举办社区活动和清洁活动可以提高社区凝聚力。

（4）绿化广场空间（图 2-1-35）。

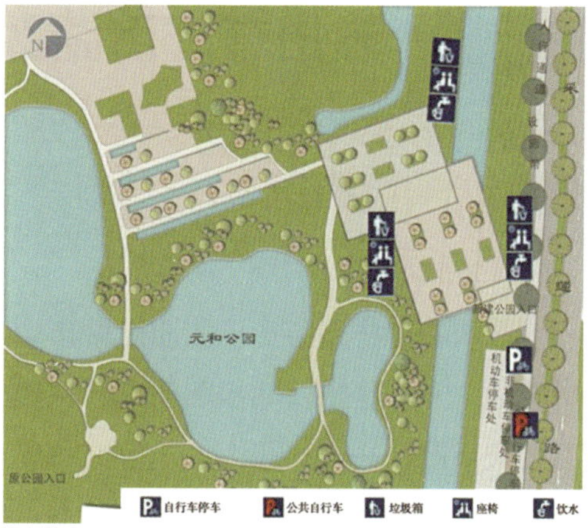

图 2-1-35　绿化广场空间

改造目标：营造生态优美、功能复合的城市空间。措施如下：

①环境与场所设计优化：进行全面的广场规划和设计，以确保广场环境与场所能够最大限度地融入城市生态系统。包括选择合适的植被、地形设计、水景设计和采用自然材料，以创造生态友好的外观。

②公共设施完善：在广场周边或内部设置各种公共设施，如长椅、亭子、儿童游乐设施、户外健身器材等，给市民提供休憩和娱乐的机会，同时满足不同年龄段市民的需求。

③设置无障碍设施：确保广场具备无障碍设施，以便所有人都能方便地使用和享受广场。无障碍设施包括坡道、无障碍通道、盲道、轮椅通道和无障碍卫生设施。

④打造多功能广场空间：广场可以举办各种活动，如音乐会、文化表演、农贸市场等。为了实现这些目标，应确保广场设计具有灵活性，可以开展不同类型的活动。

⑤丰富绿化植被：提高绿化覆盖率，种植各种树木和花卉。选择本地植物品种，它们更适应当地气候条件，有助于生态平衡和野生动植物栖息地。

⑥水景设计：在广场中添加水景，如喷泉、人工湖泊或小溪。美化环境且有助于调节气温和提高广场的生态性。

⑦鼓励社区参与：鼓励社区参与广场的规划、维护和管理，以确保广场满足当地居民的需求并成为社区的活力中心。

1.4　改善效果

采莲路的改造工程秉持高标准和严要求的原则，引入新材料、新技术和新理念。经过十余年的运营使用，该路段取得卓越的改善效果。至今，采莲路的路况依然保持良好，路基稳定，路面平整，整体路容美观，与周边景观相得益彰。

采莲路不仅仅是一条道路，还扮演着城市建设成就的窗口角色。与轨道交通的衔接良好，各种交通方式之间的接驳便利。快慢交通有序运行，慢行交通和绿色出行方式的地位得到显著提升。对于提升城市的品质，增加沿线居民的生活便捷性，促进整个区域的综合发展具有非常重要的意义。

该项目先后获得了 2015 年度江苏省城乡建设优秀勘察设计二等奖、2015 年度苏州市城乡建设优秀勘察设计二等奖、2016 年度江苏省第十七届优秀工程设计二等奖。

案例 2 苏州市广济路改造工程

2.1 项目概况

（1）项目背景。

苏州的广济路与广济北路是城市中重要的南北向主干道。广济路南连苏州的东西向中轴线——干将路，北接苏州内环快速路——北环路，全长约 2.8 km，广济路紧邻姑苏区传统商圈——石路商圈，国家 4A 级景区——中国首批历史文化街区“山塘街”，是联系苏州古城保护区、平江新城与相城区重要纽带，在城市交通发展、商业与旅游文化交流中发挥着重要作用。

苏州市轨道交通 2 号线的部分路段穿越古城区的广济路。2012 年随着 2 号线站点施工接近尾声，广济路及周边商圈期待新一轮更新，激发苏州古城区传统商圈新的活力。广济路综合改造便在此背景下提上日程。

（2）功能与定位。

广济路为城市主干道，全线车道规模不低于双向四车道，部分段落为双向六车道。广济路与多条重要城市道路交汇，包括北环路、清塘路、留园路、金门路、爱河桥路以及干将路。广济路改造项目涉及道路交通组织、城市绿化景观、市政设施、建筑界面、照明系统等多个方面的改造升级。

（3）规划、设计与实施。

广济路综合改造在 2012 年 5 月完成前期规划研究，于 7 月至 8 月间完成初步设计，9 月完成施工图设计。

广济路改造项目采取综合改善方案，包括道路交通组织的优化、沿线设施的美化、生态景观的提升、地域文化的体现、建筑界面的整治以及照明系统的改进。项目根据道路的不同功能分段进行改造，重点关注重要交叉口和节点，并充分考虑无障碍设施、可持续性和城市文化特色，提高广济路的品质。

2013 年年底改造项目竣工，该项目为苏州市内的交通、商业和旅游提供更好的服务，进一步提升城市总体形象，改善市民生活质量，同时体现苏州市在城市规划和改进方面的持续努力。

（4）改造的必要性与意义。

广济路改造项目的必要性体现在多个方面。广济路是苏州市内重要的交通运输走廊，存在道路交通组织不畅、停车设施不足、路面破损严重等问题，严重影响交通出行和城市形象。沿线的道路设施和无障碍设施需要升级，以提高市民的生活质量。绿化景观设计单一，未能充分发挥广济路的区位优势和当地特色。建筑界面和照明系统也需改善，以提升道路的整体视觉效果，美化城市空间。

2.2　存在问题

广济路在城市的总体定位是城市商业、旅游的纽带，是苏州市内重要的交通运输走廊。通过前期研究工作，结合广济路的城市道路功能、区位景观设计、历史文化风韵、沿线公共空间分布等因素，该路段实施整治前主要存在以下问题。

2.2.1　城市道路区位功能发挥不够充分

1）道路交通组织不畅

广济路全线为双向四车道设计，一块板道路断面，有密集的垂直向支路与巷道相交。路段全线存在两个交通拥挤点：广济路—金门路、广济路—干将路交叉口。沿路分布的医院吸引大量交通，非机动车停放严重侵占人行道、盲道空间。轨道交通施工场地附近的道路路面破损严重，影响车行、人行交通。部分人行道路面铺装破损严重，全线停车设施明显不足，影响城市风貌，如图 2-2-1 所示。

图 2-2-1　道路交通组织情况

2）沿线设施缺乏人性化设计

城市轨道交通施工对广济路中段和南段的市政设施产生明显影响，此外，设施的设计缺乏对市民的人文关怀。

（1）如图 2-2-2 所示，尽管部分设施的外观呈现出了时代感，但仍有设施缺少外观设计，与周围环境不相容。部分垃圾收集装置虽与周围环境比较契合，但没有分类收集的理念。

图 2-2-2　市政设施

（2）部分无障碍设施与其他用地空间存在冲突。如图 2-2-3 所示，广济路沿线的无障碍设施总体安排较为到位，全线人行道、盲道基本贯通，仅部分路段由于施工遭到破坏。其中，广济桥桥头空间的无障碍设施缺乏，新民桥菜场口、市立医院北区门口等人流量较大路段，部分盲道存在被非机动车停车侵占的现象。

图 2-2-3　无障碍设施

2.2.2　道路沿线绿化景观设施单一

广济路沿线绿化景观缺乏整体性设计，部分路段绿地系统水平有待提升，未能够充分发挥区位优势和当地特色。广济路北段绿化较好且存在亮点，但高架路段缺少垂直绿化，沿外城河绿地比较平淡。广济路中段的广济公园作为该路段的“绿肺”，具有较强设计感，提供美化城市、便民休闲的空间。受轨道交通施工的影响，中段部分行道树被破坏，影响景观效果，且传统居住区沿街绿地总体比较平淡，广济桥下绿化不尽如人意。南段同样受轨道交通施工影响，绿化景观破坏较大，部分行道树被移除，沿街花坛绿化缺乏维护，视觉效果单调且缺乏特色。广济路沿线绿化景观如图 2-2-4 所示。

（a）广济路北段沿线绿化景观情况

（b）广济路中段沿线绿化景观情况

（c）广济路南段沿线绿化景观情况

图 2-2-4　道路沿线绿化景观

2.2.3　道路沿线附属设施及空间配合不协调

（1）沿街界面管控。

广济路沿线的建筑界面在 2009 年已进行过大规模整治，建筑风貌基本以黑、白、灰为主色调，体现苏州市悠久的历史文化。然而，建筑质量参差不齐，如图 2-2-5 所示，北侧待拆迁地块建筑质量较差，部分地段无序的空调外机对建筑界面形象影响较大。广济路沿线的户外广告总体设置有序，安排较为规范，但部分广告设施制作粗糙，且北部高架桥墩附近广告数量少，混凝土大都直接暴露在外，影响城市风貌，如图 2-2-6 所示。

图 2-2-5　建筑界面

(a)广济路北段沿线户外广告情况

(b)广济路中段沿线户外广告情况

(c)广济路南段沿线户外广告情况

图 2-2-6　道路沿线户外广告

(2) 整体照明系统(图 2-2-7) 尚未完善。

(a) 广济路北段沿线照明系统

(b) 广济路中段沿线照明系统

(c) 广济路南段沿线照明系统

图 2-2-7　道路沿线照明情况

广济路北段沿线的功能性照明较为良好，但缺失建筑照明、景观性照明等设施。广济路中段及南段受轨道交通施工影响，功能性照明系统明显不足，影响道路夜间行车安全；建筑照明、景观性照明也存在不同程度的缺失或单一情况。

2.3　整治措施

在对广济路进行整治改善时，始终坚持“整治与提升并重”的整治原则，通过强化广济路路段特色，着力打造高标准、高品位、全方位的城市与道路工程综合改善方案。

基于广济路在城市中的功能定位，改造总体目标是实现以车为中心到以人为中心的理念转变。在设计时宜顺应城市发展时的市民需求，努力提升城市空间品质，尽可能疏解广济路周边地区交通压力。结合轻轨建设工程，合理布设轻轨站点位置，强化广济路交通职能，利用现有空间用地来提升环境品质。

2.3.1 基于区域特征的路段划分

对广济路的空间结构功能进行划分，该道路南北段为一般路段，中段为传统旅游与商业中心路段，如图 2-2-8 所示。在空间结构上，广济路沿线形成一个依道路展开的景观主轴，沿北环路、清塘路、留园路、金门路、爱河桥路、干将路分别形成六条次要景观轴线，两个滨水开放空间，一个公园开敞空间，四个交叉口景观节点。

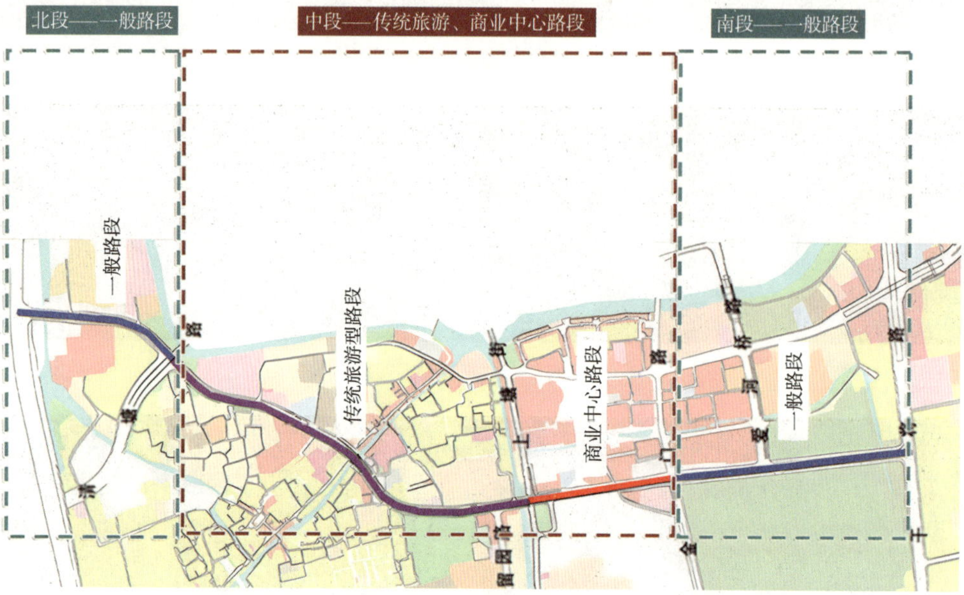

图 2-2-8　基于区域特征的路段划分

2.3.2 典型空间处理

确定广济路沿线典型空间，以便针对性地整治提升道路空间，包括轻轨站点周边、绿化广场周边、传统居住区周边、大型综合商业办公空间、小型商业设施空间，如图 2-2-9 所示。

（1）在进行轻轨站点周边设计时，通过改善轨道交通站点周边的公交设施、预留充足的停车空间、站点出入口预留足够的疏散空间、站点周边设置相应的环境设施和市政设施等，营造交通便捷、换乘高效、美观舒适的交通空间。

（2）在进行绿化广场空间设计时，通过优化环境与场所设计、完善公共设施及无障碍设施、丰富绿化植被等，营造生态优美、功能复合的城市空间。

（3）在进行传统居住空间设计时，通过完善设施布点、提升绿地效果、增加便民设施等举措，营造美观、宜人的居住空间。以营坊场、宝德里周边居民区为例，主要整治工作为治乱添彩，对破墙开裂情况进行处理；规范非机动车停放，增强社区绿地的景观效果，增加必要的便民设施。

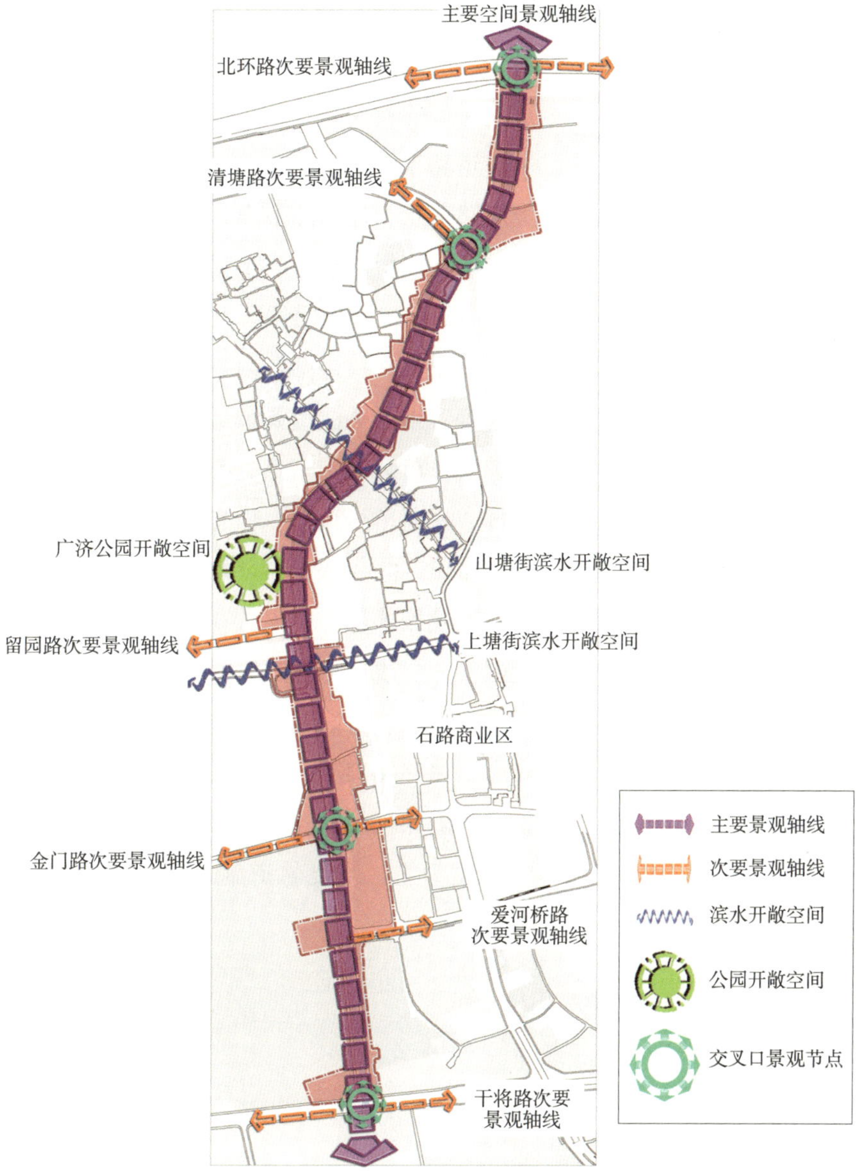

图 2-2-9　空间结构划分

（4）在进行大型综合商业办公空间设计时，通过优化交通环境，提升铺装品质，塑造公共空间、步行空间，完善公共设施布置，提升商业办公段的商业价值，改善办公环境、美化道路的界面。其中，石路金座、石路银座大厦建筑质量较好，商业办公氛围较浓厚，针对广场和人行道空间对行道树进行补种，将集散广场与人行道采用铺装设计加以区分，增加车挡设施，防止机动车进入广场区域。

（5）对于小型综合商业设施空间，主要以治乱为主，规范非机动车停放，清除并规范建筑立面附属物，添加必要的便民设施。

2.3.3 重要交叉口、节点处理

广济路由南向北与多条城市道路相交，根据道路及交叉口的重要程度，交叉口可分为重要道路节点与一般道路节点两类。重要道路节点包括干将路节点、金门路节点、清塘路节点、北环路节点，一般道路节点包括爱河桥路节点、上塘街节点、留园路节点、山塘街节点。广济路沿线节点分布如图 2-2-10 所示。

图 2-2-10　广济路沿线节点分布示意图

道路交叉口包括路内空间、路口空间及周边街头空间等。重点关注重要节点的路口人行道范围内的道路铺装、市政设施布点。路口人行道允许设置交通标识杆、交通信号灯杆、信息指示类标识。杆状设施应合杆布设，减少数量，增加美观度。对于邮筒、果壳箱、市政箱体等，应设置在路口范围以外，避免影响交通安全。改造示意图如图 2-2-11 所示。

（1）干将路路口节点。

干将路路口节点改造工程中，由于前期的轨道建设破坏城市的道路空间风貌（图 2-2-12），节点的整治以恢复为主。恢复轨道施工场地，补充因施工临时

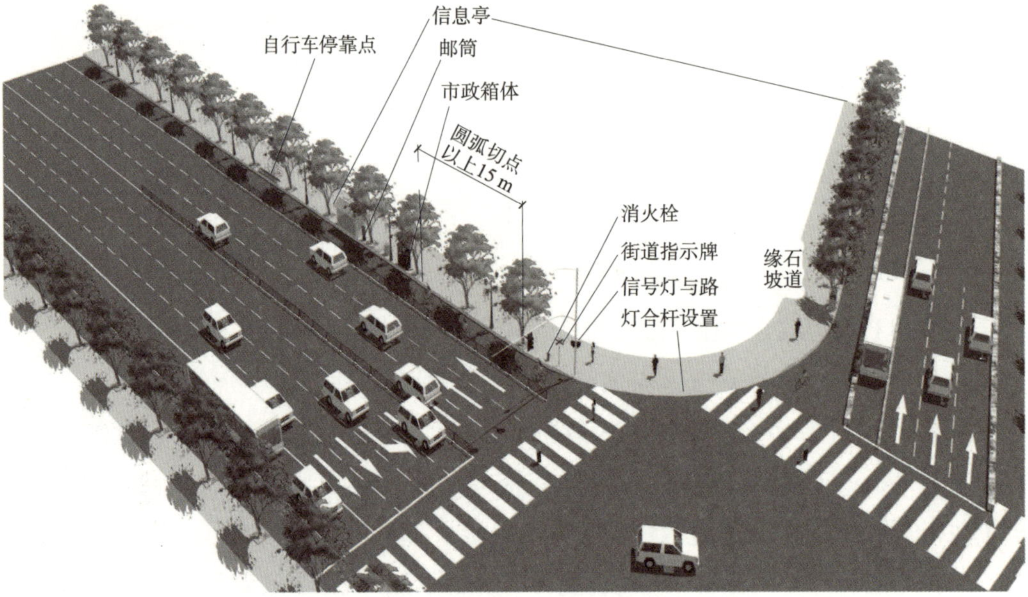

图 2-2-11　主要道路交叉口设计示意图

拆除的设施，并对相关设施进行规范管理。同时，对站点周边因施工污损的建筑进行粉刷。在景观设计层面，恢复因施工破坏的菱塘园，丰富栽植类型，增加绿化层次，增加座椅等便民设施，提升便民体验。为打造广济路南入口形象，轨道站点场地在满足疏散要求的前提下适当增加绿化面积，选取合适位置放置特色标识，强化整体道路形象，图 2-2-13 为改造规划图。

图 2-2-12　干将路路口节点现状

图 2-2-13　干将路路口节点规划图

(2)金门路路口节点。

金门路路口节点现状如图 2-2-14 所示。改造工程需恢复轨道施工场地，以及因施工临时拆除的设施，并对相关设施进行规范管理。对站点周边因施工污损的建筑进行粉刷。轨道站点场地在满足疏散要求的前提下应增加绿化面积，采用花坛、种植池等形式，鼓励采用可供歇坐的平侧石形式，保证足够宽度，选取合适位置设置特色标识。图 2-2-15 为改造规划平面图。

图 2-2-14　金门路路口节点现状

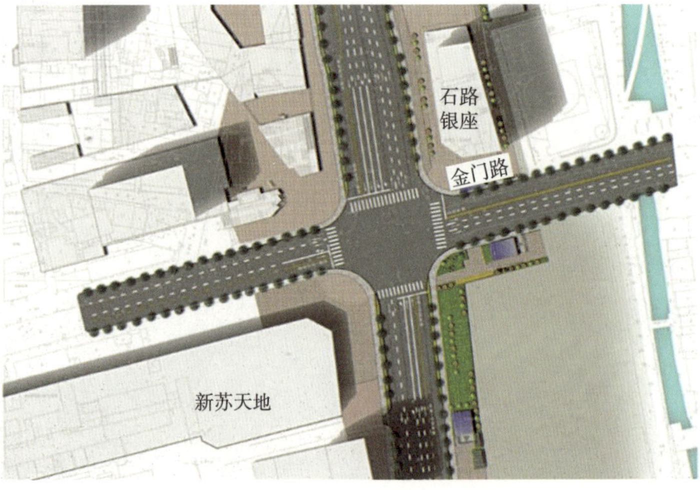

图 2-2-15　金门路路口节点规划平面图

（3）清塘路路口节点。

清塘路路口节点现状如图 2-2-16 所示，改造工程营造舒适、宜人的居住氛围，需对破墙开店行为给予坚决制止，规范非机动车停放，禁止占道经营，并增添必要的便民措施。对尚未开发的原钱万里桥的小商品市场地块给予美化遮挡，提升广济路—清塘路交叉口绿地绿化品质，选取合适位置放置特色雕塑或小品，体现苏州市井生活场景。图 2-2-17 为改造规划平面图。

图 2-2-16　清塘路路口节点现状

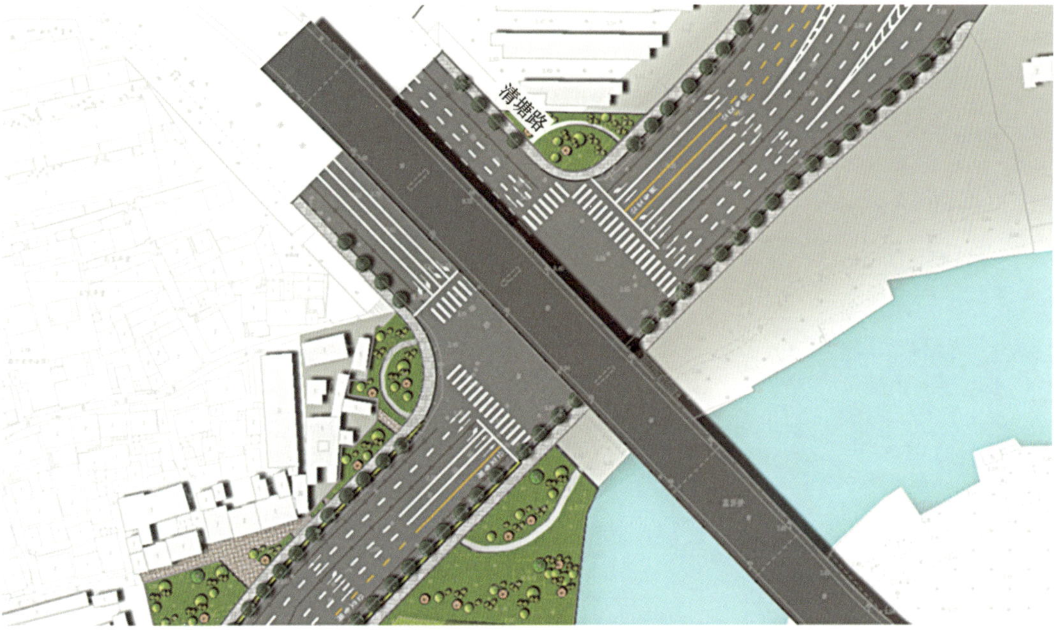

图 2-2-17　清塘路路口节点规划平面图

（4）北环路路口节点。

北环路路口节点改造工程的主要目标是美化交通枢纽段、营造亮眼交通环境。主要采取以下措施：①尚未开发的原钱万里桥的小商品市场地块、冰厂地块给予美化遮挡。②配合即将进行的“两河一江”绿化景观工程，提高外城河的沿河绿化品质，选取合适位置放置特色雕塑或小品，将该区块打造为可游可赏的精品绿化项目。③合理利用高架桥下部空间，用绿化或广告美化广济路跨线桥桥身。北环路路口节点现状及规划平面图分别如图 2-2-18 和图 2-2-19 所示。

图 2-2-18　北环路路口节点现状

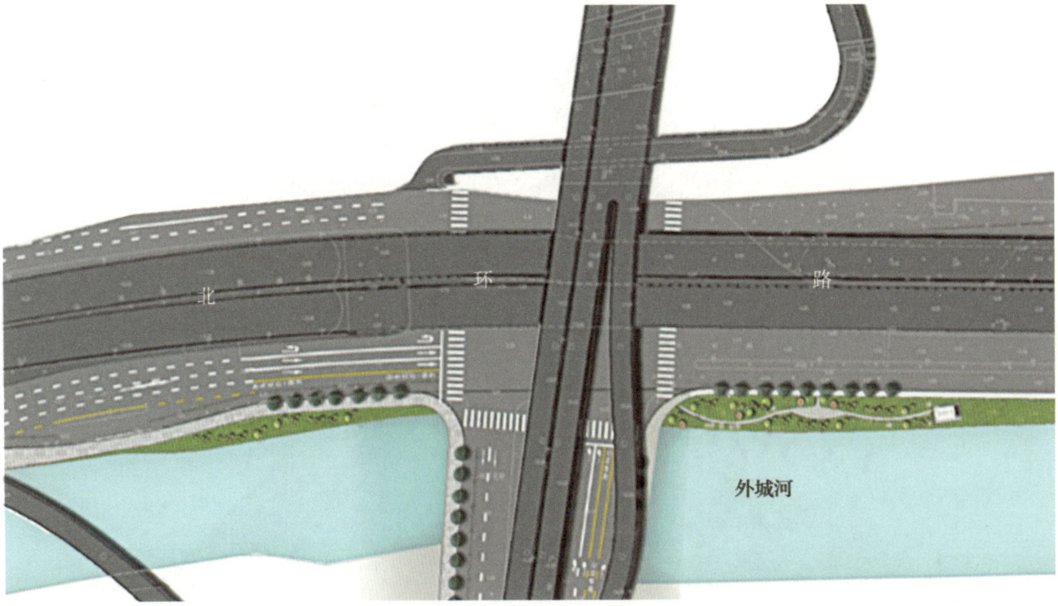

图 2-2-19　北环路路口节点规划平面图

2.3.4 其他改善措施

在进行工程设计时，应基于广济路作为市级城市主干道的功能定位（图 2-2-20），以服务道路沿线地块出行为主要目标，保障商业步行街人流的出行舒适与顺畅，营造舒适、休闲轻松的商业环境。

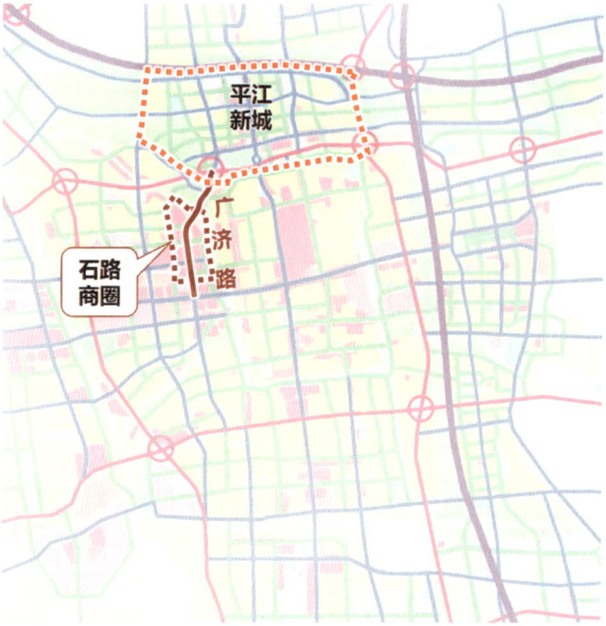

图 2-2-20 广济路在城市中的功能定位

2.3.4.1 基于道路功能定位的城市道路空间设计

（1）道路交通改善性设计。

广济路整治工程的道路交通总体设计原则如下：

①规划双向 4 车道，局部段双向 6 车道。

②全线所有交叉口设置公交车专用进口道。

③公交停靠站设计长度 30 m，广济桥站延长至 45 m。

④因地制宜设置出租车临时上下客泊位；

⑤公共自行车可结合人行道行道树间隙、地块广场设置。

⑥沿线结合公共设施，可改造地块设置机动车公共停车场。

具体改善措施如下：

①道路横断面规划时，将道路全线断面形式分为：北环路—清塘路段、清塘路—留园路段、广济桥段、广济桥—金门路段、金门路—干将路段。结合具体工程条件，分别进行横断面规划设计。

②道路沿线交叉口渠化展宽设计。

道路沿线分别与北环路、清塘路、留园路、上塘街、金门路、爱河桥路和干将路共七条道路相交，除与上塘街为互通式立体交叉外，其余六处均为平面交叉。根据上位交通规划的要求，对各平面交叉路口均进行了渠化展宽设计，渠化展宽及渐变段均通过调整活动护栏设置。沿线地块出入口均采用右进右出的交通组织方式。

③公交专用道及公交港湾停靠站设置。

结合道路条件，针对道路沿线八处全转向通行的路口进口道设置公交专用进口道。广济路现设置公交站点4对，均为非港湾式停靠站。改造后共设置公交停靠站7对，平均间距约400 m，以提高公交车辆的服务水平、完善地面公交与轨道交通的衔接换乘。

④行人过街通道设计。

结合道路交叉口和重要地块出入口，共设置10处行人过街通道，平均间距约280 m，设置方式均为地面形式，通过打开中央活动护栏过街。

（2）沿线设施。

①在开展沿线设施的优化工程时，合理安排城市家具，如果壳箱、公交候车亭、路灯、信息亭、邮政信箱等。适当设置沿路设施，如市政杆线、市政箱体、公厕等，尽可能合并杆线、箱体，优化布置，减少对人行空间的挤占。安排好景观设施的分布，在北侧传统居住区街头绿化增设雕塑小品。新增的雕塑小品宜单独设计，提高档次和品位，反映苏州文化、市井生活，并提高公众参与程度。

②无障碍设施主要分布于人行道、人行过街设施、公交站点等部位的盲道、坡道、无障碍标识、低位装置等。在整治工程中，要重点缓解无障碍设施与其他用地空间的冲突，恢复因轨道交通施工造成破坏的设施。

2.3.4.2 注重生态景观的城市道路空间设计

广济路北段，重点打造外城河、高架桥垂直绿化景观，如图2-2-21所示。外城河绿化带可采用乔木与花灌木结合形式，可进入的开放式草坪面积不应小于软质绿化空间面积的25%。注意采用多种绿化形式，注重色彩搭配和季相变化。

广济路中段的生态景观以改造提升为主（图2-2-22），在石路商业区附近增加花卉段，进而提升道路两侧绿化带的景观品质。恢复因轻轨施工受损的行道树，采用乔木与花灌木结合形式，着力打造统一有序的绿化景观效果。采用园林式设计手法，并选用造型优美、富有季相变化的树种，以提升道路绿化品质，尽可能体现苏州特色。同时，重点打造广济桥、广济公园等重要节点的绿化景观，为市民出行提供良好体验。

图 2-2-21　广济路北段改造工程

图 2-2-22　广济路中段改造工程

广济路南段，以整治为主。补种因轨道交通施工缺失的行道树，基于轨道交通 2 号线广济南路站的设计风格，布设街头游园（原菱塘园），引入景墙、屏风等园林元素，突显南入口形象，充分体现苏州城市特色。

2.3.4.3 重视地域文化的城市道路空间设计

（1）建筑界面。

在进行建筑界面设计时，尽可能保持沿线整体建筑界面景观的连续性，对建筑立面景观欠佳的建筑（如南兵营商厦）进行重点整治。重点对该路段沿街部分商业（石路窗帘市场、新世纪大酒店）、办公建筑（石路金座大厦）等因轨道施工造成立面破损污损处进行改造，如图 2-2-23 所示。现有建筑除传统外立面的基本风格为新苏式风格，对建筑原有风格、色彩和材质原则上不进行调整。

（a）南兵营商厦

（b）石路窗帘市场

（c）石路金座大厦

（d）新世纪大酒店

（e）市立医院北区

（f）金阊实小

图 2-2-23　需改造的建筑界面

（2）照明系统。

照明系统的整治目标是通过强化全线景观和部分路段功能照明，突显沿线城市优美景观，体现广济路夜间景观特色。路段夜景照明应以“点、线、面”相结合的方式，充分体现广济路的整体风格和文化特色。针对平时及节庆的照明要求，有针对性地采用灯光分级控制系统，分级控制、低碳照明，并注重节能环保型灯具的使用。

为增加城市景观优美度，对道路照明系统采用分段控制方案。北段、南段的照明风格在简单大气的基础上增加色彩的表现，突出现代特色。中段应强化照明，紧扣“闪亮、多彩、动感”的特点，体现繁华热闹的光影效果。山塘街附近照明应体现苏州悠久的历史、灿烂的文化，灯具造型应采用古典的形式。

针对广济路中段、南段照明系统设置不足的情况，重点增加功能性照明设施。在建筑、绿化、广场节点等位置，适当布设景观性照明，从而美化道路景观，体现苏州现代城市与古典园林相结合的特色，照明系统的改造效果如图 2-2-24 所示。

图 2-2-24　照明系统的改造效果

2.4　改善效果

广济路综合整治工程竣工至今，道路沿线各项立面环境整治日趋完善，街景效果逐渐显现。随着轨道交通 2 号线的投入运营，石路商圈西扩，上塘街延河绿化水景整治到位，广济路已带动沿线各个商业、旅游景点的整合发展，为姑苏护城河外的商业繁荣带来新的机遇。

广济路改造项目先后获得 2016 年度苏州市城乡建设系统优秀勘察设计（市政公用工程设计 - 市政公用）二等奖、2016 年度江苏省城乡建设系统优秀勘察设计三等奖。

案例3 苏州市人民路改造工程

3.1 项目概况

（1）项目背景。

人民路是苏州市的历史文化名片，连接相城区、姑苏区和吴中区，贯穿新旧商贸区和重要公共建筑，见证苏州的兴衰和演变。人民路自古以来承载着苏州的历史和文化，是苏州历史轴线的重要组成部分。苏州市轨道交通4号线的建设穿越人民路，涉及七个站点，为北寺塔、观前街、乐桥、十全街、竹辉路、南门路、团结桥等，项目的兴建为人民路沿线带来新的发展机遇，需要进行全面、系统的规划研究和改造，以进一步提升人民路的整体形象和适应城市发展的新需求。

（2）功能与定位。

人民路在苏州城市中具有重要的功能，串联古城中轴线的文化遗产，连接商业中心和公共建筑，成为城市发展和文化传承的交汇点。轨道交通4号线的设立，增加了路线上的交通枢纽，使它更具现代交通功能。因此，人民路需要在保留历史文化特色的同时，适应现代城市发展需求，体现苏州市的开放包容、和谐致远的城市精神，及胸怀天下、守正创新、精益求精、崇文重商、时尚雅致、开放包容的人文精神。

（3）规划、设计与实施。

人民路综合改造工程早在2011年年底与轨道交通4号线同步开始规划研究，在2014年12月完成前期规划研究，2015年4月完成项目可行性研究，2015年7月完成改造初步设计，2015年8月完成施工图设计。为了实现人民路的改造目标，相关部门展开了全面的规划和设计工作，包括对道路交通组织、城市更新规划、沿线地块情况、新的出行需求等方面进行详尽的研究和分析。项目于2016年12月竣工，其改造计划充分考虑了历史文化遗产的保护、现代城市设施的更新、交通系统的优化和环境形象的提升。

（4）改造的必要性与意义。

人民路改造项目的必要性在于提高城市交通系统的效能，保留和传承苏州的历史文化遗产，描绘苏州古韵优雅、现代活力、商贸繁荣、自然生态的生活图景。改造项目关乎城市形象，涉及市民的出行和生活质量。全面改善人民路的环境，可以更好地满足多样化的社会需求，促进城市的整体发展。改造项目展示苏州城市的崇文睿智和争先创优的城市精神，为未来城市发展提供重要的参考和示范。

3.2 存在问题

3.2.1 城市道路功能不足

1）地下空间开发程度不足

人民路地下空间（图 2-3-1）开发以点状分布为主，主要集中在浅层，功能比较单一。地下空间的功能主要表现在停车、商业、人防设备等，主要集中在观前商圈与南门商圈周边。从地下空间整体连通性来看，除观前段地下商业局部连通外，其余大部分为独立建设，未考虑连通性。

图 2-3-1　地下空间现状

2）沿线设施缺乏统一布局

人民路沿线设施种类繁多，但在设计和布局上显然缺乏统一性。以下是各个设施的具体情况：

（1）城市家具（图 2-3-2）。

城市家具包括果壳箱、集中式垃圾投放点、书报信息亭、邮政信箱和隔离栏等。沿线果壳箱的维护较差，污损情况较普遍，部分果壳箱设置位置不当。沿线部分垃圾集中投放点未设置遮棚，卫生状况较差，影响市容环境。沿线书报亭、信息亭共 8 处，仅工人文化宫口、观前第一百货门口、市图书馆门口和市立医院门口处于运营状态；设有4处邮政信箱，风格统一，设置醒目。沿线人行道护栏、机动车道分隔带风格统一，整体风貌协调，部分路段因轨道交通施工而撤除；沿线公交候车亭分布合理，形式统一为苏式传统港湾式候车亭，部分候车亭因轨道交通施工拆除而临时移位，候车厅内设置城市地图、站点信息指示牌、座椅等设施，但维护情况较差。沿线路灯形式以苏式宫灯为主，部分商业区开敞空间域内路灯形式较为现代。沿线多处路灯因轨道交通施工而撤除。

图 2-3-2　城市家具设施现状

（2）市政设施。

沿线市政箱体样式不统一，风貌较差，设置分散，部分箱体设置位置不合理。消防栓大多设置于人行道外沿，设置间距合理。公共厕所设置偏少，但与人民路交汇道路上设置的公厕在人民路上均设置有清晰的导向牌；公厕维护情况较好。

（3）无障碍设施。

人民路沿线除盲道和公厕的低位设置情况较好，其他公共建筑的坡道、公共设施的低位装置，行人过街设施等无障碍设施配置情况一般。相关部门对各类无障碍设施缺乏统一、系统的安排设置，各类无障碍设施缺乏相互配合与衔接。同时，轨道交通的建设对无障碍设施造成的影响较大。

①人民路历经几次翻修，沿线人行道仅有少数路段铺设盲道。部分路段盲道存在损毁或被非机动车、机动车占用的现象。部分路段盲道存在被各类市政井盖阻断的情况，且轨道交通施工造成部分路段的盲道被移除。

②人行道盲道与周围公共建筑无障碍设施或公交站台未做相应衔接。

③人行道上非机动车停车位设置与盲道过近。

④沿线人行道坡道设置比较完善，但因轨道交通施工部分路段坡道被移除，未受影响路段的坡道也有不同程度的损毁和被占用现象。

⑤沿线公共建筑出入口坡道设置不足。除少数大型商业、公共设施外均无坡道设置。

⑥沿线公交站台缺乏无障碍设施（盲文站牌、盲道、缘石坡道）。

⑦人行横道处未设置过街提醒，无障碍设施现状如图 2-3-3 所示。

图 2-3-3　无障碍设施现状

3）绿化景观设计尚有提升空间

人民路绿化总体情况较好，多处街头小游园绿化采用园林外移的设计手法，体现精巧雅致的苏州特色。然而近期轨道交通的建设对环境设施的影响较大，部分绿地因轻轨施工受损，在一定程度上影响人民路的整体景观效果。沿线仅文庙、市图书馆广场布置有雕塑、绿化小品，其他开敞空间绿化景观较少，沿线不乏苏式特色的亭、廊、牌坊等元素，但缺乏维护。沿线除文庙仓米巷—德安里段的街头绿地维护情况较好，沿路其他绿化小品或因轨道交通施工被移除，或破败情况较明显且缺乏维护。人民路沿线绿化景观设施现状如图 2-3-4 所示。

图 2-3-4　人民路沿线绿化景观设施现状

3.2.2 道路文化景观设计不够协调

1）建筑界面风貌不协调

人民路沿街建筑类型多样，大致可分为历史建筑、传统民居、公共建筑等。大部分建筑的高度和形式均按照规划要求进行严格控制。建筑界面大致分为公共建筑界面、住宅建筑界面、历史建筑界面和围墙围挡界面。现有建筑风貌存在问题如表 2-3-1 所示。

各建筑风貌分区问题　　表 2-3-1

建筑风貌分区	区域位置	现有建筑类型	存在问题	重点整治建筑
北寺塔历史文化片区	平门桥—西北街	历史建筑、传统民居、公共建筑	部分沿街建筑风格与片区风貌严重冲突；北寺塔周边建筑风貌及第五立面影响古城风貌	外贸宾馆（汉庭连锁酒店）平门二村局部沿街建筑、凯旋门饭店（格林豪泰酒店）、阀门厂地块、北寺塔沿路两侧低层传统民居建筑
观前商业片区	东北街—干将路	商业建筑、历史建筑、公共建筑、住宅建筑	轨道施工建设造成沿路部分建筑立面污损，某些建筑本体缺少必要的维护；东吴丝织厂等地块长期闲置，部分建筑立面破损严重；不同时期建筑立面间缺乏过渡；商业建筑广告侵占严重	平江大厦、江南宾馆、化工市场、接驾桥住宅建筑、的士大厦、苏城饭店、中山大厦、物美大厦、丝绸大厦、口腔医院、外贸公司大楼、苏州邮电局间邱坊市话局、苏州商城、第一百货、食品商城、苏宁电器、大洋百货、国美电器、红塔证券
乐桥商务办公片区	干将路—道前街、十梓街	公共建筑、住宅建筑	部分建筑形式与周围不相协调，建筑立面污损严重；部分建筑沿街装饰（含空调机罩）表面破旧，存在安全隐患；店招、墙面广告设置混乱	孝义坊住宅段、苏州交警支队大楼、市文联大楼、市建筑设计院旧楼、永霖大厦
文庙沧浪亭文化片区	道前街、十梓街—竹辉路	公共建筑、历史建筑、住宅建筑	轨道施工建设造成沿路部分建筑立面污损，某些建筑本体缺少必要的维护；店招、墙面广告设置混乱	科技大楼、卫校楼及北侧多层住宅建筑
南门商业片区	竹辉路—人民桥	商业建筑、公共建筑	沿路建筑类型丰富，部分路段不同时期建筑立面间缺乏过渡，形象较为杂乱；轨道施工建设造成沿路部分建筑立面污损，某些建筑本体缺少必要的维护；店招、墙面广告设置混乱	新象城、三友商厦、吴越酒店、远东集团大楼
南环综合片区	人民桥—团结桥	公共建筑、住宅建筑、商业建筑	部分建筑立面风格与人民路整体风貌不符；沿路建筑类型丰富，部分路段不同时期建筑立面间缺乏过渡，形象较为杂乱；部分建筑沿街装饰（含空调机罩）表面破旧，存在安全隐患。建筑沿街广告与店招设置混乱	原第二十六中学的实训楼、南门小商品市场入口处的汉庭快捷酒店、南环小弄巷北沿路底层为商业建筑

人民路沿线户外广告（图 2-3-5）按形式可分为店招、墙体广告、屋顶广告、落地广告牌、灯杆广告、桥梁广告、城市家具广告等；按功能可分为一般广告和公益广告。各类型广告设施水平良莠不齐，部分广告的设置存在与周围环境不协调、品质不佳、占用绿地、位置设置不当等问题。

图 2-3-5　户外广告设置现状

（1）店招。

部分商家店招制作粗糙，存在缺失、污损、粘贴位置随意等问题，影响美观。部分相邻商店店招风格迥异，视觉上较突兀。部分大型商务楼租赁产权复杂，涉及较多商户，大楼外立面多处设置店招，未进行整体设计，影响建筑整体形象。古城区段内多为苏式传统风格建筑，店招在设计和选材上未体现苏州传统文化特色。观前、南门商圈现代风格建筑较多，大型商场店招设计大气、美观，而小型零售商店店招质量较差。

(2)公益广告、商业广告(立杆灯箱广告、落地广告牌、灯杆广告)。

LED 屏作为播放公益广告的平台，内容丰富、灵活多变，值得推广。人民路沿线人行道上的立杆灯箱广告牌设计简洁明了，风格统一，与人行道护栏协调，符合人民路古城段粉墙黛瓦的整体氛围。然而，从整条人民路沿线视角分析，广告牌布点不均匀，个别路段过于密集。人民路各路段分隔带以及步行道绿化带中的落地广告牌风格不一，体积较大，占用一定的城市绿地，且广告自身有被植物遮挡的问题。分隔带中的落地广告牌在一定程度上会影响道路绿化景观的通透性。沿线灯杆广告字体过小，既没达到广告效果，而且灯杆在一定程度上还影响了道路景观的通透性。

(3)商业广告(过街广告、屋顶广告、墙体广告、城市家具广告)。

人民路沿线共有 3 处过街广告。一处结合南环路高架桥设置，其余两处设置于人民路古城段因果巷和乔司空巷路口。南环路过街广告设计精良，有效遮挡裸露的混凝土构架，减少城市建筑过密带来的压抑感。其余两处以独立支架形式设置于路口，广告体量过大，影响了街道的视觉通透性；广告牌支架裸露且腐朽，影响美观。

沿线屋顶广告多分布于四岔路口和体量较大的建筑上，质量参差不齐，有的存在污损现象；设置于古城段坡屋顶建筑的屋顶广告严重影响建筑轮廓，与周围环境风貌不协调。墙体广告主要分布于大型商场外立面，广告设计质量较高，大多与建筑风格协调。部分墙体广告存在污损、占墙面篇幅过大以及布局凌乱的问题。城市家具广告主要采取和交通指示牌、路灯相结合的方式。人民路观前段的一处广告牌与 LED 和分贝仪相结合，多种功能同时实现，节省空间，形式新颖。

2)市政管线与设施缺乏整体性

(1)电力架空线：受轨道施工的影响，人民路大部分路段电力线为架空线，严重影响道路景观形象，与人民路城市主干道形象不符。

(2)市政箱体：局部路段市政箱体设置位置不当，未遮挡或进行外观修饰，影响行人通行和道路整体界面的美观与整洁。

3)照明系统设置不均衡

人民路沿线照明(图 2-3-6)基本能满足使用需求且具有一定特色，然而，存在沿线照明亮度分布失衡、景观性照明发展不均衡、建筑照明风格不协调、层次感欠缺等问题。

(1)功能性照明。

人民路历经数次翻修，道路沿线功能性照明充足，但由于轨道交通施工，个别路段移除的路灯未能及时得到临时照明的补充。人民路与其他主干道、次干道、高架、桥梁交叉口的功能性照明情况良好；与巷、弄等支路交叉口的功能性照明存在明显不足的情况，造成一定的安全隐患，有待改善。

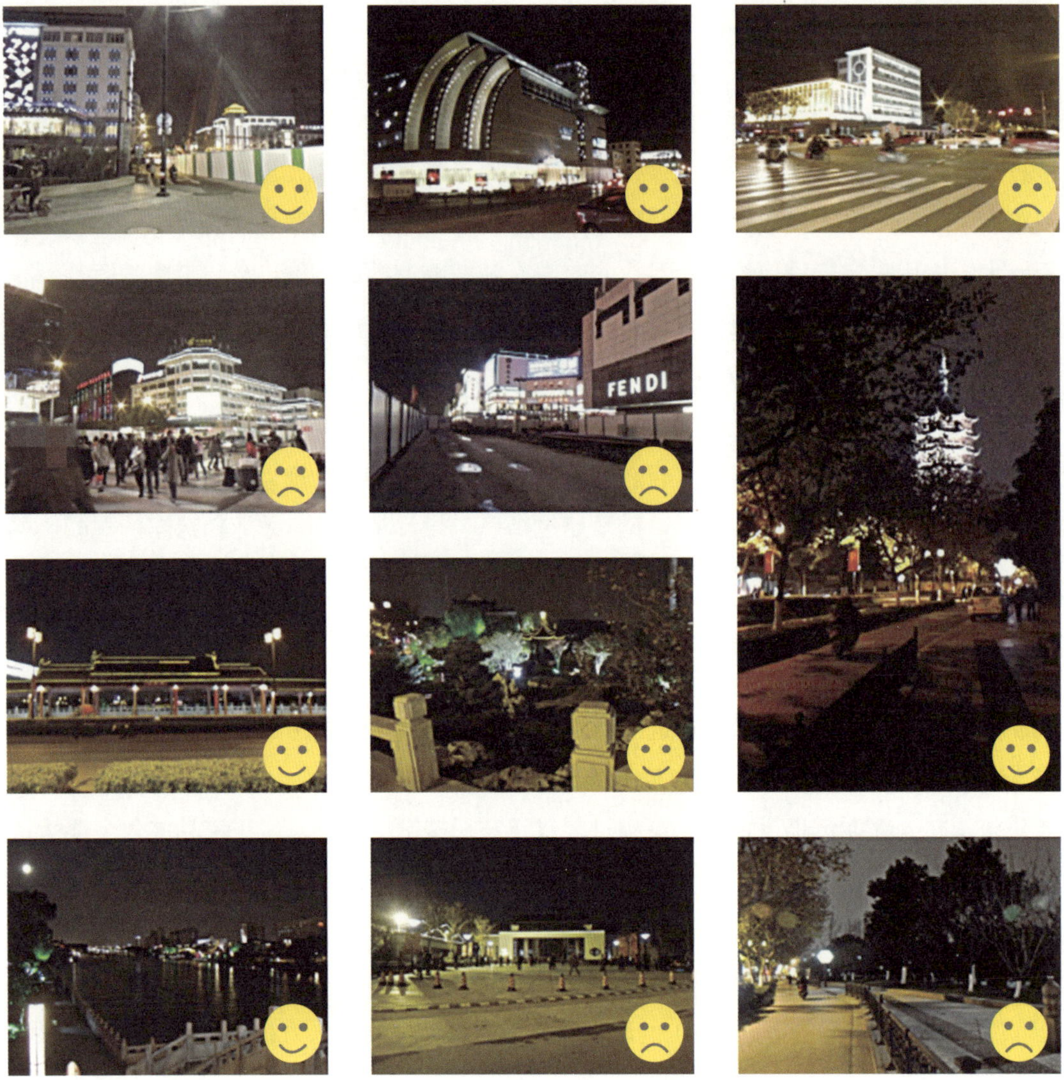

图 2-3-6 照明系统现状

（2）景观性照明。

人民路沿线大型商业办公建筑运用 LED 和泛光灯的景观照明比较突出。热闹繁华市口的建筑夜景效果明显，但部分建筑存在照明过亮等问题，导致相邻建筑间存在照明风格不统一，总体缺乏层次感，视觉效果较凌乱等问题。

沿线广场景观照明较单调，广场雕塑或绿化小品缺乏景观性照明，导致夜间未能在景观节点上形成视觉中心。部分广场还存在照明不足的问题，造成一定的安全隐患。沿线桥梁、廊道、亭台等的照明处理较好，与河道绿化等景观相互融合，体现滨水景观的连续性，形成多层次立体的景观效果。

4）标示系统缺乏统一维护

信息指示类（周边信息指示牌、旅游景点导向牌、门牌号、路名牌、历史信息指示牌）、特殊指示类（民防工程指示牌）系统的情况如下（图 2-3-7）：

（1）南环路与人民路口的周边信息指示牌结合城市地图的模式有新意，信息量大而集中，值得推广。沿线公交站点城市地图在夜间均缺乏照明辅助，普遍缺乏维护。

（2）沿线旅游景点导向牌大多与交通指示牌结合，或以落地形式设置于分隔带中，均为反光板材质。部分落地旅游景点导向牌在绿化带中有被植物遮挡的问题。

（3）沿线门牌号设置高度、样式不统一，字体过小不醒目。

（4）主、次干道路名牌配置齐全且风格统一，但沿线与人民路交汇的巷、弄路名牌多数未设置于醒目位置。

（5）古城段人民路沿线少数街道配置有历史信息指示牌，但缺乏维护，污损情况较明显。

（6）人民路沿线民防工程指示牌的风格色调和谐，设置位置醒目。但公共建筑的轮椅坡道指示牌设置较少。

图 2-3-7　标示系统现状

3.3 整治措施

人民路环境整治改造工程在保护为先、彰显沿线特色文化资源的前提下，结合轻轨建设、沿线地块的功能优化，从不同方面实现“交通轴线、文化长廊、景观大道”的道路功能定位。进一步强化人民路公共交通职能、公共服务职能和文化气息，有效提升沿线活力和环境品质。

从道路在城市中的功能定位角度而言，人民路是苏州市区路网的南北向“中轴线”，是最为重要的纵轴。11 条主要市政道路相交，众多街巷及单位出入口；公交站台 11 处，线路集中，重复系数较高；轨道交通 4 号线在人民路设置有 6 处轨道站点。人民路全线交通饱和度较高，且南段高于北段，文庙段、北寺塔段等瓶颈路段拥堵明显。道路沿线周边单位众多，功能综合；含大型商贸区、历史文化景点、大型公共建筑等大量的交通源。因此，应坚持如下总体改造原则：城市生活型主干道，设计速度为 40 km/h；公交专用道全线贯通，保持在原有格局的基础上局部优化；相交路口渠化优化，提高路口通行能力；优化“人非”设施布置，营造舒适慢行空间；沿线交通设施与轨道协调，构建地面换乘体系；沿线交通组织优化，提高对沿线地块的服务能力；落实交通需求管理手段，引导合理出行结构。

根据现有研究，在制订整治方案前，将城市与道路融合设计的整治要素分为道路交通、市政设施、绿化景观、地下空间、建筑界面、户外广告、照明系统、环境设施、标识系统、无障碍设施共十类，如图 2-3-8 所示。

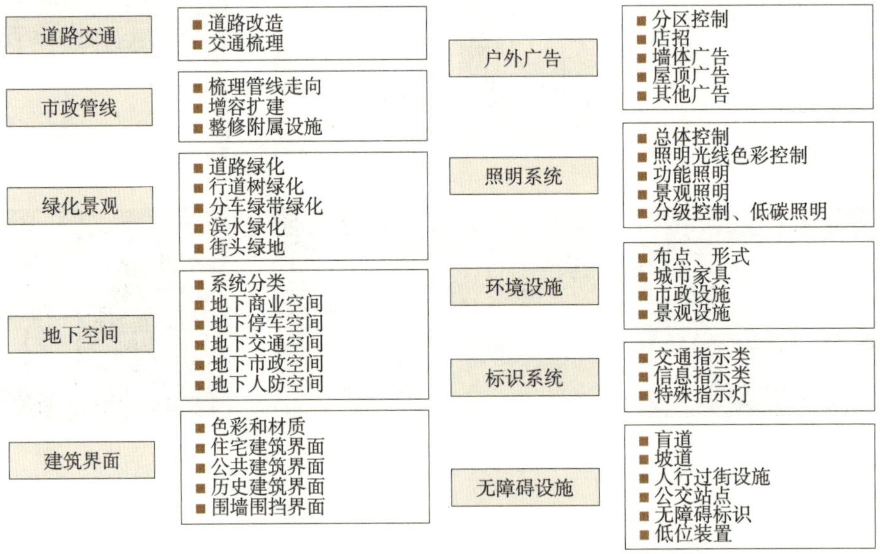

图 2-3-8 城市道路环境整治要素分类

3.3.1 区域的功能与结构

在明确文脉传承、强化历史记忆的基础上，为优化人民路的公共职能，实现集约、高效的土地利用，实施如下用地调整策略：鼓励沿线地区混合用地（二维混合、三维混合）；鼓励建筑功能竖向混合；合理引导商业设施和商务办公建筑布局，打造“黄金走廊”；引导公共文体、休闲设施建设，打造姑苏区“大客厅”；依托轨道站点，引导沿线用地功能升级，打造道路两侧“公共功能带”；扩大沿线用地商业规模，强化并完善公共服务设施功能，延续充实文化创意功能。人民路用地功能结构调整如图 2-3-9 所示。

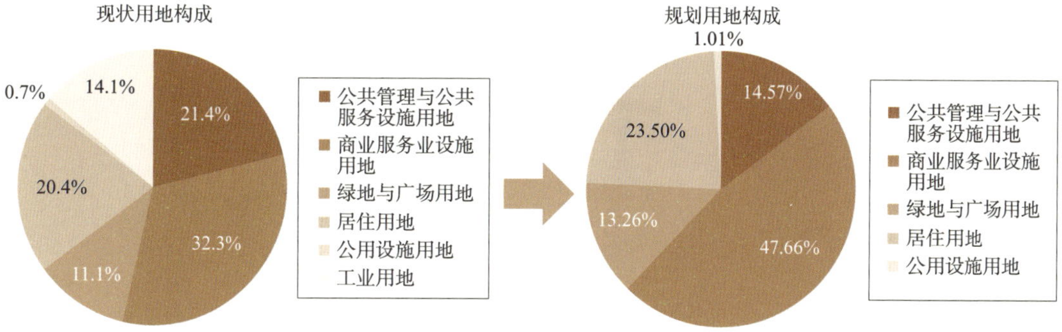

图 2-3-9 人民路用地功能结构调整情况

3.3.2 典型空间处理

基于苏州城市发展历史及人民路文化传承功能，通过结构梳理完善空间识别，并对典型城市道路及其空间进行针对性处理。将人民路划分为下述特色区段（图 2-3-10）：

（1）北寺塔文化片区：以北寺塔为主题特色，结合“两馆文化”（苏州文化馆、苏州丝绸博物馆），集中发展旅游服务配套设施，打造北寺塔旅游景区文化品牌，并形成北侧从火车站进入主城的门户窗口。

（2）观前商业片区：以观前商圈为依托，规划重点为对观前商业中心进行扩容，并形成相应的旅游品牌。

（3）乐桥商务办公片区：依托人民路与干将路两条主城主干道的交通区位优势，发展商业办公用地，形成一定规模的总部经济办公区。

（4）文庙—沧浪亭文化片区：为人民路重要的文化体验片区，集中展示府学文化、园林文化、近现代文化以及当代商旅文化等，并配置一定规模的商业服务设施，集聚人气。

（5）南门商业片区：依托南门商圈，并在其基础上扩容升级，发展业态高端、功能多元的现代商业服务中心，并结合滨水空间形成具有特色的滨水商业街。

（6）南环路综合片区：承接南门商圈至吴中商业中心的联动发展，并形成地段的入口门户商业节点。

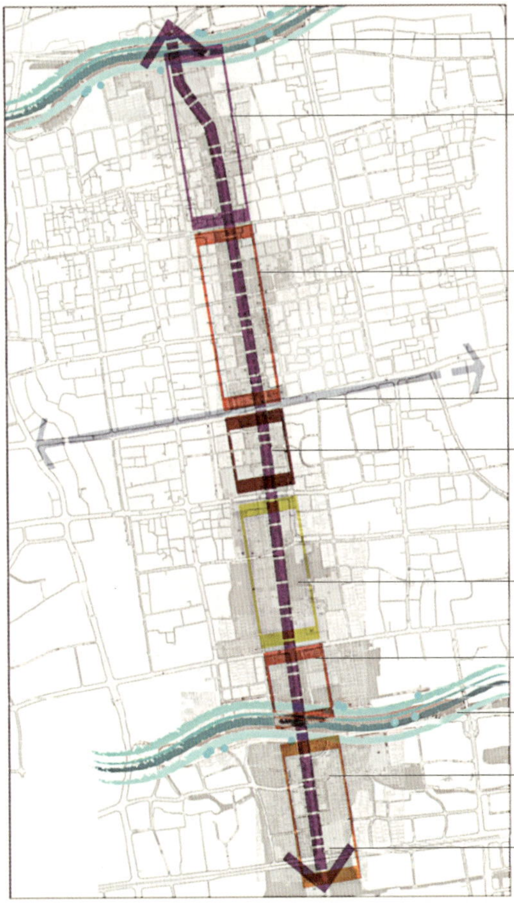

图 2-3-10　人民路特色区段划分示意图

在城市道路景观绿化设计的考量上，整治工程规划形成“一轴、三线、七点、多片”的空间结构（图 2-3-11）。各景观结构具体包含下述路段空间：

（1）“一轴”指人民路文化景观轴。以历史遗存为依托，结合商旅文化景观、公共艺术小品，塑造人民路文化大街的景观氛围，使其成为展示苏州城市文脉的重要窗口，并具有“露天展览廊道”的性质。

（2）“三线”指干将路城市景观线、内护城河生态景观线、外护城河生态景观线。以干将路得天独厚的景观空间为依托，展示苏州城特有的“路中水、水边路”的景观环境。以外护城河、内护城河滨水空间形成生态休闲带。

（3）“七点”指平门节点、北寺塔节点、观前街节点、乐桥节点、文庙—沧浪亭节点、南门商圈节点、南环路节点。其中，传统风貌节点包括北寺塔节点、文庙—沧浪亭节点，均为人民路沿线历史遗存最集中、传统风貌最突出的节点，也是人民路丰富历史文化积淀的集中展示。特色商业节点包括观前街节点、南门商圈节点，上述两者是古城内最主要的两大商圈，也是商业设施密集的繁华之地。入口门户节点包括平门节点、南环路节点。中心景观节点包括乐桥节点，依托主城区两大中轴线的交界处，能帮助恢复并提升乐桥广场的景观效果，优化过云楼节点景观效果。

（4）“多片”指观前街、十全街、桃花坞等传统风貌展示区，以精致、素雅的建筑风貌和院落格局体现苏州传统古城特色。

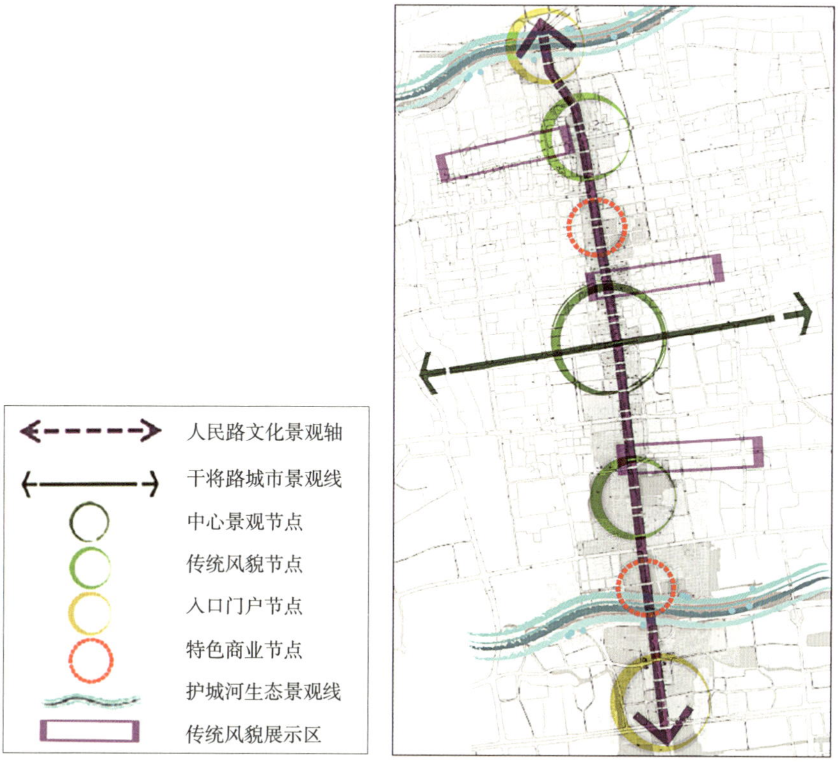

图 2-3-11　人民路景观结构示意图

3.3.3　改造措施

3.3.3.1　基于道路功能的城市道路空间设计

（1）综合交通组织设置。

随着时代发展和社会进步，尤其是轨道交通系统的逐步建成通车，人民路的交通组织形式发生明显转变。因此，应尽快将“以车为重”转变为“以人为本”理念，加强公共服务生活功能，完善多类型综合交通。具体改善措施如下：

①安全便捷的综合交通。

强调公共交通的优先等级，以全线贯通的公交专用道、交通管制等形式，首要保障公共交通路权。古城范围内倡导有限供给的机动车停车策略，在一定程度上限制私家车交通。调整公交站点，新增公交站台一对，优化部分站点位置，以利于与轨道交通、商业区段的衔接。优化旅游交通组织，对北寺塔等景点的旅游大巴停车组织进行梳理，减少旅游大巴对城市交通与景点风貌的负面影响。

②便捷的换乘接驳系统（图 2-3-12）。

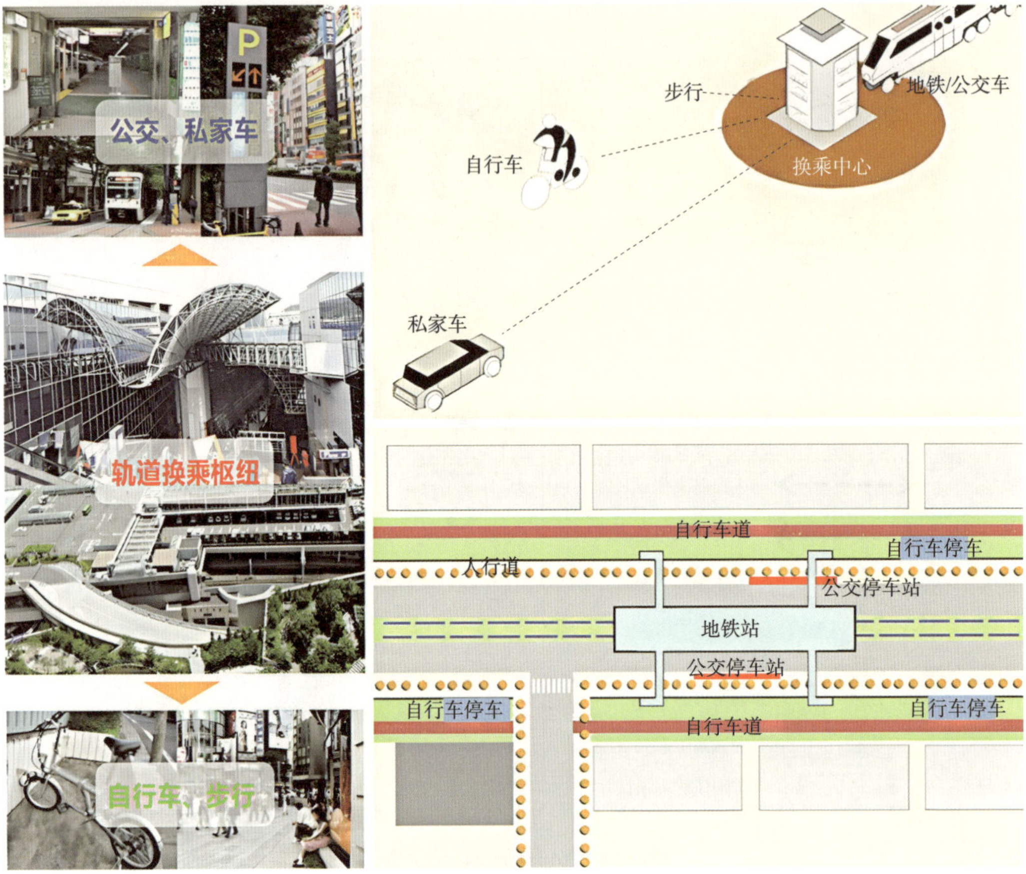

图 2-3-12 换乘交通接驳系统示意图

以轨道交通站点为核心组织交通换乘，结合轨道出入口，就近设置公交车站，公共自行车、非机动车等停车设施，实现不同交通方式的无缝对接。同时，在古城外围、周边条件较好的一些轨道站点（如南门路站等）处，结合轨道站点周边设置大型的地下停车场，提供私家车与公共交通的转换，实现对私家车的交通截留，缓解古城交通拥堵状况。

③安全舒适的步行系统（图 2-3-13）。

在设计过街设施时，取消南门地区和观前地区的原过街通道，利用轨道交通站厅取代原来的人行地道。结合地下空间解决行人过街问题，其余路段仍然保留原人行横道。

在此基础上，进一步完善人民路沿线步行空间，通过对地下公共空间、街头开敞空间以及改造地块建筑退让空间，增加步行空间面积，实现步行与商业活动、休闲活动的融合，提升步行体验。对于开敞空间，如北寺塔、沧浪亭等主要景点周边，通过用地功能、交通组织的调整，提升步行空间品质，强化空间的指向性。

（a）地下过街设施拉结两侧功能

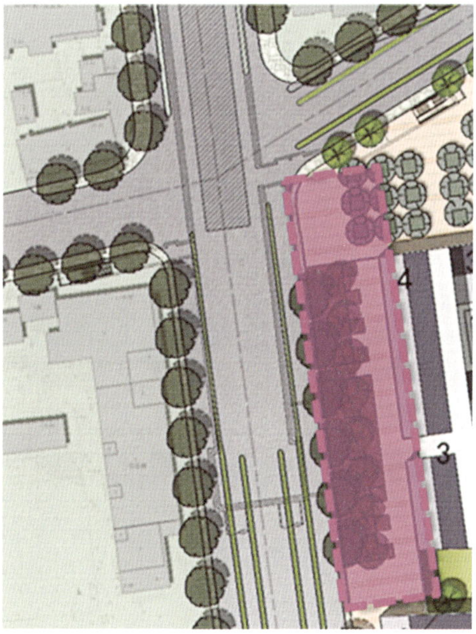

（b）建筑退让增加步行空间

（c）步行开敞空间的优化

图 2-3-13　人民路步行系统示意图

（2）地下空间设计。

人民路环境整治工程着力布置系统、合理的城市地下空间。依据功能延续、综合开发，整体分区、循序渐进，选择重点、详细设计，局部调整、优化空间等设计原则，优化地下空间布局及功能定位。

①功能延续、综合开发。

充分利用轨道站点及改造地块的地下空间，缓解古城用地空间紧张的状况。同时，根据地块用地功能来选择地下空间开发形式，开发功能连续、使用便利的立体空间，如图 2-3-14 所示。

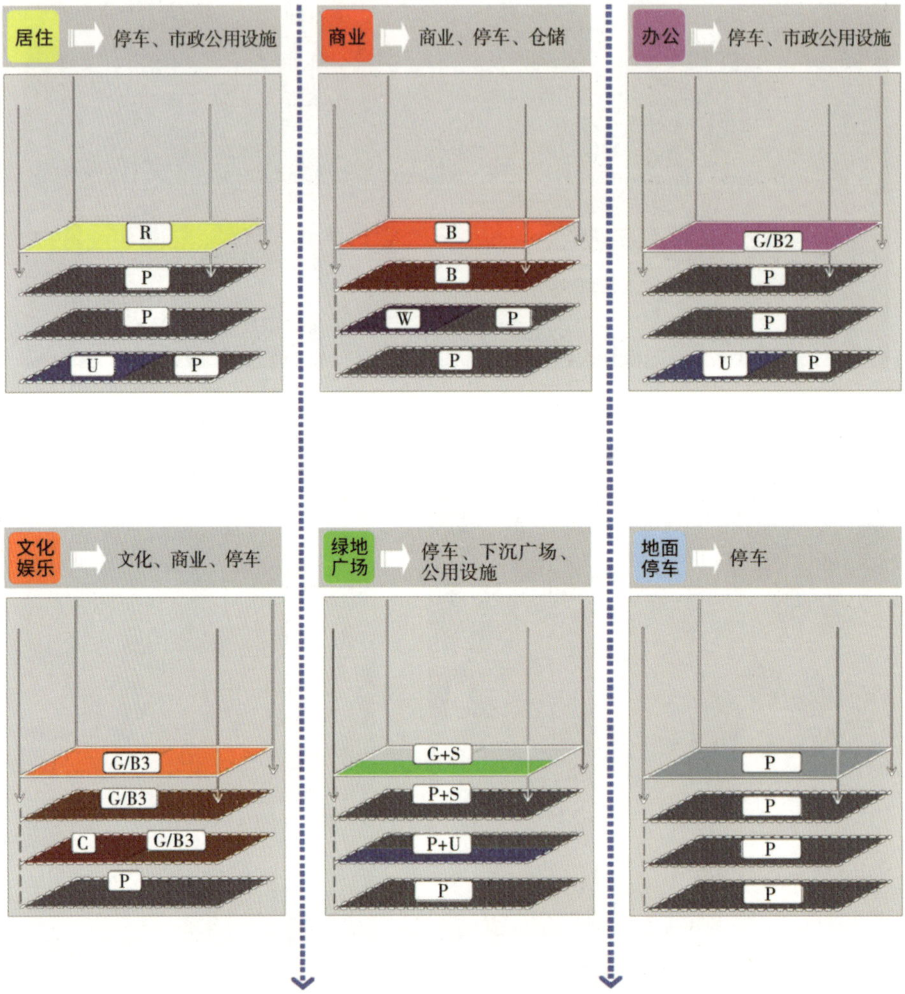

图 2-3-14　城市地下空间功能延续

②整体分区、循序渐进。

人民路两侧地下空间开发布局（图 2-3-15）基于“一轴、一线、六区、多点”的空间布局，在观前、南门核心地段建设多元化的地下空间；地下空间以地下轨道站点及公共交通为依托；文物及历史保护区原则上不进行地下空间开发，但可根据建筑特点以及需要在地下安排储藏、设备用房。地下空间在发展时序及可持续发展上与轨道建设与周边地块开发保持一致。

地下公共空间的竖向层次是指根据地面功能需要确定地下空间的开发模式及开发深度。地下开放性公共空间开发深度为地下 0～30 m，重点开发区域一般为地下 10～20 m。观前与南门地区的公共开放空间可以适当放宽，即局部至地下 30 m，其他地区结合发展状况，开发至地下 20 m，具体的开发深度应根据地下空间的详细规划来确定。

③选择重点、详细设计。

对于沿线六个轨道站点（图 2-3-16），根据其所处区位与周边地块的开发，将其分成三类并分别处理：一是大型商场，重点开发观前街站、竹辉路站、乐桥站，关注地下商业，完善地面商业结构和业态内容；二是精致商业，适度开发南门路站，以小型商业店铺为主，结合过街通道设置；三是将十全街站、北寺塔站等融入城市开放空间，结合绿地空间、街头广场，以提供市民游憩、集散为主要功能。针对重点开发站点，应根据站点情况进行详细设计。

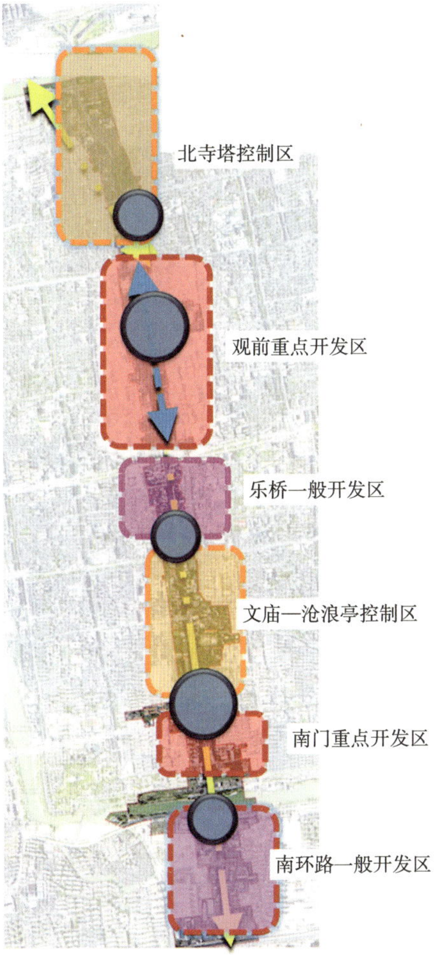

图 2-3-15　人民路地下空间开发布局

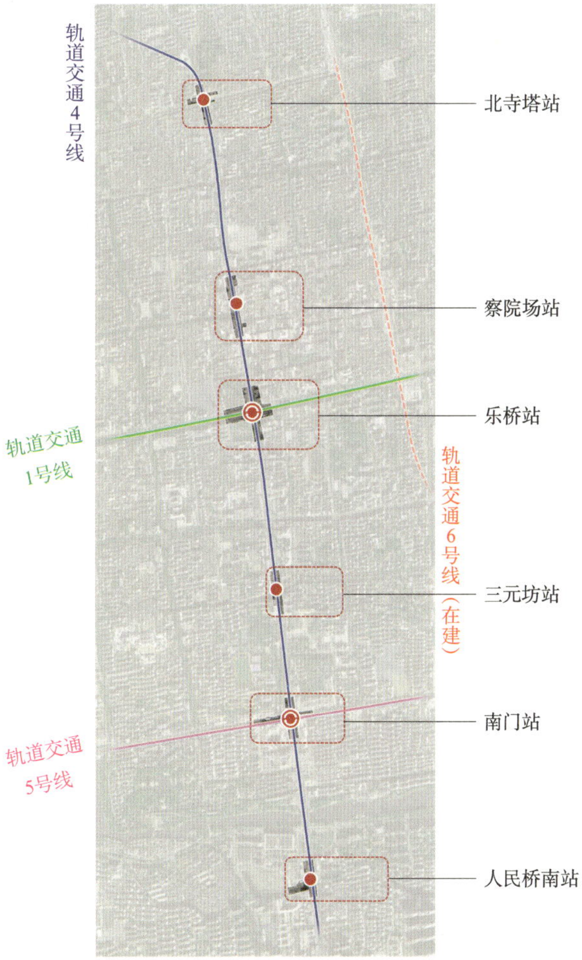

图 2-3-16　人民路轨道站点开发布局

④局部调整、优化空间。

对部分站点及附属设施位置进行调整时，遵循如下三点原则：一要保证入口节点、开敞空间的完整；二要减少地铁附属物对商业界面的打断；三要整合地下空间，实现交通设施与商业空间的无缝对接。下沉广场与站厅连接如图 2-3-17 所示。

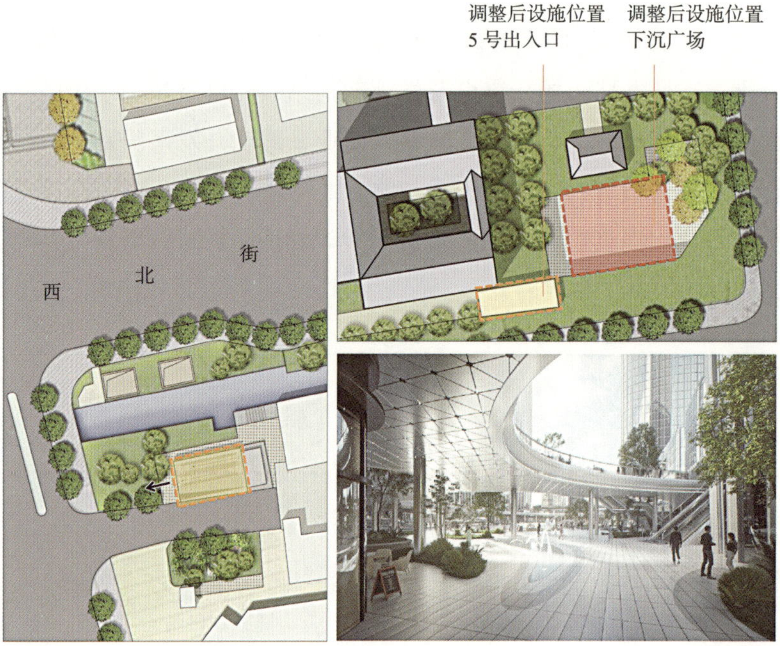

（a）下沉广场位置

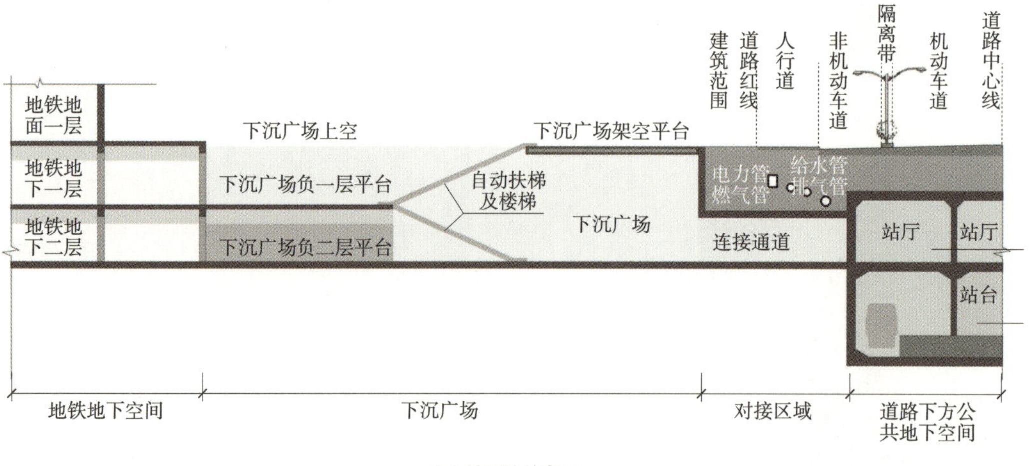

（b）站厅连接断面

图 2-3-17　下沉广场与站厅连接断面示意图

具体来说，人民路两侧地下空间开发布局始终围绕“一轴、一线、六区、多点”的道路设计布局，根据实际情况实施分段开发策略，如表 2-3-2 所示。

地下空间分段开发策略　　表 2-3-2

地下空间开发分区	区域位置	控制分类	开发内容	实施策略
北寺塔历史文化区	平门桥—西北街	控制开发	轨道交通	原则上不进行地下空间开发，但可根据建筑特点以及需要在地下安排储藏、设备用房的功能
观前商业片区	东北街—干将路	重点开发	地下一层商业开发地下二层公共停车、设备用房地下三层轨道交通	复合开发模式，地上地下联动，充分利用轨道站点人流稠密的特点，商业空间由地面向地下透
乐桥商务办公片区	干将路—道前街、十梓街	一般开发	地下停车库、设备用房、轨道交通	存在大量人流的区域，规划要求地下建筑的地下一层尽量相互连通，形成地下人行系统；地下车库尽量连通，以减轻地面交通压力
文庙—沧浪亭文化片区	道前街、十梓街—竹辉路	控制开发	轨道交通、商业开发	文物保护范围内原则上不进行地下空间开发
南门商业片区	竹辉路—人民桥	重点开发	地下一层商业开发地下二层公共停车、设备用房地下三层轨道交通	以周边地块地下空间开发为主，公共地下空间开发为辅；规划设置公共地下广场空间与站厅层相连接，为市民提供一个交通集散空间
南环综合片区	人民桥—团结桥	一般开发	地下停车库、设备用房、轨道交通	地下车库尽量连通，以减轻地面交通压力

（3）道路附属设施优化设计。

①轨道设施。

减少地铁附属物对商业界面的打断；整合地下空间，实现交通设施与商业空间的无缝对接。

②地下停车设施。

公共地下停车库的深度应在浅层范围内，即深度原则上不超过 10 m。为保证停车场的安全和方便使用，地下停车库的层数原则上不超过三层，每层梁下有效高度原则上不低于 2.3 m；进出停车场通道的车道宽度不低于 3.5 m，坡度不大于 17%。

地面为商业设施的建筑，地下一层应设置地下商业设施，将停车设施设在地下二层以下，提高土地利用效率。地下车库出入口可以与人民路周边次干道、支路相接，原则上不与人民路相接。与次干道相接时采用右进右出的交通组织方式，与支路相接时可不受限制。地下车库出入口与道路交叉口应适当控制距离。地下车库出入口距离城市道路红线不应小于 7.5 m，在距出入口边线内 2 m 处视点的 120° 范围内至边线外 7.5 m 以上不应有遮挡视线障碍物。

③市政设施。

地下空间的开发利用在空间上、功能上要注重与市政设施的关系。市政设施是地下空间开发利用的重要组成部分，地下空间开发利用要避免与市政设施产生冲突。

市政设施的规划与建设应突出利用新技术、节约地下空间资源的原则。综合利用地下市政设施，提高使用效率。人民路干线共同沟设置结合地铁和地下道路系统，在历史文化保护区设置支线共同沟。在观前、南门地下空间开发重点地区设置支线共同沟以配合这些地区的地下空间利用工作。

（4）道路交通优化设计。

基于人民路道路交通状况，从道路交通各层面进行优化设计。

①道路断面优化。

横断面的布置形式可通过媒体公开向居民征求意见，使公众参与到重要建设项目过程中。通过断面优化打通“两节点，两区段”的瓶颈，保障公交专用道全线贯通。全线一般路段公交专用道完全独立、南北贯通，与社会车辆采用绿化带或标线分隔，与非机动车采用绿化带隔离。

保证一般路段的绿化面积，古城区内采用双向 4 车道（含公交专用道），最大限度减少对现有绿化的破坏。

不受轨道交通改造影响路段断面布置以两侧人行道为界。人民路两侧人行道行道树以法国梧桐为主，不宜进行临时迁移，道路改造需以人行道为界，在两侧人行道之间，通过车道合理划分及绿化分隔带的合理设置、尺寸变化来布置断面，保证车辆通行需求。

重新布置断面处，利用车道宽度富余，增加绿化面积。人民路轨道站点施工过程中，部分路段（如观前街段）已将绿化全部迁移，可以对断面进行全新的规划，增加绿化面积。

人民路部分横断面优化案例如图 2-3-18 所示。

对于文庙段，对横断面应进行多方案比选。文庙作为重要的历史遗迹，在道路设计过程中应侧重于文物保护，局部道路断面应做出妥协，绕行设计以调整断面。

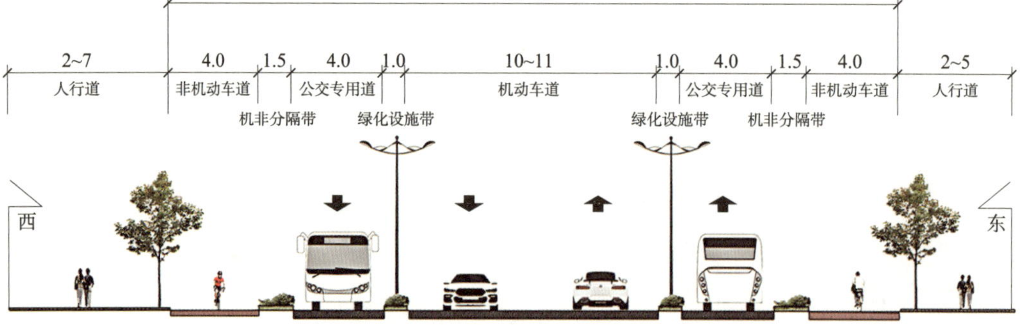

（a）平四路、平齐路～新市路、竹辉路

图 2-3-18

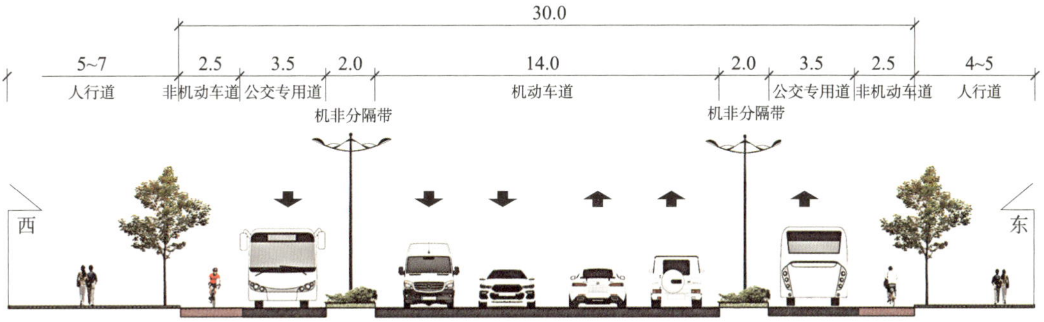

（b）新市路、竹辉路—团结桥

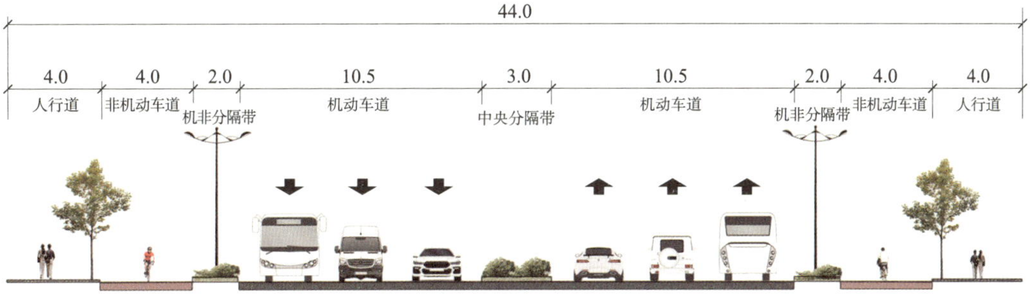

（c）人民桥

图 2-3-18　人民路部分断面优化案例（单位：m）

②道路交叉口渠化。

结合道路改造，对沿线路口进行渠化展宽，改造后沿线的 8 个主要路口进行不同程度的展宽，占比 60%，打破原有的道路瓶颈，全面提升道路通行能力。

人民路沿线主要路口改造前后车道情况对比如表 2-3-3 所示。

人民路沿线主要路口改造前后路口车道情况对比　　表 2-3-3

相交道路	轨道施工前		改造后	
	北口	南口	北口	南口
平四路—平齐路	4 进 +2 出	3 进 +2 出	4 进 +3 出	4 进 +2 出
桃花坞大街—西北街	3 进 +2 出	3 进 +2 出	4 进 +2 出	3 进 +3 出
东中市—白塔西路	3 进 +2 出	4 进 +2 出	4 进 +2 出	4 进 +2 出
因果巷	3 进 +2 出	3 进 +2 出	3 进 +2 出	3 进 +2 出
景德路	3 进 +2 出	3 进 +2 出	4 进 +2 出	4 进 +2 出
干将西路—干将东路	2 进 +2 出	2 进 +2 出	2 进 +2 出	2 进 +2 出
通关坊	3 进 +2 出	3 进 +2 出	3 进 +2 出	3 进 +2 出
道前街—十梓街	4 进 +2 出	4 进 +2 出	5 进 +2 出	4 进 +2 出
书院巷—十全街	3 进 +2 出	3 进 +2 出	3 进 +2 出	3 进 +2 出

续上表

相交道路	轨道施工前		改造后	
	北口	南口	北口	南口
新市路—竹辉路	3 进 +2 出	4 进 +3 出	3 进 +3 出	5 进 +3 出
盘门路—南门路	3 进 +3 出	3 进 +3 出	3 进 +3 出	3 进 +3 出
端文路	3 进 +2 出	2 进 +2 出	4 进 +2 出	2 进 +3 出
南环西路—南环东路	6 进 +3 出	6 进 +3 出	6 进 +3 出	6 进 +3 出
团结桥巷	3 进 +2 出	2 进 +2 出	3 进 +2 出	2 进 +2 出

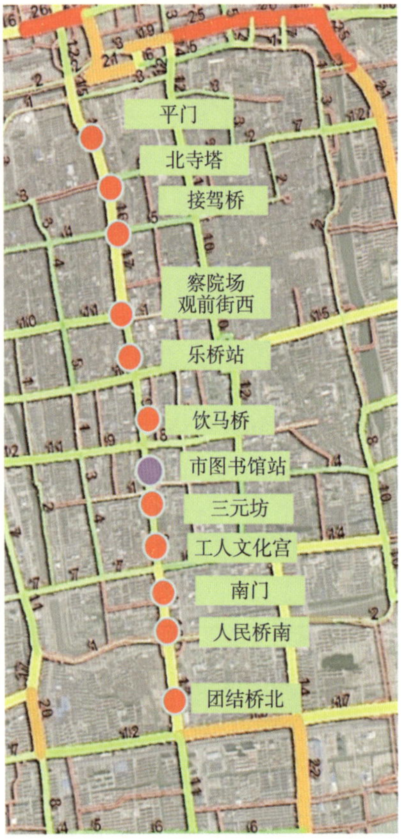

图 2-3-19　人民路沿线公交站台设置

③公交站台设置。

结合道路改造，对沿线公交站台进行改造，拉长站台长度，全线基本按照 30 m 标准站台形式进行控制，站台位置也进一步向轨道站点靠近，方便轨道与常规公交的换乘，如图 2-3-19 所示。

④公共自行车租赁点设置。

目前，人民路沿线租赁公共自行车网点（图 2-3-20）2 处，各 20 桩，分别位于市公安局南侧人行道设施带内与人民路团结桥段（沃尔玛超市）。相交道路周边网点 3 处，分别位于竹辉路口、乐桥、平四路。根据整治工程规划，综合考虑公共租赁自行车的发展趋势及干将路沿线城市职能，沿线租赁自行车网点进行合理规划，移建 1 处，扩建 1 处，新增 17 处。其中，乐桥站点为地下网点。

⑤人行空间规划。

人民路全线设置人行道，宽度为 2～7 m。对于沿线人行道宽度大于 3.5 m 的路段，路缘带统一设置宽 1.5 m 的设施带。人行道铺装与道路沿线历史文化遗存相呼应，充分考虑人行道与周边的建筑风格和整体环境相协调。为保证视觉的舒适度，采用简单的铺装颜色，主色调尽可能选择黑色、灰色。铺装整体形式要体现特有历史文化特色，一般路段可统一采用特别花岗岩加弹石材质，观前、南门重要的商业区段与北寺塔—桃花坞、文庙—沧浪亭重要的历史文化区段，选择特殊材质以突出其特色。

图 2-3-20　公共自行车租赁点

沿人民路布置的地面设施包括公益性设施、公共服务性设施、广告设施、景观绿化设施以及其他设施五部分。公共服务性设施的设置以道路红线外的广场、公共场地为主，适当利用符合条件的人行道，并保证设置后公共设施带边线外的人行道通行宽度不小于 2 m。

在行人过街设施（图 2-3-21）的设计中，人行横道宽度为 4～5 m，并设置车辆限速、警示及行人指路标志。在主要路口设置行人安全岛。在主要交叉口应结合信号灯设置语音提示系统，方便盲人过街。对于地下行人过街设施，全线尽量引导行人结合轨道站厅解决人行过街，取消南门地区和观前地区的原过街通道，利用轨道交通站厅取代原来的人行地道。沧浪亭—文庙路口增加行人过街通道。

⑥停车设施设置。

人民路全线不设置路内机动车停车位，结合原道路设施带，统一设置非机动车停车位。对于公交车站、地铁站、大型商业办公建筑、公园广场等，周边 50 m 内设置租赁自行车带。为鼓励人们乘坐公交出行，可适当压缩沿线地块的机动车停车设施的配比。

⑦交通组织。

人民路街巷、出入口众多，距离较近且多在人民路上设开口，部分街巷、出入口中分带不封闭，对左转车辆不控制，进出交通对主线干扰较大。

图 2-3-21　行人过街设施示意图

针对上述情况，设计对背街街巷进行了梳理，分为可行驶机动车街巷及不可行驶机动车街巷。根据道路的断面形式，采用多种地块、街巷的接入管理方式：“全转向”方式、“右进右出”方式、“全封闭”方式。确定人民路沿线接入街巷、交通组织方案原则，具体如下：

a. 结合周边用地、路网现状和规划情况，确定交通组织近远期方案。

b. 综合接入街巷、地块出入口宽度及进出街巷、地块车辆数等因素，选择接入管理方式。

c. 人民路路段不设置掉头和信号灯。

d. 人民路部分打开左转的交叉口，利用人民路 10 m 机动车道设置左转待行区。

e. 沿线街巷的进出以“交叉口掉头 + 路网绕行”方式实现。

f. 根据沿线用地性质及过街需求等，设置路段慢行过街通道。

g. 明确各街巷路权，宽度 2.5 m 以下的街巷以引导慢行交通为主。

h. 根据交通需求及街巷宽度等设置单行组织方案及“会车等待区”。

在进行旅游交通组织优化时，由于沿线设置有北寺塔、怡园、文庙、沧浪亭等旅游景点，旅游高峰时段的供需矛盾突出。因此，在各景点周边利用空地设置旅游车辆临时上下客区域泊位，充分挖掘景点周边 2 km 范围内的社会停车场，配套设置一定的大客车泊位，通过信息调度来实现旅游车辆停靠，形成“停靠位 + 停车点 + 信息调度”的体系，如图 2-3-22 所示。在节假日高峰时段，进一步利用更大范围内的停车场，并且鼓励人们以轨道 + 公交的形式出行。

（5）街道界面设计。

在进行街道界面设计时，基于人民路沿线街道空间状况，在兼顾形式美和安全性的要求下，从街道与地块功能关系入手，通过对贴线率、建筑前区退线等指标和沿街地块出入口的引导，对人民路两侧界面进行控制。

①临街界面控制。

临街界面分为连续界面、节奏界面和开敞界面。连续界面指沿街建筑界面贴线率 >80% 的区域。通过界面控制，达到塑造城市核心的效果，人民路沿线的历史街区、商圈地区界面照此执行。节奏界面指沿街建筑界面贴线率在 30%～80% 之间的区域。界面控制原则是通过绿化、广场和成组群的沿街建筑等形成街道界面的丰富效果。开敞界面指沿街以开敞界面为主，建筑点缀的区域。沿线河口公园、广场区

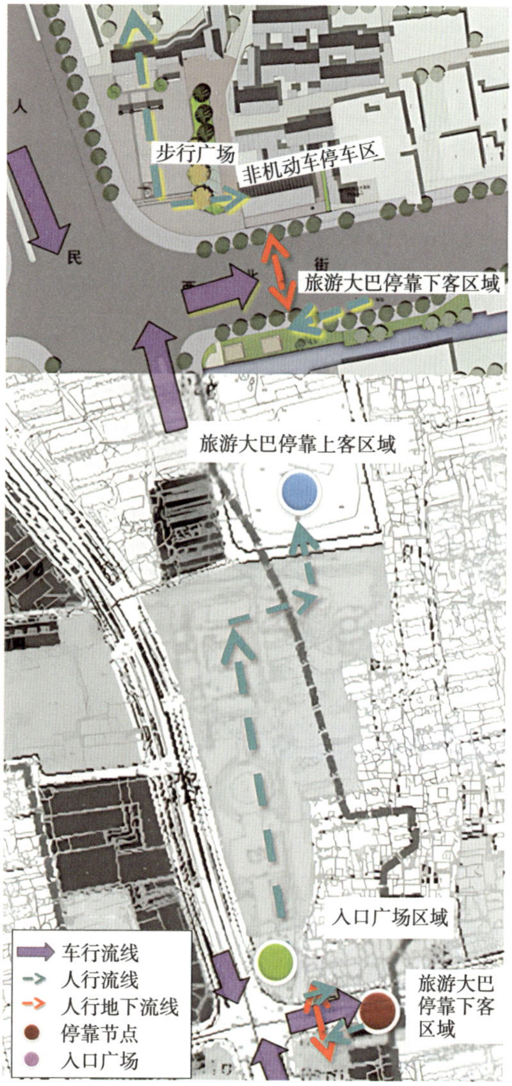

图 2-3-22　旅游交通组织优化示意图

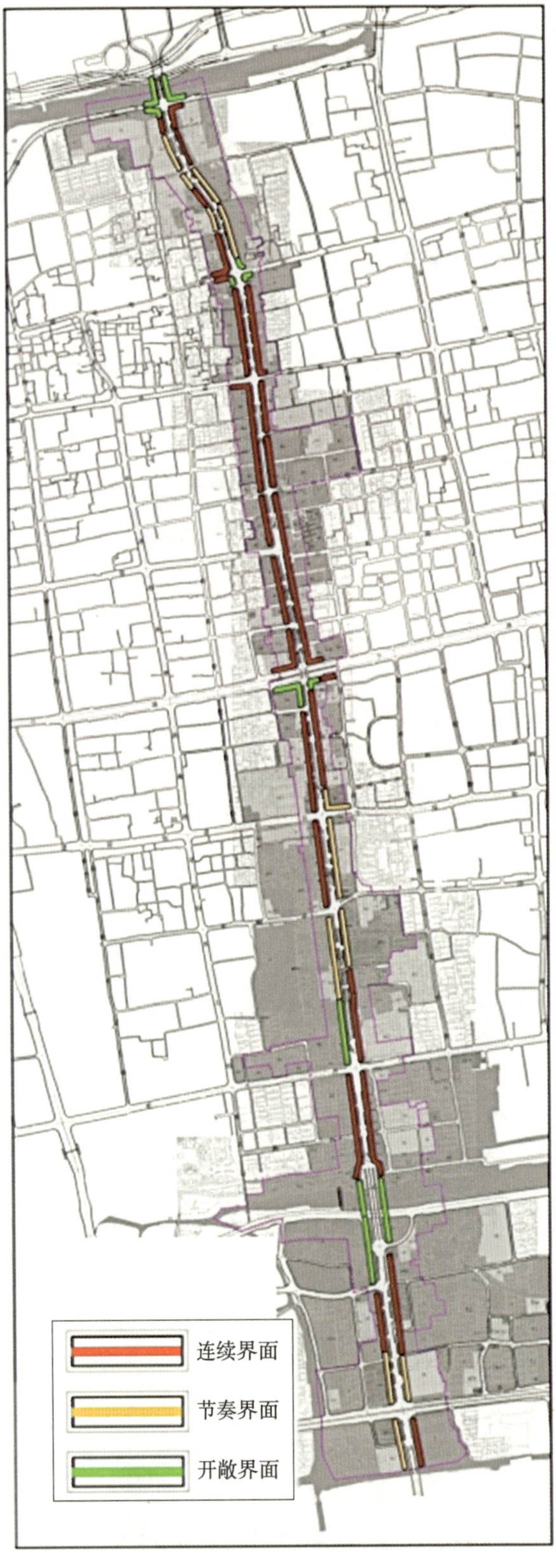

图 2-3-23　人民路界面控制平面图

域照此执行。人民路界面控制平面图如图 2-3-23 所示。

②建筑前区退线控制。

建筑退线要以有利于古城风貌保护、步行流线组织及地块使用为准则。沿线建筑退线多为 4～5 m；平门桥至人民桥段规划改造地块建筑退线一般控制在 8 m；绿地广场及高层建筑区段等地块建筑退线一般控制在 12 m 以上。

③沿街地块出入口设置。

改造工程涉及沿线十余处地块的开发建设，原则上要求新建地块的主要车型入口应结合与人民路相交的次要道路设置，新增地块地面停车场应结合地块内部设置，避免沿路设置。改造地块出入口及地面停车设施设置引导如图 2-3-24 所示。

（6）沿线设施设计。

人民路沿线的设施是景观效果的重要组成部分，将直接影响人民路整体景观品质。因此，沿线设施专项设计旨在通过对人民路沿线环境设施的改造和整治，以提升人民路的整体服务功能，优化沿线街头景观，突出苏州南北城市中轴。其规划整治的重点策略在于：

①对城市家具进行系统设计、合理布局。

梳理现有城市家具，对不符合设置要求的城市家具予以拆除或更换；城市家具的配置应配合不同区段所侧重的功能，注意形式、材质与相邻建筑风貌相协调。

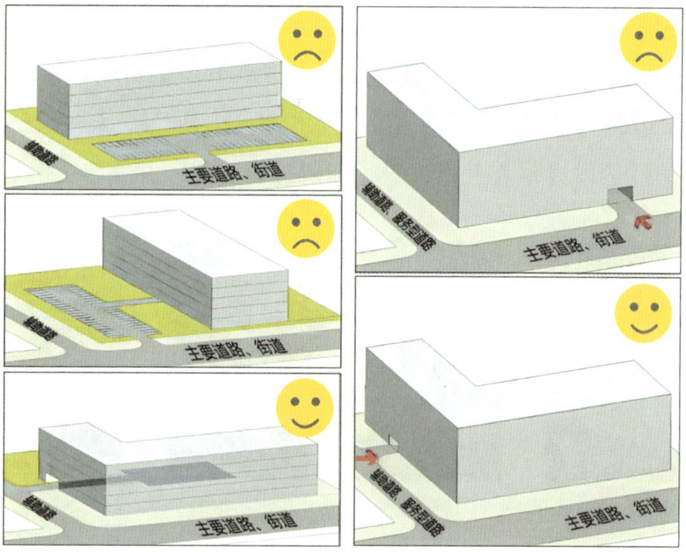

图 2-3-24　改造地块出入口及地面停车设施设置引导

整治全线果壳箱，优化果壳箱在人行道设置的位置。商业区段按 50 m 间距设置，文化、商务区段按 80 m 间距设置，重要节点（轻轨出入口、公共空间）根据需要设置。保留沿线书报亭、信息亭、邮政信箱。结合路面恢复工程布置隔离栏，全路段采用传统苏式风格；恢复因轨道交通施工而撤除的公交车候车亭，形式沿用苏式传统港湾站点，更新候车厅内破损的配套设施。恢复因轨道交通而撤除的路灯，形式沿用苏式宫灯以保持全路段整体风格一致；改造地块新建绿地广场，配置矮灯、低照度地灯，采用与开敞空间风貌相协调的路灯样式。

②巩固、提升现有市政设施。

市政设施应避免挤占人行空间，并结合标识系统完善人性化引导。移除沿线路口段内市政箱体，并采用统一的形式在设施带内集中布置。鉴于沿线公厕大多分布于与人民路交汇的道路，沿人民路增设标示指引公厕设施；同时，沿线商业建筑向公众开放厕所，打造人性化的姑苏第一路。保留沿线消防栓，采用与古城风貌相协调的涂装与形式；根据消防安全管理条例合理增设消防栓。

③提升公共开敞空间的景观设施。

着力整治、恢复沿线景观设施，大力打造开敞空间的景观设施；鼓励结合重要绿地、广场节点设置反映苏州文化、市井生活主题的景观小品。

④完善无障碍设施设计。

人民路无障碍设施设计的主要目标在于通过对沿线无障碍设施的人性化（图 2-3-25）、系统化的配置，配合长效管理机制，形成完备的无障碍系统，打造具有人文关怀精神的姑苏第一路。无障碍设施规划整治的重点与策略在于：人民路沿线各类无障碍设施整治应贯穿人性化、系统化，注重细节；结合人行道改造工程重新铺设盲道，形成相对完整的盲道系统；主要道路交叉口、人行横道处增设过街音响信号；人行天桥、人行地道及轨道交通站点处有条件的增设垂直升降梯等无障碍过街设施，并完善无障碍标识系统。

图 2-3-25 无障碍设施中的人性化设计

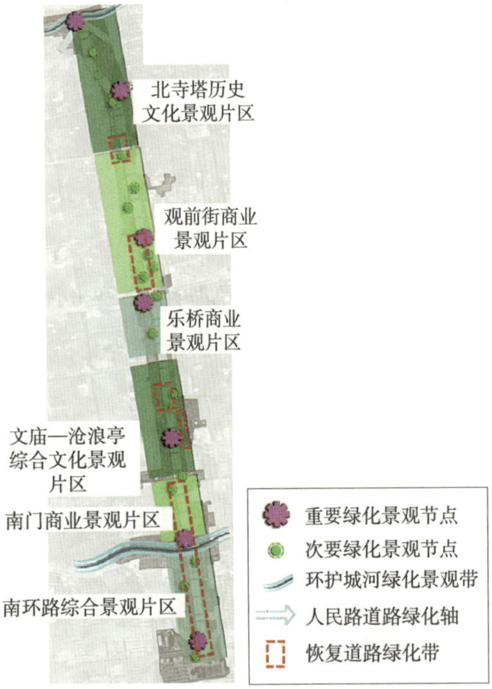

图 2-3-26 人民路分段绿化景观示意图

3.3.3.2 注重生态景观的城市道路空间设计

为更好契合人民路沿线景观需求，打造苏州特色城市绿化景观，人民路各景观节点结合已有状况、改造地块，提升空间及整治工作的周期等因素，确定沿线 7 处主要绿化景观节点、17 处次要绿化景观节点和 2 条滨河景观带为提升的重点。分段设计示意图如图 2-3-26 所示。

（1）北寺塔历史文化景观片区——古韵、内敛（图 2-3-27）。

在景观节点布置上，平门桥绿地结合街道对景、出入口等关键节点设置具有古城入口意向的景观标志（路面铺装、雕塑）。对于北寺塔入口广场要合理组织交通，优化旅游配套设施，增设反映北寺塔历史印记的雕塑、浮雕。

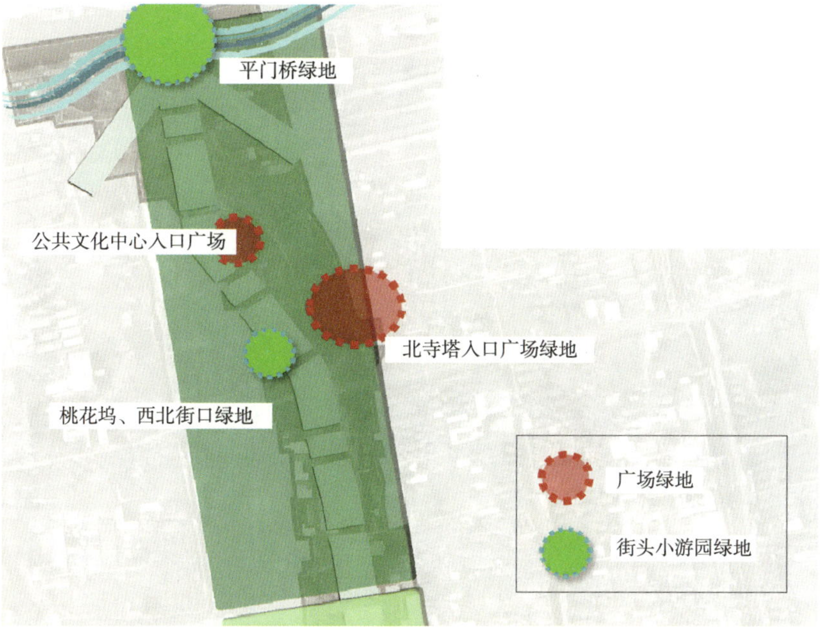

图 2-3-27　北寺塔历史文化景观片区

桃花坞西北街街头小游园，结合桃花坞历史街区整治要求，重点恢复轨道施工填埋的桃花河与其周边的街头公园绿地，对接名城保护规划，于桃花河人民路两侧各增设一处游船码头。

在分隔带的设计上，按原树种恢复因轨道施工移除的隔离绿化，在人民路与西北街交叉口的分隔带增加花灌木等树种，既提升街道景观品质，又起到提示作用。

行道树绿化方案中对人行道树绿化进行整治，适当增加了广玉兰、合欢等花卉，提升了平门新村至北寺塔围。

（2）观前商业景观片区（图 2-3-28）——活力、繁华。

在景观节点布置上，对观前西入口下沉广场绿地，汲取苏州传统营造园技法，采用苏州元素，贯彻“精细、典雅”的设计手法，打造体现观前“活力、繁华”的特色广场节点。对于东中市口绿地（电子手表厂地块），采用园林设计手法，与地块建筑空间相结合，在广场上增设反映接驾桥历史事件的雕塑小品，展示此路段的历史印记。对因果巷口绿地（东吴丝织厂地块），结合地块改造，在沿人民路口段设置入口广场绿地，通过对广场景观铺地的设计、雕像小品元素的运用，展示东吴丝织厂重要工业遗产的历史文化价值。对九胜广场绿地，结合轨道 4 号线出站口更新沿人民路界面，将广场空间局部向人民路敞开（重建富成商贸建筑，局部拆除现有二层商铺，在塔倪巷口留出十余米广场空间)。新建建筑与现有二层商铺屋顶相衔接，形成具有多层平台活动空间的广场。

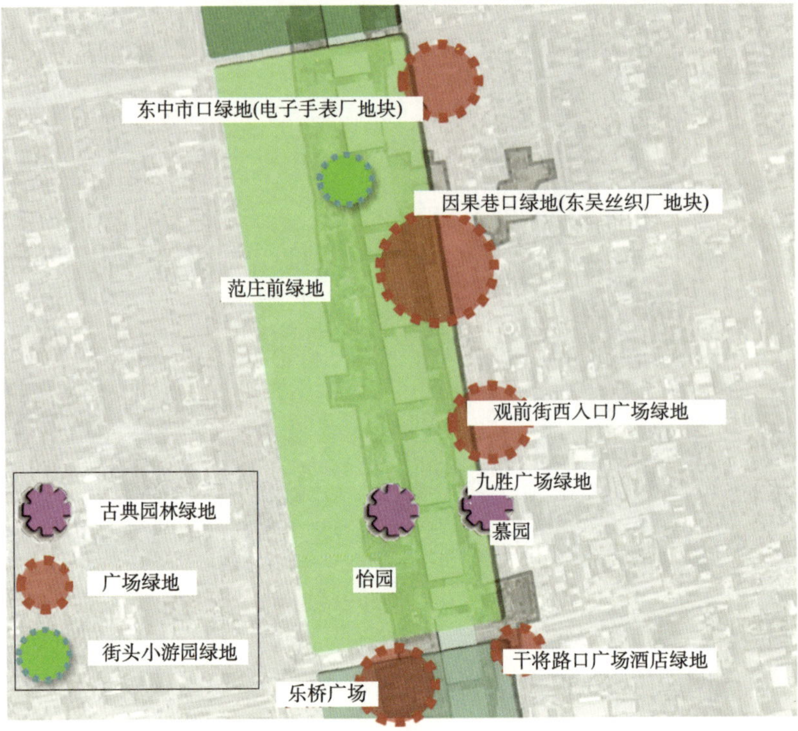

图 2-3-28　观前商业景观片区

在分隔带的设计上，重新选择树形优美的树种，如榉树、栾树等，恢复景德路（观前街）至乐桥段的分隔带，体现观前商圈的特色。采用花坛与座椅等城市家具相结合的绿化形式改造景德路（观前街）至乐桥段的人行道绿化，活跃街道气氛。

（3）乐桥商务景观片区（图 2-3-29）——庄重、亲和。

在景观节点布置上，乐桥广场绿地的绿化设计体现了苏州特色，采用园林设计手法。丰富绿化栽植、水景等元素，增强广场吸引力。广场上的构筑物需结合地下空间开发，构建满足各类不同活动需求的休憩空间。

提升德安里绿地、自来水公司入口广场绿地、工商银行外侧绿地，提升工商银行外侧的绿化空间，鼓励结合树木、绿篱、花坛等设置座椅，增加休憩空间；在十梓街交叉口广场绿地增设关于饮马桥典故的碑刻，展现原址的历史特色。

在分隔带的设计上，恢复乐桥至通关坊路口因轨道施工局部移除的分隔带内的香樟与梧桐树。对人行道树绿化进行整治，提升孝义坊段围墙绿化，适当增加广玉兰、合欢、枫树等景观植物。

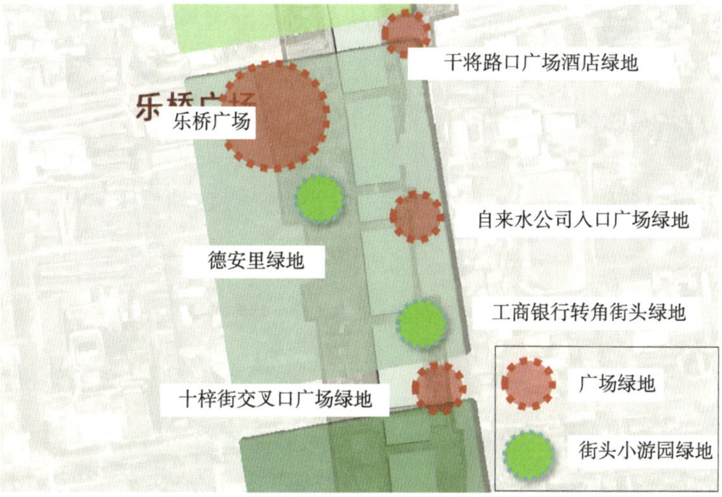

图 2-3-29　乐桥商务景观片区

（4）文庙—沧浪亭综合文化景观片区（图 2-3-30）——宁静、雅致。

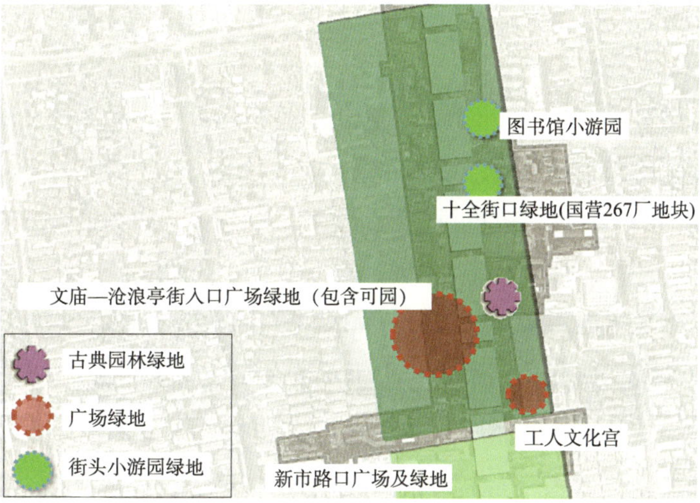

图 2-3-30　文庙—沧浪亭综合文化景观片区

在景观节点布置上，对于文庙—沧浪亭街入口（包含可园），重点提升文庙南与沧浪亭的入口广场绿化，同时注意采用堆山叠水、借景、框景、对景的苏州传统园林手法，营造宁静、雅致的氛围。对于十全街口绿地（国营 267 厂地块），采用园林要素亭、廊、湖石等加强十全街口街头游园的建设。加强对原国营 267 厂、苏州市立医院沿人民路步行空间的绿化林荫路建设，以提供舒适、宜人的步行环境。

在分隔带的设计上，恢复十全街与竹辉路路口因轨道施工局部移除的分隔带内的香樟与梧桐树。十全街至苏州市立医院地块，结合地块围墙设置花坛，种植红枫、五针松等传统花木，适当添置景石等小品。可园地块外侧人行道与沧浪亭街入口广场统一设计，采用园林外移的手法，达到街景与可园、沧浪亭相互映衬的效果。

（5）南门商业景观片区（图 2-3-31）——时尚、协调。

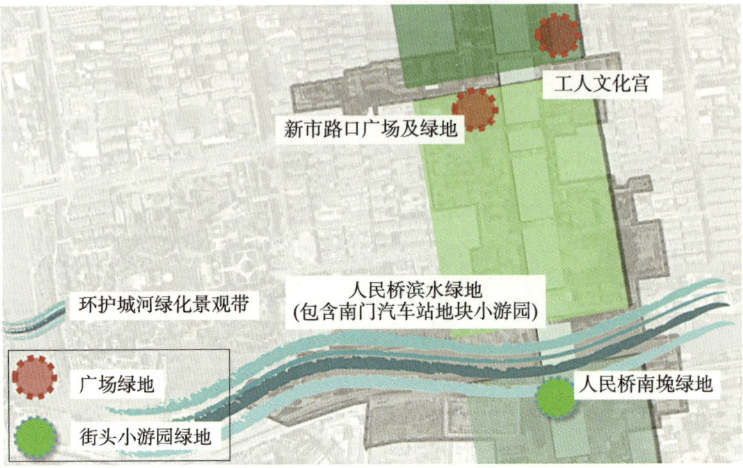

图 2-3-31　南门商业景观片区

在景观节点布置上，对于人民桥滨水绿地，结合环古城旅游系统及游船码头整体提升人民桥滨水绿地公园景观品质，突显古城区南入口的门户形象。对于南门汽车站地块小游园，结合南门汽车站地块改造新建滨河绿化。采用苏式园林造园的手法，结合现代的景观元素，打造时尚、高端的商业景观氛围。

对于人民桥南堍绿地，恢复人民桥南堍西侧因轨道交通施工移除的绿地，提升绿化水平，增加配套设施，强化空间活力。对于新市路口广场及绿地，拆除北侧现有建筑，结合地铁出入口统一打造广场绿化，使其成为文庙的延续，南侧结合地铁出入口打造下沉广场商业景观空间。

在分隔带的设计上，重新选择树形优美的树种（如榉树），恢复竹辉路（新市路）至人民桥的分隔带，体现南门商圈的特色。步行空间较窄的行道树树池采用硬质树池以便于通行；步行空间较宽处结合城市家具布置步行空间，烘托商业步行气氛。

（6）南环路综合景观片区（图 2-3-32）——大气、高端。

在景观节点布置上，对于南环路口北侧广场绿地，通过结合改造地块建筑退让，增加开敞空间，完善中轴意向。对于苏纶厂东侧景观，通过对广场景观铺地的设计、雕像小品的元素的运用，展示苏纶纺织厂重要工业遗产的历史文化价值。在吴中大厦入口广场处增设标志物，强化吴中区北入口景观的识别性。

在分隔带的设计上，重新选择树种，并结合道路断面改造时恢复移除的分隔带。步行空间较窄处的行道树树池采用硬质树池以便于通行，步行空间较宽处的行道树树池采用软质树池。

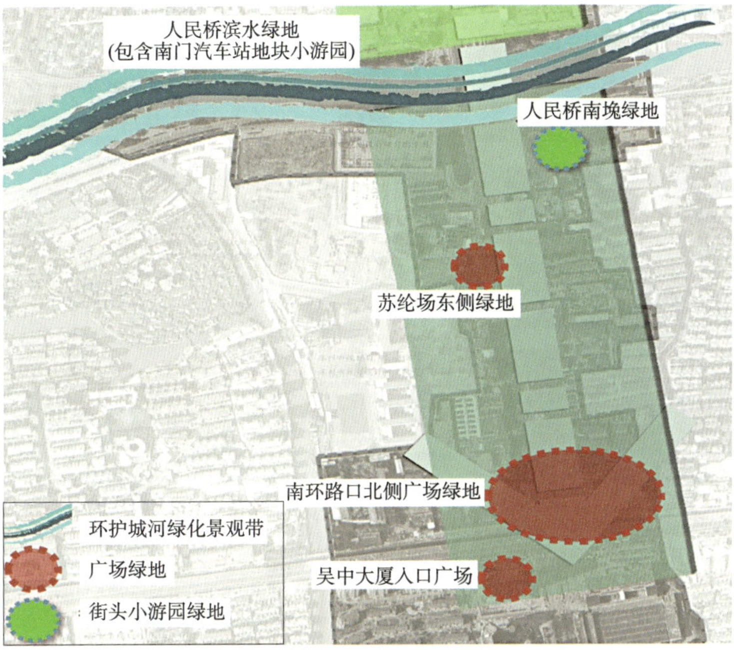

图 2-3-32　南环路综合景观片区

3.3.3.3　重视地域文化的城市道路空间设计

(1) 公共空间设计。

公共空间设计是城市规划与道路设计融合的重要组成部分。在进行公共空间设计时，不可超尺度设计，可从以下几个方面发力。

①空间完善 (图 2-3-33)。

通过空间完善，优化现有公共空间品质，增加必要的环境设施，提升景观品质，体现苏州精致内敛的城市文化与园林特色。例如，在范庄前、德安里绿地的基础上，强化街道空间的园林特色，引入传统要素，运用园林设计手法，美化街道空间，体现园林外移的特色。在绿地、广场以及宽度较大的人行道空间中，增加必要的环境设施与城市家具，完善开敞空间功能。

②空间增加 (图 2-3-34)。

结合道路改造与地块更新，梳理人民路沿路公共空间，将其划分为新增、提升、保留、恢复四大类，分别提出整治措施。人民路环境整治工程中，新增绿地广场 8 处，提升现有绿地广场 9 处，并对 4 处受轨道施工破坏的绿地广场进行恢复，这些措施有助于实现公共空间量的增加与品质的提升。

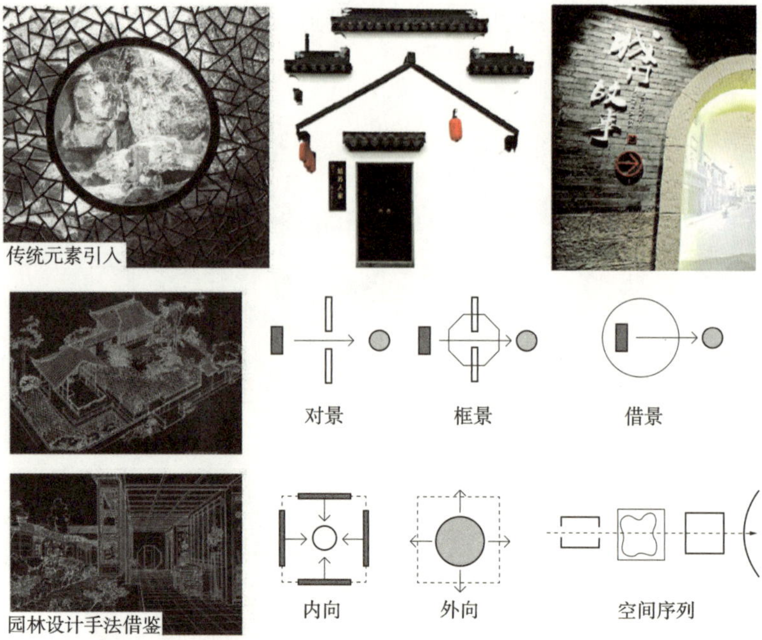

图 2-3-33　空间完善措施

图 2-3-34　空间增加

③空间活化（图 2-3-35）。

通过空间活化，提升公共空间的可进入性与可使用性，同时尽量与商业空间、地下空间相结合，提升空间活力。以轨道交通站点为核心组织公共空间，在 500 m 左右的步行间距打造一个“兴趣节点”，形成层次丰富的慢行系统。此外，现有开敞空间应加强其可进入性与使用性，引入人的活动以提升空间使用效率。

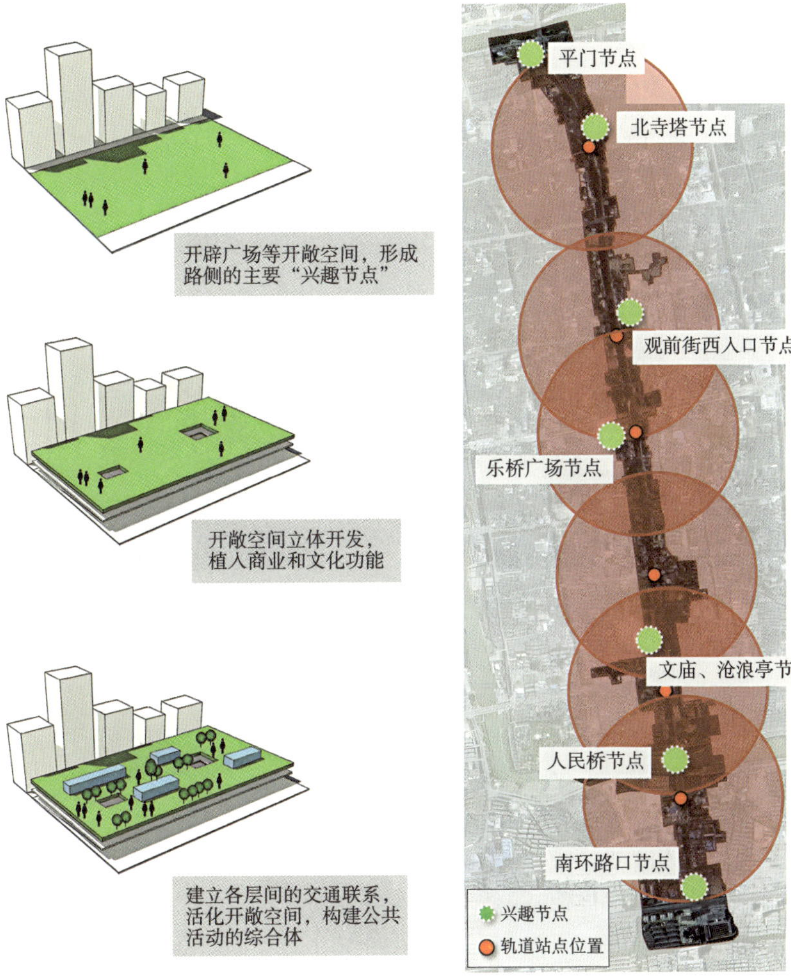

图 2-3-35　空间活化

（2）道路环境设计。

人民路道路环境设计的重点在于对人民路沿线的城市家具、公交站台、街头标识、灯具、井盖、公共艺术等进行统一设计，采用同一母题进行展开，反映人民路的历史底蕴，强化路段特色，提升人民路的场所感与特殊性。

①道路家具设计。利用道路的富余空间，增加休息设施，优化绿化栽植，化消极为

积极，提升道路界面的活力。

②公共艺术设计。在节点空间和街头绿地中，可适当设置反映苏州传统市井生活、历史典故的雕塑小品，增加人民路沿线公共艺术品的总量，强化人民路的“文化大道”形象。

③设施美化设计，包含市政设施、轨道站点、高架桥等。对部分不可移动的大型市政设施进行外观美化，使其与周边建筑风貌相协调；位于重要节点的设施改造，应强化其文化性、设计品位，将其作为展示历史印记的场所。在轨道站点美化时，对古城段“地铁四小件”等轨道设施进行改造，增加传统元素，通过表皮包裹、符号等手法，使轨道设施也具有古城特色。此外，美化南环高架桥体，减少商业广告设施，增加垂直绿化、浮雕、公益广告。设施美化案例如图 2-3-36 所示。

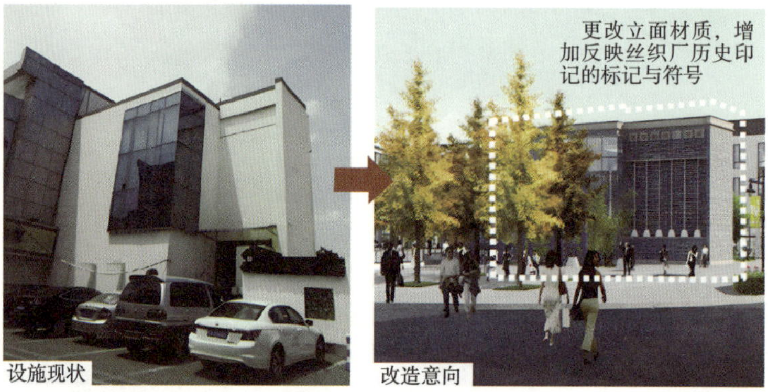

(a) 东吴丝织厂地块配电房改造

(b) 轨道设施美化示意

图 2-3-36　设施美化案例

(3) 建筑界面设计。

根据整体规划建筑风貌细则，设计建筑立面、塑造沿街风貌，并对重点建筑重新设计、重新建设，包括：对超高建筑进行降层、拆除违章部分等结构处理；检查评估建筑沿街装饰安全性，根据实际情况修复或替换原有装饰；对立面污损建筑进行按原色调粉刷整治；根据不同建筑和环境特性，重新规划设计沿街建筑店招广告位；如需对建筑界面进行较大改动，应单独进行方案报批。

基于人民路各建筑风貌区的特色，分别进行控制整治，具体原则如下：

①北寺塔文化片区：传统风貌。

②观前商业片区：苏而新（传统 + 现代）。

③乐桥商务办公片区：新而苏（现代 + 传统）。

④文庙—沧浪亭文化片区：传统风貌。

⑤南门商业片区：新而苏（现代 + 传统）。

⑥南环路综合片区：现代风格。

建筑界面风貌设计平面图如图 2-3-37 所示。

在对重点建筑开展重新设计时，根据住宅建筑界面、公共建筑界面、历史建筑界面、围挡围墙界面等进行分类处理。住宅建筑界面以美观、实用为主；公共商业建筑应注重沿街橱窗的美化和亮化，以烘托热闹繁华的商业街区氛围；历史建筑的整治遵照《苏州市古建筑保护条例》中的有关规定，其中文物建筑的修缮应当符合国家有关规定。

人民路目前围墙围挡（图 2-3-38）的形式包括镂空式围挡、苏式花窗实体围墙、生态围挡。镂空式围挡主要结合学校、新建小区以及大型现代建筑设置，镂空式围挡内侧还应加强绿化以美化街道界面。苏式花窗实体围墙主要结合老新村段设置。有条件的苏式花窗实体围墙前增设景石及园林绿化，或者增设座椅等，增加行人的休憩空间。生态围挡主要分布于办公建筑及商业建筑周边。同时，建筑围墙的形式与风格应与周边建筑的整体风貌相协调。

在对超高建筑进行改造时，可拆除超高或者违章搭建部分，降低建筑高度，并对外立面进行优化设计，采用局部坡屋顶处理。

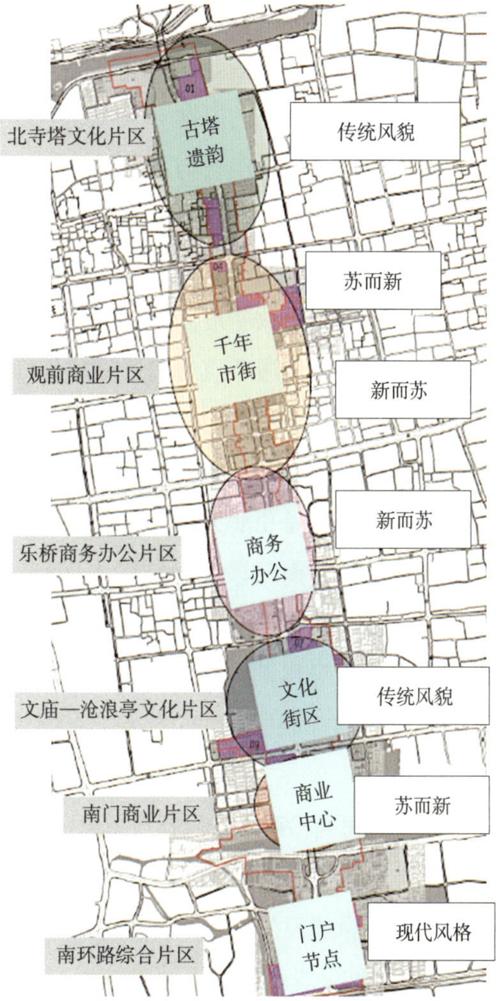

图 2-3-37　建筑界面风貌设计平面图

图 2-3-38　围墙围挡界面

通过对人民路沿线户外广告梳理、筛选、整治以及新一轮布点，以实现其风貌、功能与所在区段相协调，人民路全线户外广告的整治重点策略如下：

①店招、墙体广告、屋顶广告应结合建筑界面设置，遵循与建筑实体功能、公共空间、周边景观相协调的原则。人民路沿线古城段坡屋顶建筑不予设置屋顶广告。

②大幅减少灯杆广告与落地广告牌，恢复人民路视觉通畅度。

③充分利用城市家具的空间，特别是公交候车亭应设置与之相协调的户外广告。

④适度增加公益广告投放点，设置于重要公共空间、人流量大的景观节点。

⑤商业广告投放密度因地制宜，在不影响建设目标、景观形象及设施使用的情况下，在商业圈区域或交通节点地段适度增加广告投放密度。

⑥人民路古城段户外广告在设计与选材上总体遵循与传统苏式建筑风貌相协调的原则，以体现古城“素、雅”的文化特质；南环户外广告设计与选材区别于古城段，应展现苏州现代、时尚和活力。

⑦观前段、南门段及规划中的南环路两侧，商业活动密集、人流量大、户外广告价值高，上述区段为广告集中展示区。户外广告设计与选材允许适当采用明快的色彩和夸张的造型，以突出商业圈繁荣的气氛。文庙、沧浪亭、北寺塔和怡园等地块及其周边地区为广告严格控制区，对户外广告形式、密度进行严格控制，以降低对景观形象、设施使用的影响。

基于人民路沿线广告设施设置原则，禁止设置影响交通安全和公共安全的户外广告，禁止设置妨碍居民正常生活的户外广告，禁止设置损害市容市貌或者建筑物形象的户外广告。

人民路全线户外广告平面分布图如图 2-3-39 所示。

（4）市政管线及设施设计。

提升道路侧石、人行道铺装的景观效果。人民路内侧分隔带侧石高 40 cm，花岗岩材质雕花面处理比较精致。但是，由于其使用时间较长，部分侧石受损且陈旧，加之侧石埋置深度浅（仅为 5 cm），故极易被车辆撞落。结合人民路综合整治提升，对分隔带高侧石进行了重新设计。

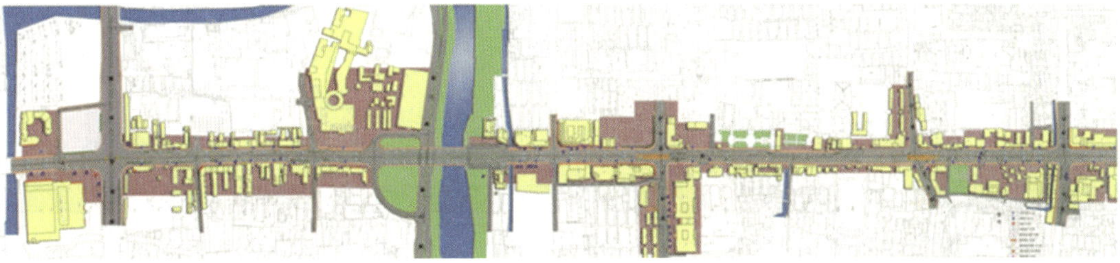

（a）人民路南段户外广告平面分布图

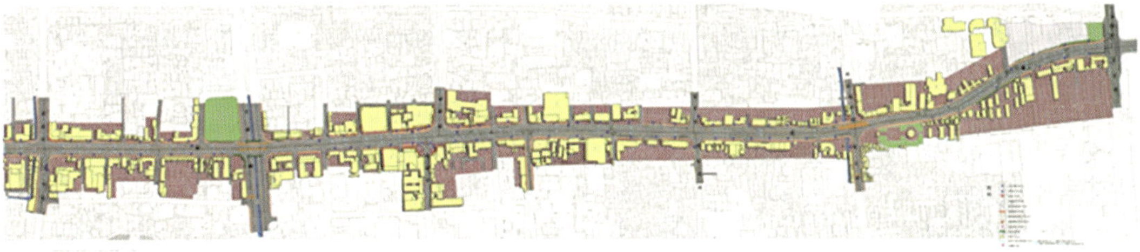

（b）人民路北段户外广告平面分布图

图 2-3-39　人民路全线户外广告平面分布图

为加强景观效果，分隔带侧石厚度由 15 cm 加至 20 cm。调整了全线分隔带宽度，分隔带宽度均大于 1.5 m，尽可能满足树木生长所需空间。

侧石方案采用城墙元素，通过蘑菇石的特殊肌理体现人民路厚重的历史底蕴，给人以“厚重虚怀见古风”的感觉，如图 2-3-40 所示。

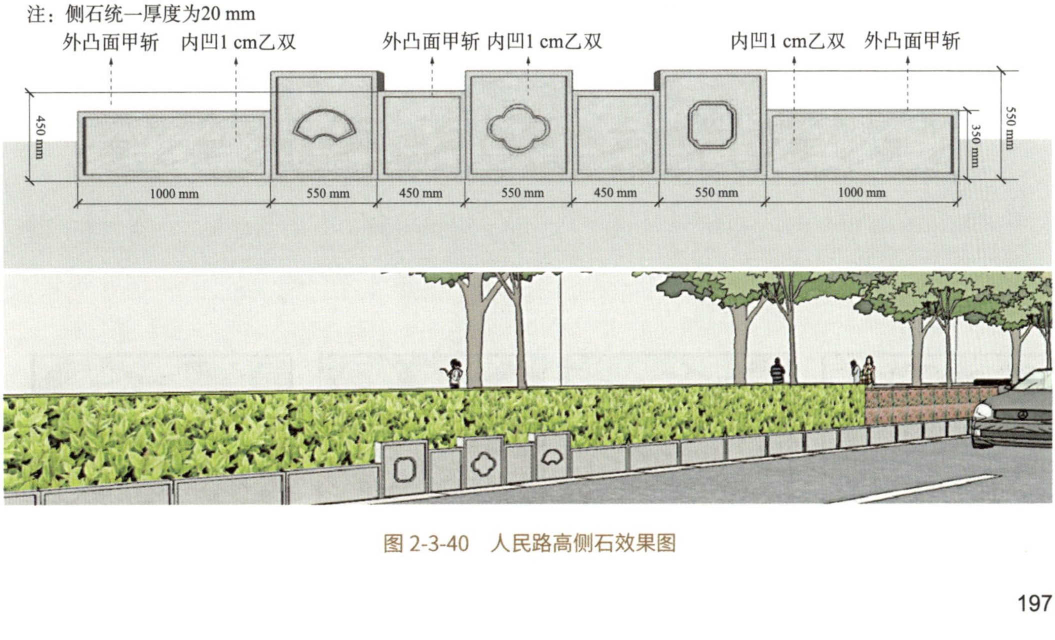

图 2-3-40　人民路高侧石效果图

人民路人行道铺装根据其宽度及所处位置主要分为以下几种：

①文化段（图 2-3-41）。

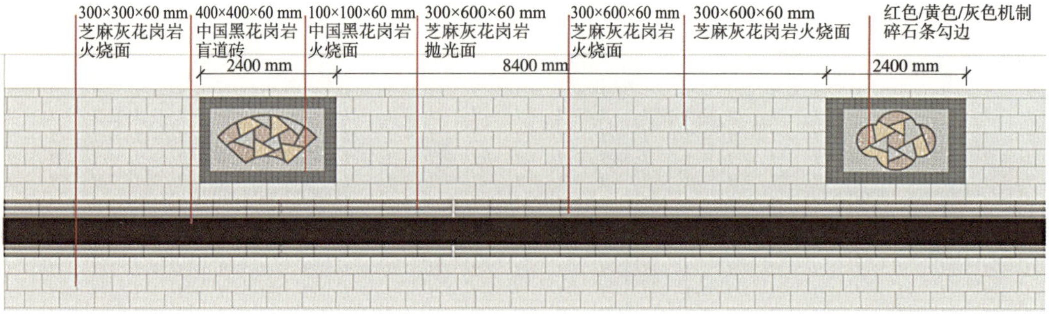

图 2-3-41　人民路文化段人行道铺装效果图

②美术馆（图 2-3-42）。

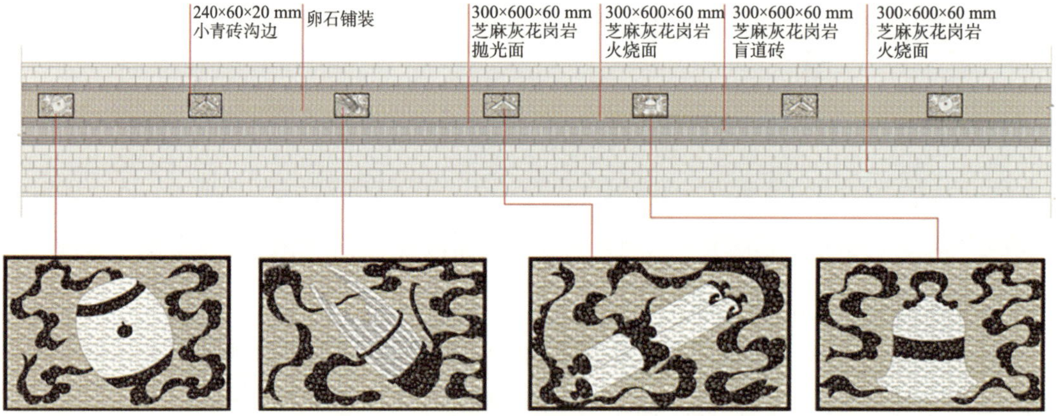

图 2-3-42　人民路美术馆路段人行道铺装效果图

③图书馆（图 2-3-43）。

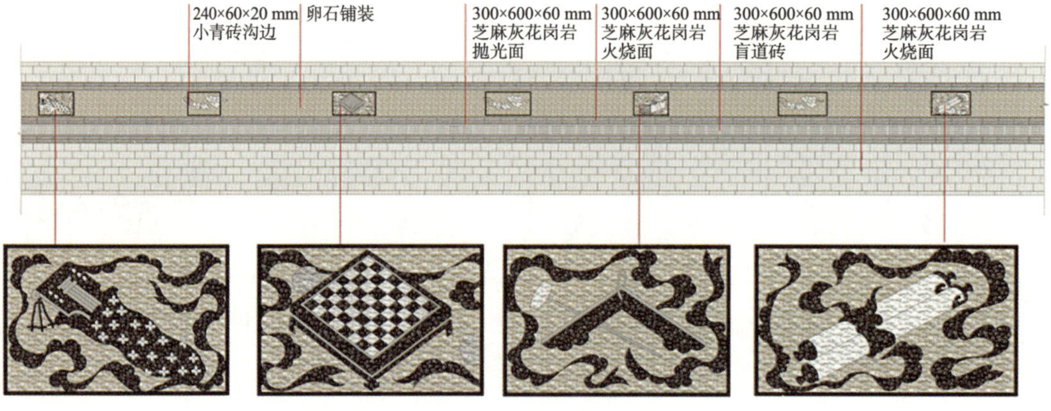

图 2-3-43　人民路图书馆路段人行道铺装效果图

④商业段（图 2-3-44）。

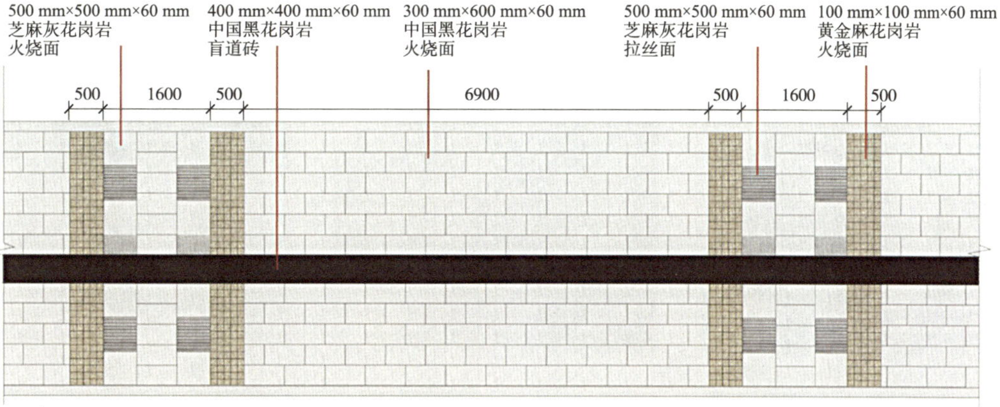

图 2-3-44　人民路商业段人行道铺装效果图

⑤一般路段（图 2-3-45）。

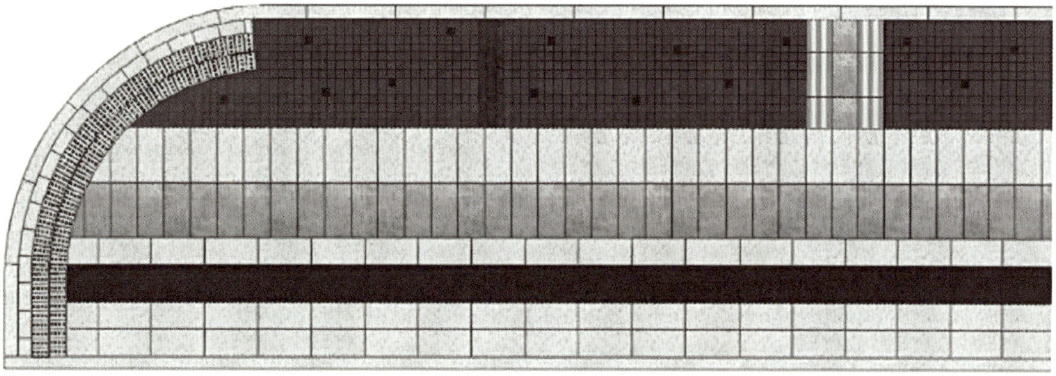

图 2-3-45　人民路一般路段人行道铺装效果图

⑥再生材料段（图 2-3-46）。

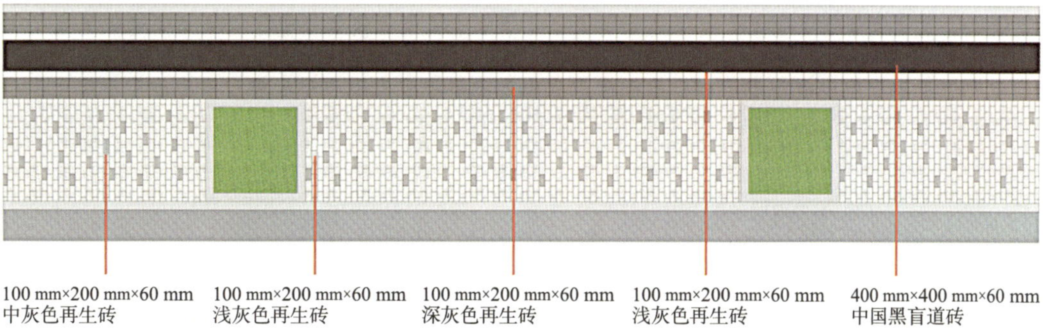

图 2-3-46　人民路人行道再生材料铺装效果图

在开展市政管线及设施设计时，严格遵循架空线入地、梳理管线走向、增容扩建、同类管线合并设置、附属市政设施隐蔽化处理、减少检查井数量、提高行车舒适度的基本原则。管线及设施现状如图 2-3-47 所示。

图 2-3-47　管线及设施现状

（5）照明系统专项设计（图 2-3-48）。

人民路照明系统专项设计目标在于完善沿线及与人民路交汇道路的功能性照明，形成夜间视觉通廊；提升全线景观性照明的质量，整治沿线商业建筑的亮化景观，追求景观节点、公共空间景观性照明的艺术性，体现姑苏第一路的夜间景观特色。

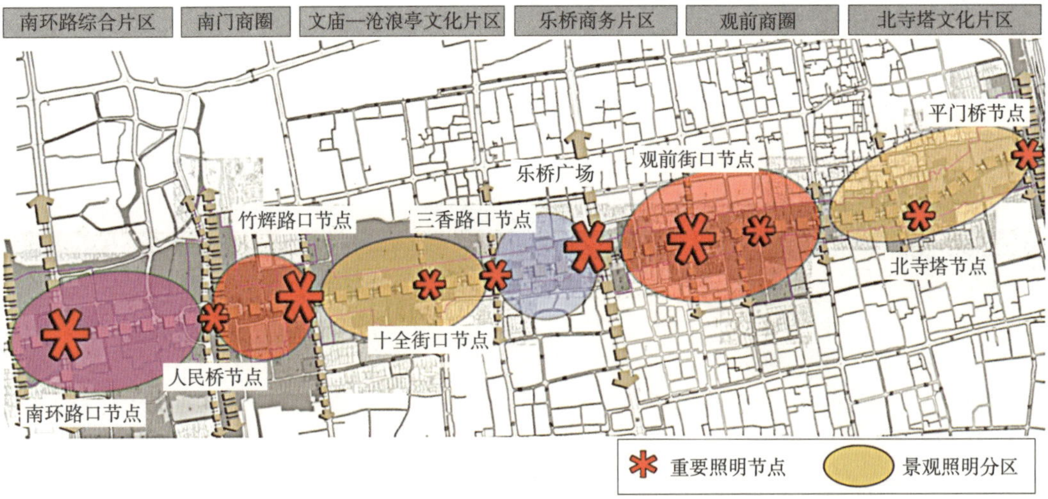

图 2-3-48　人民路景观照明系统规划示意图

人民路的灯光照明设计遵循安全的视觉认知、愉悦的视觉心理、和谐的城市气氛等原则，重点强化人民路景观照明，按照点、线、面结合的原则对夜景照明进行总体控制。规划将人民路整体照明方式分为八类，又根据人民路沿线商贸、旅游、办公、文化设施成片分布的特点分割为六个区段，以不同的灯景色调显示其功能。具体策略如下：

①“点”照明。对重要节点位置、标志性建筑物、重要开放空间进行重点照明。强化人民路沿线历史元素，开敞空间，地标，亭、台、廊道、桥梁等的景观性照明。

②“线”照明。指沿路沿河照明，主要包括人民路沿线功能性照明、与人民路相交道路沿线功能性照明和绿化带景观照明。

③“面”照明。指商业、服务业较为集中地区的照明，主要包括观前、南门商圈和南环路综合片区。

④亮度。以观前商圈、南门商圈、乐桥广场、南环路口周边地区为最高亮度，形成沿线的四个亮点；沿线重要的公共建筑、景点、道路交叉口形成第二层次的照明节点；沿路灯光形成第三层次亮度；其余地区为第四层次亮度；此外，在小型开放场地及街头绿地设置低照度的地灯和矮灯，作为辅助照明。

⑤色调。商业门户节点照明以冷色调高光为主，部分地方采取少量暖色调作为辅助。绿地及道路两侧人行道路设置中色温光，开放空间节点照明采用暖色调。

⑥节能。针对平时及节庆的照明要求，有针对性地采用灯光分级控制系统，同时注重节能环保型灯具的使用。

在功能性照明上，恢复因轨道交通建设移除的路灯并进行全线整治。人民路全线路灯的形式要求典雅、大方、简洁，与古城风貌相协调，同时又能体现时尚、活力的城市特质。强化、协调人民路与桃花坞大街—西北街、景德路—观前街西、干将路、书院巷—十全街、南环路的照明相衔接，形成夜间视觉通廊。

在景观性照明上，重点关注建筑亮化，绿化、广场节点照明，桥梁、牌楼、亭台、廊道、景观小品照明，景观光柱、动态演示灯光等，亮化美化道路景观，发挥“画龙点睛”的效果。

（6）标识系统专项设计（图 2-3-49）。

为将交通指示类标志与相关信息指示类标识进行合并、统一设置，以打造简明的标识系统，需要对标识系统展开专项设计整治。通过对沿线标识的形式、色彩、材质进行统一、系统规划、设置，形成与人民路整体风貌相协调的标识系统。在此基础上，强化标识系统对沿线历史元素、公共功能区域、旅游景点的引导功能，形成完备的空间引导体系。标识系统规划整治重点与策略在于：恢复人民路沿线受轨道交通建设影响的标识系统；联合相关部门对交通指示类标识和相关信息指示类标识进行统筹及整合；结合轨道交通的建设增加站点指示标识系统，设置信息指示牌介绍人民路沿线历史元素、景点、商业设施、公共功能区域。

图 2-3-49　标识系统分类设计

3.4　改善效果

人民路在规划和方案制订阶段，积极探索完整街道设计理念的落地实践，实现了三个转变：由工程设计和道路红线管控向整体空间环境设计和街道空间管控转变，由机动车交通优先向全方式交通（特别是绿色交通）转变。

人民路的改造方案，基本沿用了双向 4 车道、5 块板断面的断面形式，加大了慢行交通的空间，实现了公交专用道的全线贯通，加密了公共自行车与公交的布设，实现了与轨道交通的一体化换乘；并优化了众多沿线地块出入口，统筹协调了地块接入管理，在通行与集散功能中实现了平衡。

此外，首次尝试公众对重要规划的直接参与，针对人民路改造“拓宽机动车道”与“改善慢行、保留绿化”的两种观点，协助规划主管部门，首次通过互联网向全市市民征求意见，开启了公众对重要规划的直接参与的尝试，拓宽了公众对城市规划建设的知情渠道和建言渠道，最后规划成果也是公众意愿的直接表达，如图 2-3-50、图 2-3-51 所示。

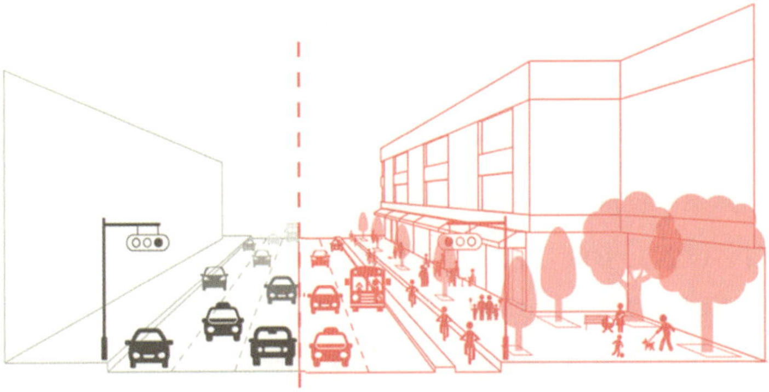

图 2-3-50　传统机动车街道向完整街道的转变

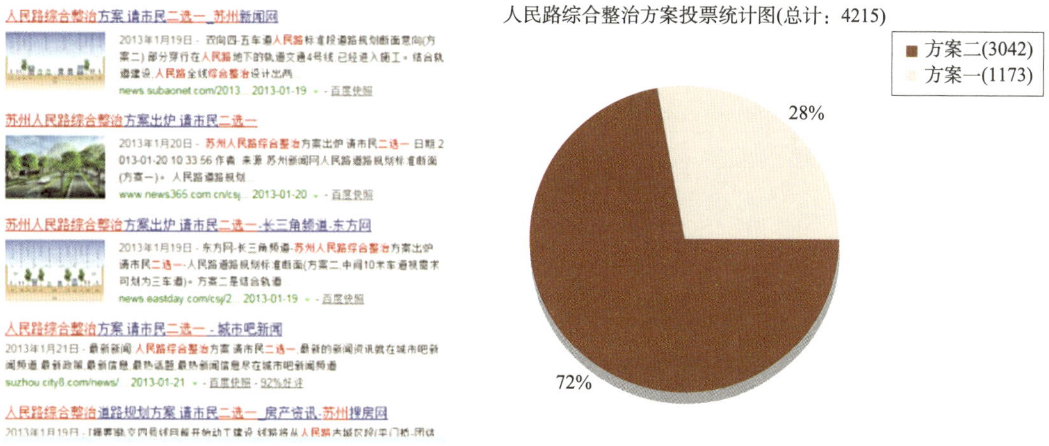

图 2-3-51　网络投票结果（方案一为拓宽为 6 车道方案，方案二为基本保留现状风貌方案）

苏州市人民路（平门桥—团结桥）综合整治提升项目获 2018 年度苏州市城乡建设系统优秀勘察设计二等奖、江苏省城乡建设系统优秀勘察设计二等奖、江苏省第十八届优秀工程设计三等奖。

案例 4 苏州市狮山路改造工程

4.1 项目概况

（1）项目背景。

狮山路综合改造项目，是 2015—2018 年的苏州市市政综合改造任务，其区位分布如图 2-4-1 所示。该项目设计周期较长，涉及多个专业领域，设计任务为提升道路整体的品质和形象，适应城市的新需求，是道路设计与城市设计融合的典型项目。

（2）功能与定位。

狮山路位于苏州市高新区中心城区（图 2-4-1），是高新区的东西向主干道。大部分的路段与轨道交通 3 号线共线，全长约 2.3 km。作为高新区的关键交通廊道，狮山路被赋予三个主要功能：①作为高新区的东西向城市主干道，连接区内的主要地段；②是高新区居民日常生活、商业活动的核心纽带；③成为高新区内主要的公共交通走廊，为区内居民提供便利的出行方式。

图 2-4-1 狮山路区位分布图

（3）规划、设计与实施。

2013 年启动狮山路改造的规划方案研究，2015 年 3 月完成前期规划研究，2015 年 12 月完成项目可行性研究，2016 年 4 月完成施工图设计，并在 2018 年 6 月竣工通车。狮山路的改造工程范围较大，覆盖全线。通过现场踏勘、大数据分析等手段，对狮山路的设施现状、周边环境等进行详细调查和研究，全面了解老路的交通状况、社会需求等，确定改造项目的重难点，为后续的设计和施工提供可靠的依据。制订全面、系统的整体规划方案，结合轨道交通建设，强化狮山路生活职能和交通职能，提升环境品质。规划与设计主要围绕系统设计、安全设计、生态环保设计、工程美学设计、人性化设计等几个方面开展工作。

（4）改造的必要性与意义。

狮山路已运营超过 22 年，随着设施的老化和城市轨道的建设，存在明显的改造需求。改造涉及交通与轨道的高效整合，强化其生活与商业中心职能，提升环境品质和城市宜居度。通过高品位的精细化设计，彰显狮山路的独特历史与文化特色，为苏州市打造既实用又有标志性的城市空间。

4.2 存在问题

狮山路的绿地系统整体展现出“量大而平淡”的特点，这与其旨在塑造的“连续的线性公园、生活型街道空间、现代时尚商业空间、文化艺术廊道”定位不太相符。同时，整体商业配套还需进一步完善。轨道施工导致部分路段的人行道破损严重，亟须进行修复。现有的标识系统也存在缺陷，未能充分体现高新区的独特旅游资源与城市公共资源。另外，部分地段缺乏对人的细节关怀，且部分市政箱体亦缺少适当的修饰或保护。下面从功能设施、生态景观和地域文化三个角度进行详细分析。

4.2.1 城市道路功能设施

狮山路的道路线形顺直，总体上全线较为畅通，但目前，道路在沿线交通组织、节点、慢行交通系统、道路空间的设施等方面仍存在问题。

1）道路沿线的交通组织

（1）部分路段因轨道交通施工遭到破坏，部分机动车道被封闭，影响主线的交通，如图 2-4-2 所示。

（a）路面被破坏　　（b）车道被封闭

图 2-4-2　狮山路因轨交施工被破坏及车道封闭

（2）地块开口密集、车位不足、辅道乱停等问题导致交通拥堵，对主线交通干扰大，如图 2-4-3 所示。

(a) 开口密集　　(b) 辅道乱停

图 2-4-3　开口密集及辅道乱停

图 2-4-4　公交站台缺少无障碍坡道

2) 道路节点

(1) 路口无障碍坡道基本齐全，公交站台缺少无障碍坡道，如图 2-4-4 所示。

(2) 轨道出入口、公交站点与轨道出入口空间衔接不畅。

3) 慢行交通系统

(1) 局部人行道太宽导致车辆乱停放现象严重，阻断盲道，影响行人通行；部分人行道铺装破损，影响城市风貌，如图 2-4-5 所示。

(a) 人行道盲道被阻断　　(b) 人行道铺装破损

图 2-4-5　人行道盲道被阻断、铺装破损

(2) 建筑前区停车管理混乱，乱停现象频发；建筑前区高差不一，对慢行交通不友好，如图 2-4-6 所示。

（a）建筑前区停车占道

（b）建筑前区高差不一

图 2-4-6　建筑前区停车占道和建筑前区高差不一

4）道路空间的设施

道路空间内设施布置混乱，外观缺乏设计，且设施陈旧，破坏城市整体的风貌。如图 2-4-7（a）、（b）所示，设施出现不同程度毁损，隔离设施陈旧，管线老化、井盖陈旧等问题较为常见；沿路设施缺乏设计，缺乏美感，例如部分市政箱体缺少设计，道路的信号灯样式单一，如图 2-4-7（c）、（d）所示；道路的杆件设施缺乏统筹，相互遮挡严重，标识系统和商业广告混杂，如图 2-4-7（e）、（f）所示。

（a）隔离设施陈旧，不同程度毁损

（b）井盖陈旧

（c）信号灯样式单一，没有设计美感

（d）部分环境设施缺少设计

图　2-4-7

（e）标识系统和商业广告混乱

（f）路口标志互相遮挡，缺乏统筹

图 2-4-7　道路设施功能的整体布置混乱，缺乏设计

图 2-4-8　道路空间过于单调

4.2.2　城市生态景观

（1）车道宽度接近 30 m，但沿线缺乏大型乔木的绿化带，使道路空间整体显得过于单调，如图 2-4-8 所示。

（2）树穴的形式和使用材质不统一，给人界面混乱的视觉感受，如图 2-4-9 所示。

（3）块状公园的绿地设计较为粗放，缺乏细节，如图 2-4-10 所示。

图 2-4-9　树穴和材质的不同统一

图 2-4-10　块状公园设计粗放

（4）建筑前区的绿化只有零星分布，未形成连续的绿化体系，如图 2-4-11 所示。

（5）在部分重要节点如桥头，绿化设计相对简单，缺乏特色和亮点，如图 2-4-12 所示。

图 2-4-11　绿化不成体系

图 2-4-12　节点绿化单一、无亮点

4.2.3　城市地域文化

（1）部分大型雕塑遮挡视线，对交通组织和交通秩序造成一定的干扰，如图 2-4-13 所示。

（2）公交站牌设计较常规，缺乏创意，对地域特色的体现不足，如图 2-4-14 所示。

（3）垃圾桶的样式虽与环境相对协调，但仍有部分环境设施的设计显得陈旧，如图 2-4-15 所示，旧式的邮箱与现代道路的气质并不相符。

图 2-4-13　交叉口的大型雕塑遮挡视线

图 2-4-14　公交站牌缺乏对地域特色的体现

图 2-4-15　沿路的城市家具

4.3　整治措施

在狮山路的改进过程中，应遵循以下原则：

①整治与提升并重：修复和整治现有的问题，注重城市道路空间的提升和优化；

②强化狮山路特色：充分发掘和强调狮山路的历史、文化和自然特色，使其成为区域内的一处独特景观，为市民和游客提供独特的体验；

③高标准、高品位、全方位：持续追求高标准、高品质的工程质量和设计水平，从细节到整体，满足市民的期待和需求。

4.3.1 区域的功能与结构

城市交通的根本目的是实现人和物的积极流动，而不是追求机动车的通行效率，应对系统的慢行交通、公共交通、机动车交通和沿街活动进行统筹考虑。梳理沿线空间结构，以“自然的延续”“艺术与文化的传承”“丰富多彩的城市生活”为设计准则，分区分段进行设计控制，如图 2-4-16 所示。

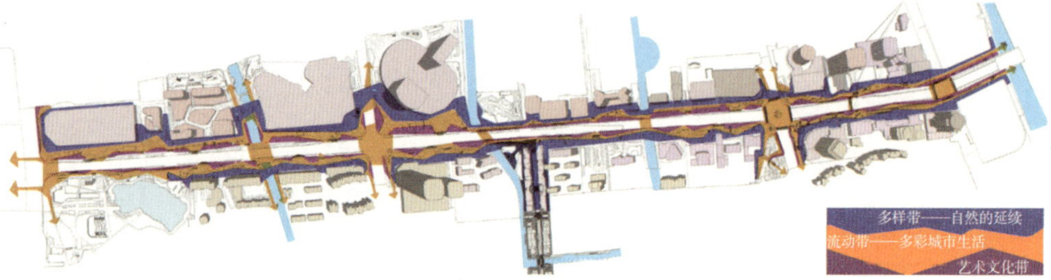

图 2-4-16　沿线结构梳理

多样带、流动带和艺术文化带的主要活动内容不同，如图 2-4-17 所示，针对城市道路空间的不同区域分类展开设计。

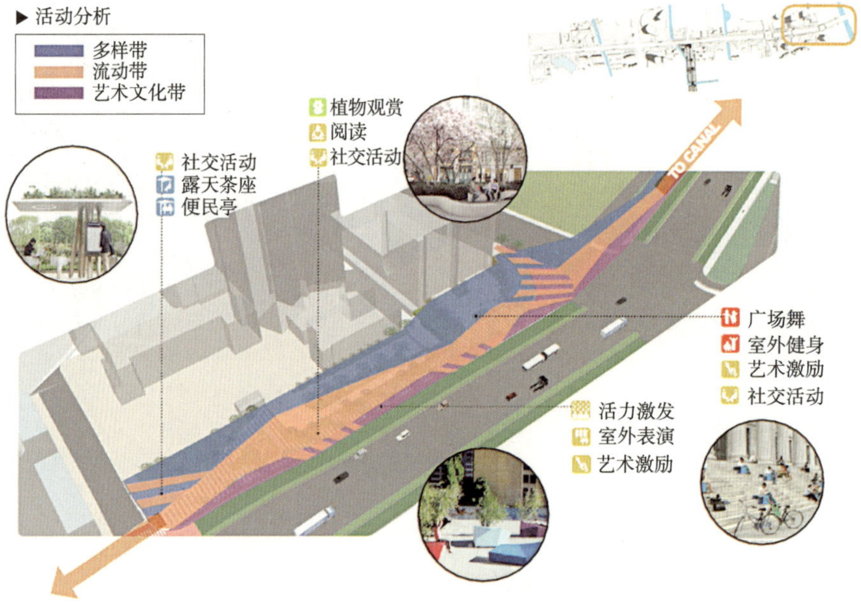

图 2-4-17　典型空间

针对不同的空间类型，整治目标和相应的整治措施不同，如表 2-4-1 所示。

不同功能类型的道路的整治目标与措施　　表 2-4-1

类型	整治目标	整治措施
主要景观轴线	强化空间的完整性、连贯性	控制建筑立面、材质、色彩，统一广告标志，完善市政设施
次要景观轴线		
滨水开放空间	提升景观品质	完善景观照明设施
公园开放空间	强调舒适性、共享性、开放性	增加景观层，改善景观照明，改善道路铺装，增设绿化小品和照明设施
重要交通景观节点	改善交通状况，提升景观品质	整治建筑立面，完善标示系统及照明设施，改善人行道铺装

（1）主要景观轴线与次要景观轴线。

整治目标：强化空间的完整性和连贯性，确保景观轴线不仅是单一的交通路径，且能够为市民提供连续、统一并且富有魅力的视觉体验。

整治措施：为实现此目标，控制沿轴线的建筑立面、材质和色彩，确保其在视觉上的和谐统一。统一广告标志可以避免广告视觉污染，并增强整体感。完善市政设施可以为市民提供更为舒适和便利的生活环境。

（2）滨水开放空间。

整治目标：滨水区域具有独特的景观价值，提升景观品质是至关重要的。

整治措施：突出滨水的特色和优势，完善景观照明设施，确保在夜间也能提供优美的滨水景观，为市民和游客创造宁静、浪漫的休憩空间。

（3）公园开放空间。

整治目标：公园作为市民的主要休闲场所，应强调其舒适性、共享性和开放性。

整治措施：增加景观层可以丰富公园的景观内容和层次，改善景观照明和道路铺装可以提升公园的功能和使用体验。绿化小品和照明设施的增设可以为公园增添更多的艺术和文化元素，使之更为生动和有趣。

（4）重要交通景观节点。

整治目标：作为城市的主要交通要点，旨在改善交通状况并提升其景观品质。

整治措施：整治建筑立面可以改善节点的视觉效果，完善的标识系统和照明设施可以提供更为清晰的指引，帮助市民和游客更为方便地找到目的地。改善人行道板铺装则是为了提供更为安全和舒适的行人通行环境。

4.3.2　典型空间处理

确定狮山路沿线典型空间，以便于针对性地整治提升道路空间。典型空间可分为：

传统居住空间、绿化广场空间、大型综合商业办公空间、小型商业设施空间、轨道交通站点周边空间、新建居住社区空间，如图 2-4-18 所示。

（1）传统居住空间主要通过完善设施布点、提升绿地效果、增加便民设施，以实现营造美观、宜人的居住氛围的目标，如图 2-4-19 所示。

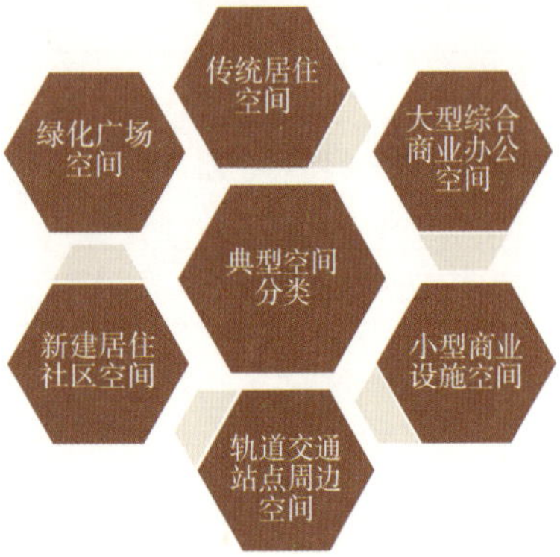

图 2-4-18　典型空间分类

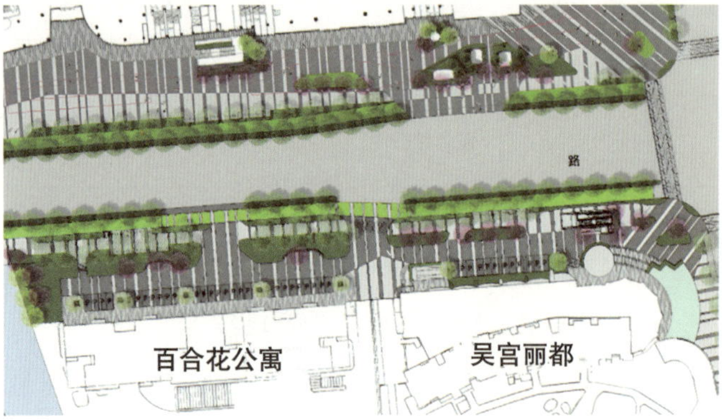

图 2-4-19　传统居住区城市道路空间景观营造

（2）新建居住社区空间主要通过增加社区服务设施、增加社区公共空间以完善社区服务功能，促进居民交流。

（3）绿化广场空间旨在营造生态优美、功能复合的城市空间。通过优化环境与场所设计，完善公共设施及无障碍设施，丰富绿化植栽，构建生态宜人的绿化空间，如图 2-4-20 所示。

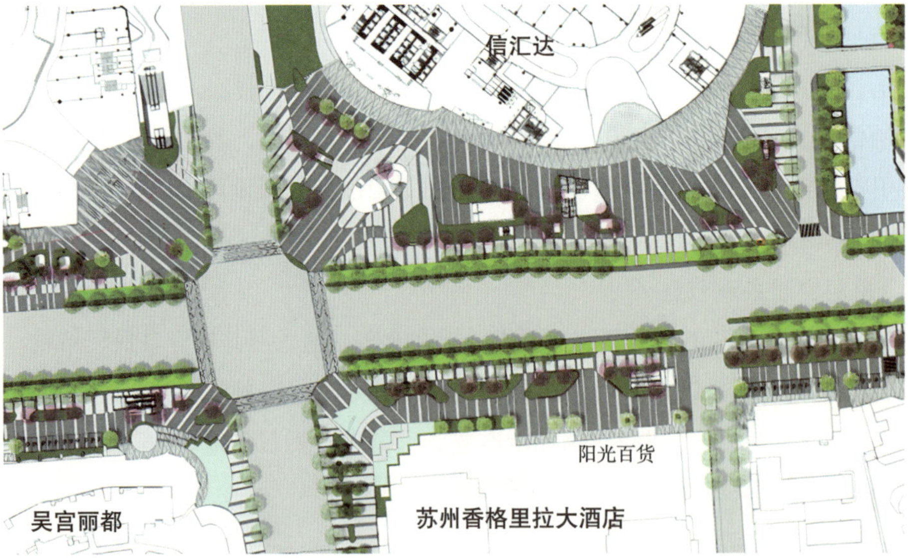

图 2-4-20　绿化广场空间道路界面景观营造

（4）商业办公空间的设计分为大型综合商业办公空间和小型商业设施空间。大型综合商业办公空间的整治目标是改善商业办公环境、美化街道界面，如图 2-4-21 所示，优化交通环境，提升铺装品质，塑造公共空间、步行空间，完善公共设施布置，提升商业办公段的商业价值；小型商业设施空间的整治目标以治乱为主，疏导规范，如图 2-4-22 所示，规范非机动车停放，清除并规范建筑立面附属物，添加必要的便民设施。商业地块退线较多路段，需要营造舒缓、惬意的享游氛围，通过慢行交通系统与建筑前区整体设计，增加便民设施，提升绿化效果，如图 2-4-23 所示。

图 2-4-21　大型综合商业办公空间道路界面景观营造

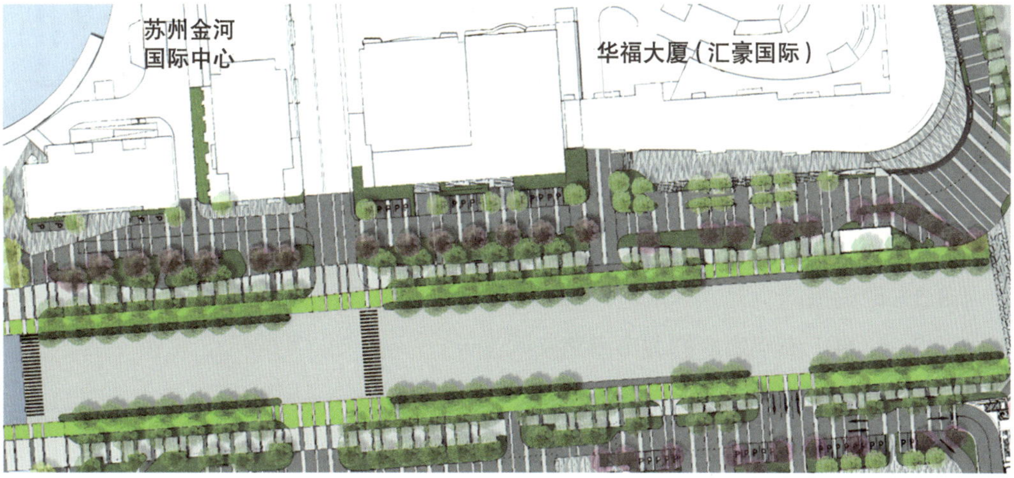

图 2-4-22　小型商业设施空间改善效果

图 2-4-23　商业地块退线较多路段周边空间改善效果

（5）轨道交通站点周边空间包括公交站点路段和轨道交通出入口周边的空间。公交站点空间的改善目标是实现候车、乘车的安全与便捷，通过带状绿化与点状绿化结合，强化无障碍设计，如图 2-4-24 所示。对于轨道交通站点出入口，通过优化调整轨道站点出入口的位置，优化公交停靠点布置，达成轨道周边各种交通一体化衔接，如图 2-4-25 所示。

图 2-4-24　公交站点路段空间改善

图 2-4-25　轨道交通站点出入口空间改善

4.3.3　改造措施

4.3.3.1　基于道路功能的城市道路空间设计

（1）重要交叉口、节点处理。

交叉口包括路内空间、路口空间及周边街头空间等，重点控制路口人行道范围内的道路铺装、市政设施布点。路口人行道允许设置交通标识杆、交通信号灯杆、信息指示类标识，设置于路口的设施宜合杆设置，以减少杆件数量；邮筒、果壳箱、市政箱体等调出路口范围。主要道路交叉口通过压缩人行道、机非分隔带、车道宽度等方式，渠化为四进三出或四进四出；非机动车进口道宽度也适当增加，以减少排队长度，如图 2-4-26 所示。

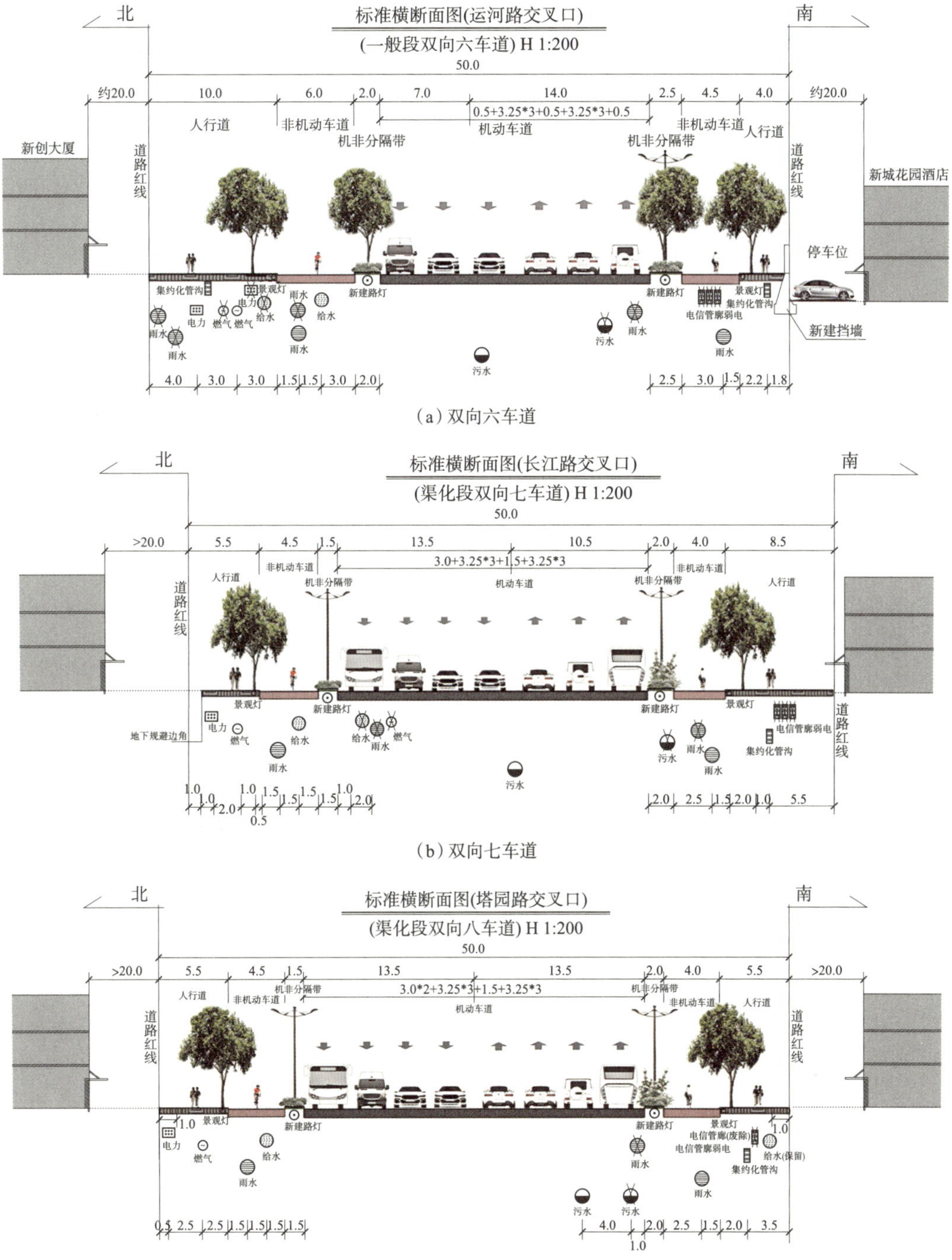

(a) 双向六车道

(b) 双向七车道

(c) 双向八车道

图 2-4-26　主要交叉口精细化断面的精细化改造（单位：m）

（2）道路空间精细化设计。

在道路断面布置、地块开口、公交站点优化调整、路基路面结构设计、施工期间交通疏解组织、管线迁改、下穿通道结构设置等环节，均进行精细化设计。狮山路地处高新区核心片区，道路两侧为高新区金融商业聚集区域，金鹰、龙湖、信汇达、安邦等大体量地块正在施工或计划开工，其业态以商业、办公、住宅为主。项目组多次现场踏勘，逐个调查各地块出行路线、停车需求等，再按照总体规划要求进行出入口归并，减少地块出入口对主线交通影响的同时，最大限度地满足各地块交通出行需求。根据各相交道路等级及交通量的不同，各交叉口的渠化展宽有所区别。根据公交出行现状，结合轨道3号线站点出入口设置等，优化调整公交站台位置，更好地为道路沿线地块提供便捷的公共交通服务。建筑前区铺装方面，权衡“保障使用功能”与“降低工程造价”两方面要求，对停车位、汽车通道、人非通道等结构采用精细化设计。

（3）主线交通组织及开口归并。

主线交通组织混乱，沿线两侧开口多，干扰主线车辆运行。狮山路现有5处信号灯交叉口，改造后增加为7处（采用智能联控的形式）；现有25处地块开口，改造后归并为13处，进出地块采用右进右出的形式，减少对主路交通干扰，信号控制及开口布设如图2-4-27所示。

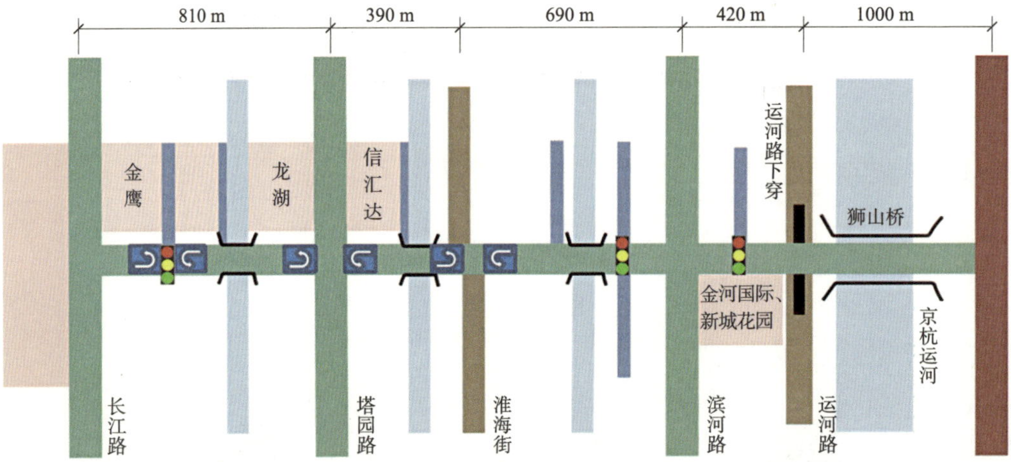

图2-4-27　路段信号控制及两侧开口布局

（4）慢行交通的相关改造。

①非机动车的布点。全线的交通吸发量较大，适当提高非机动车停车的布点密度，结合轨道/公交站点一体化布置，以衔接多种交通方式，如图2-4-28为新增的非机动车停车设施布点。

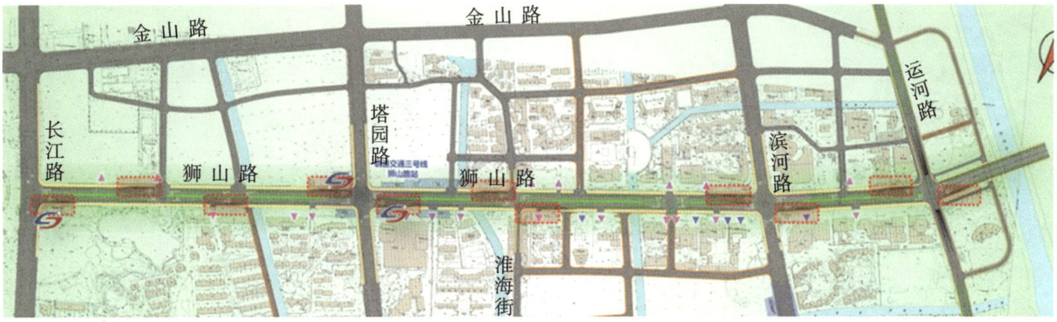

图 2-4-28　新增非机动车停车设施布点

②行人过街通道设置。沿线各个地面交叉口设置行人过街横道和中央驻足区。结合两侧商业、公园、轨道站点地下空间等新增 4 座地下通道，如图 2-4-29 所示。

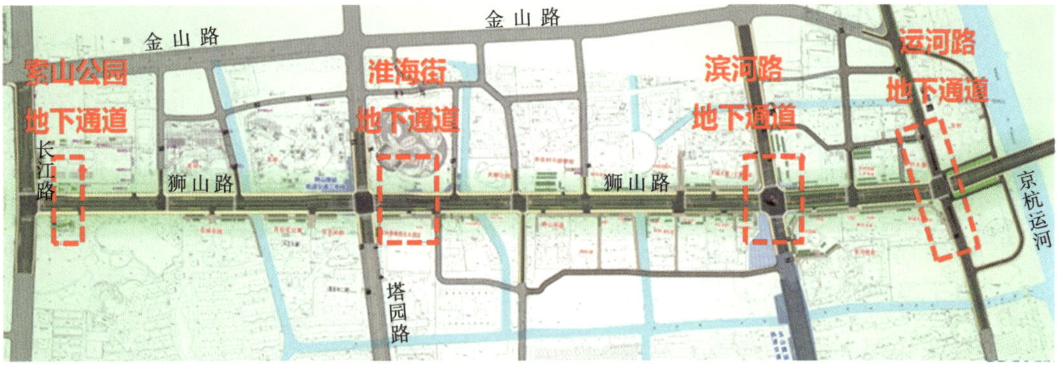

图 2-4-29　新增地下通道

③人行道铺装。人行道的无障碍设计打通沿线所有的盲道，盲道不再被井盖等设施打断，如图 2-4-30 所示；同时，人行道铺砖一体化设计，使井盖等设施与周边的铺装整体协调统一，如图 2-4-31 所示。

图 2-4-30　盲道畅通

图 2-4-31　人行道铺装的整体协调

④行人活动区域的无障碍处理。通过消除交叉口的高差和建筑前区的高差，使行人的通行空间更加连续，如图 2-4-32 所示。

图 2-4-32 消除交叉口和建筑前区的高差

⑤公共设施的设计与整合。为使道路空间更多地还给行人，除了提升整体的空间环境，还需要增加行人能停留、休憩的设施，并尽可能地将设施进行整合，如图 2-4-33 中，将设施箱体与休憩板凳进行整合，以集约使用城市道路空间。中央隔离带将用花槽替代传统的硬质隔离栏，兼顾功能与景观要求。交通标志、信号灯、监控、路灯等杆件尽量合并设计，避免杆件林立的视觉污染，杆件设计均按照工程美学要求，与周边环境密切协调，环境融合度高。并预留 Wi-Fi 接口等，实现智慧交通合杆，目前，狮山路已开通近 30 个 5G 基站，是苏州第一条 5G 全覆盖的主干道。

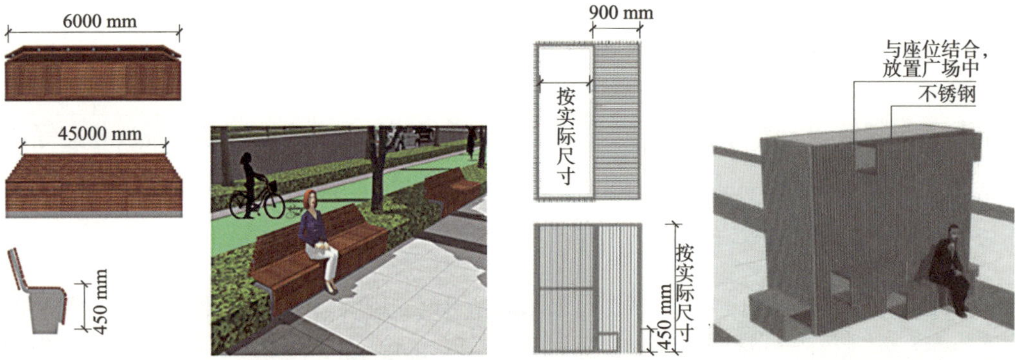

图 2-4-33 道路设施的增设与整合

4.3.3.2 注重生态景观的城市道路空间设计

（1）道路生态景观设计。

①对于生态景观，不同的景观带配置不同的品种，如榉树、樱花、银杏、美国红枫等，以便构建不同层次的景观。一般路段的景观配置如图 2-4-34 所示。

②对于河道两侧景观，沿河道采用树形挺拔的色叶树种，强调纵向的延伸感，如图 2-4-35 所示。

图 2-4-34　一般路段的景观配置

图 2-4-35　沿河道的景观布置

③对于重要的景观节点（图 2-4-36），应注重景观的层次感，营造错落有致的节点，展现丰富的层次感，且与周边环境和谐相融，从而增强城市的美感，提升公众的出行体验，为城市空间带来既优雅又实用的视觉效果，营造居民满意的生活空间。

图 2-4-36　景观节点的营造

（2）道路海绵设计。

为贯彻落实“海绵城市”等生态环保设计理念，狮山路人行道采用全透水路面结构（透水预制砖 + 透水混凝土基层），成为苏州市第一条采用陶瓷透水砖的道路，人行道内侧边缘设置纵向集水软管，收集雨水，雨水可以通过这种生态环保路面铺装迅速下渗至基层，缓解小到中雨时人行道板积水现象，如图 2-4-37 所示。部分建筑前区广场铺装边缘，结合现状条件设置截水沟，更好地收集表面径流汇入雨水井。

图 2-4-37　人行道的海绵设计

（3）照明节能设计照明工程响应国家节能号召，采用成熟的节能技术设计，灯具设置电容补偿器且实现全夜、半夜运行模式等，节能效果显著。

4.3.3.3　重视地域文化的城市道路空间设计。

地域文化设计在城市道路空间设计中占有举足轻重的地位，不仅能提升城市的辨识度，还能增强市民对于所在城市的归属感。苏州，作为中国古典园林的代表，拥有深厚的文化底蕴和独特的城市特征。在道路空间设计中融入园林特征，突显该城市的魅力。

（1）对于道路指示牌、交通信号灯及景点信息牌等，通过提取苏式山水的色彩元素，部分文字选用易辨识的书法字体，应用到这些杆件设施中，提升美感的同时加强文化气氛，如图 2-4-38 所示。

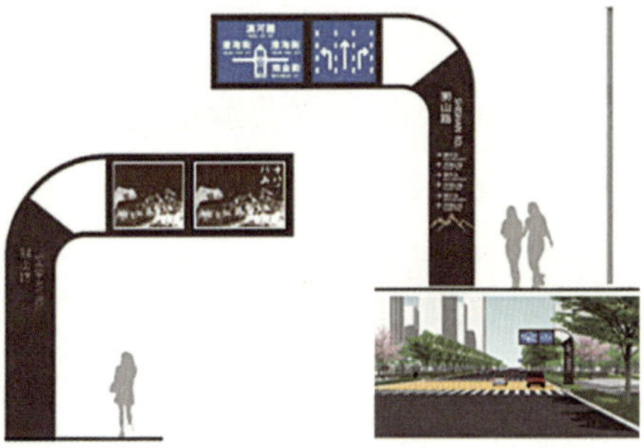

（a）道路指示牌

（b）交通信号灯

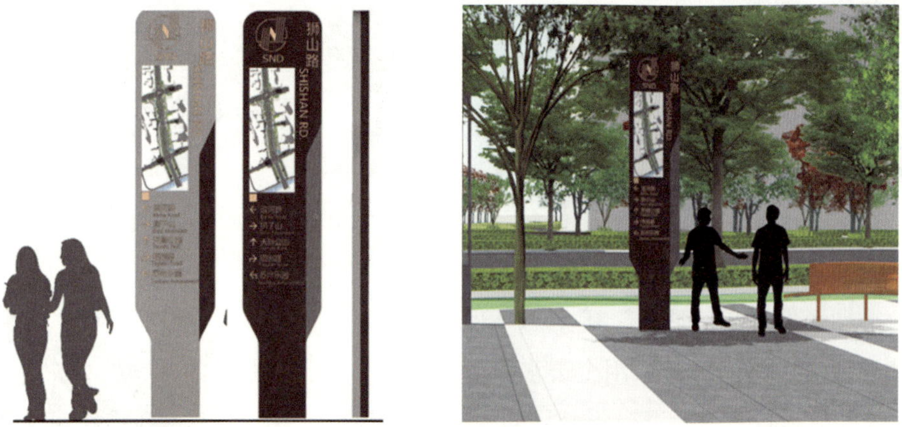

（c）道路及景点信息牌

图 2-4-38　道路设施的特色设计

（2）对于轨道出入口，运用融合设计的理念，采用现代 建筑材料，建筑形态与周边建筑一致，与周边景观和谐，为市民和游客创造一个舒适的过渡空间，如图 2-4-39（a）所示。

（3）灯光效果作为夜晚城市景观的重要元素，是提升道路空间景观的画龙点睛之笔。利用灯光技术突显苏州园林的独特之处，如将景观节点中的树木、花境、桥梁、亭台等元素在夜晚以灯光勾勒出来，使整个城市仿佛沉浸在一个巨大的园林之中，如图 2-4-39（b）所示。

（a）轨道出入口　　（b）灯光照明

图 2-4-39　轨道出入口和灯光照明的特色设计

4.4　改善效果

作为高新区中心城区东西向发展主轴与门户道路，“年近三十”的狮山路进行了一场蝶变，综合改造提升了交通功能、管线基础设施功能，整条路兼具“连续的线性公园、生活性街道空间、现代时尚商业空间、文化艺术廊道“等多重功能，形成更加“畅通、立体、高效、时尚”的城市主干道，成为全市最靓丽的城市名片之一。

狮山路的综合改造采用多方面的创新与精细设计，设计策略确保道路空间使用的安全，提高道路的生态环保性能，响应海绵城市 和国家低碳设计理念。景观美学的提升和杆件的合理整合使得整条道路与周边环境高 度融合，改善了高新区中心城区城市环境，提高了沿线通行效率，为道路两侧居民及地块交通出行提供了极大的便利，社会与经济效益显著。改造效果如图 2-4-40 所示。

图 2-4-40　狮山路改造效果

苏州高新区狮山路综合改造工程于 2019 年度获得了苏州市城乡建设优秀勘察设计一等奖、江苏省城乡建设优秀勘察设计二等奖和第十九届优秀工程设计二等奖。

案例5 昆山市博士路改造工程

5.1 项目概况

（1）项目背景。

博士路位于昆山市杜克智谷小镇，是该片区的主要交通纽带，与学院路、祖冲之路、院士路、观林路和林荫路等多条主要干道相交，总长约3.3 km，是串联小镇核心区域的重要交通脉络，其区位分布如图2-5-1所示。随着近年来周边地块的快速开发和城市化，博士路已逐渐暴露出交通及功能性短板：机非混行、无明确的交通分隔、路侧交通设施阻碍遮挡等。这严重制约了道路的交通效能，降低了市民的出行体验。

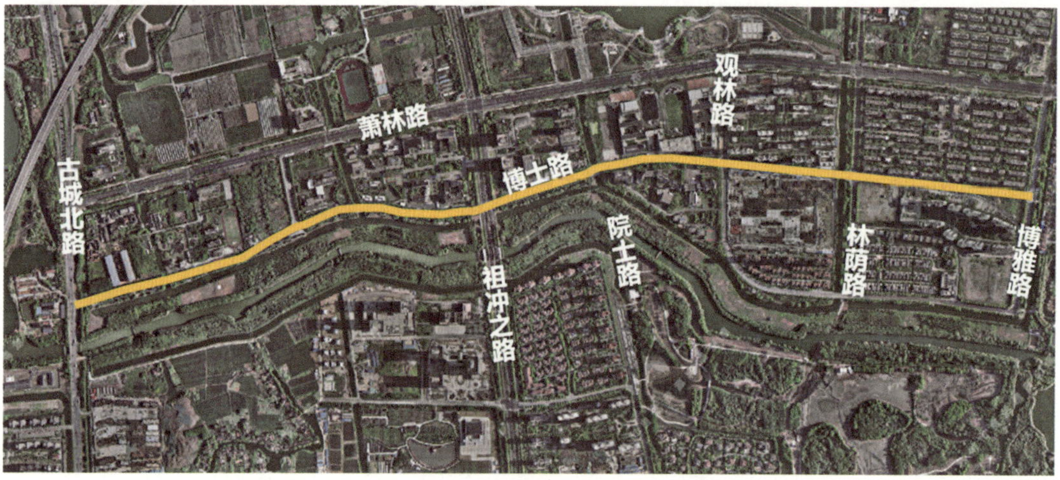

图2-5-1 博士路区位示意图

（2）功能与定位。

博士路扮演着提升城市形象和区域吸引力的角色，改造项目将着重提升核心路段的城市景观价值，为地区赋予更高的品质形象。项目还涉及修复和升级现有老化基础设施的任务，以降低维护成本并提高道路的可持续性。博士路的改造将秉持生态环保理念，融入海绵城市概念，力求实现道路与生态的协同发展，为城市提供更环保、绿色的交通设施。

（3）规划、设计与实施。

2017年昆山高新区将博士路（古城路至博雅路段）改造工程列为重点工程。同年，完成了前期规划研究，并于3月至12月间完成方案设计、施工图设计。项目于2019年5月完成了包括对交通需求、城市景观、基础设施状况以及生态环保等多个方面的改造。改造计划综合考虑城市交通系统的现代化和生态化发展，涉及多个专业领域的协同工作。

（4）改造的必要性与意义。

随着城市的持续发展，博士路的改造已经成为迫切需求。博士路改造的必要性突显在以下方面：

①应对日益增长的交通需求：昆山高新区和杜克科创小镇近年来的迅猛发展，使得博士路作为主要通道的交通压力不断攀升，需要对博士路进行改造以适应增长的交通需求，确保交通的顺畅与效率。

②优化城市景观与提高区域吸引力：博士路是高新区的交通要道，对于区域的形象与对外吸引力有至关重要的影响。通过升级改造强化核心路段的城市景观价值，为地区赋予更高的品质形象。

③修复和升级现有老化基础设施：博士路的原有设计与基础设施已经逐渐展现出老化的迹象，无法满足当前的交通需求，且道路维护成本很高。

④博士路是贯穿科创中心的重要通道，为充分发挥博士路沿线生态和科创资源优势，消除路基路面病害、满足路权分离需要，在城市发展中追求现代化与生态化同步，旨在实现道路与生态的和谐共生，促进杜克智谷小镇提档升级。

5.2 存在问题

道路不仅仅是连接起点和终点的路径，更是体现城市品质、文化、生态和技术的窗口。以新设计理念审视博士路，其实际功能性、美学、生态和文化价值并不完善，以下分别从道路空间设施和生态景观两方面对博士路的状况进行详细的分析。

5.2.1 道路空间设施

（1）交通问题。

周边地块以科研、居住和学校为主，使得高峰时段交通压力很大。道路为双向四车道，没有机非分隔设施，使得机动车与非机动车混合行驶，可能引发安全隐患。

（2）市政设施问题。

①道路材料及设计单一：博士路的道路空间内整体外观、使用的材料和颜色较为平淡，缺乏特色，临水空间的步道设计略显单调，如图 2-5-2 所示，与现代城市景观和民众对多样化、有特色的环境需求不符。

②无障碍设施设置不连续：盲道常被排水、弱电灯井盖中断，如图 2-5-3 所示。

图 2-5-2　临水空间道路材料和设计较为单调

图 2-5-3　盲道不连续

图 2-5-4　道路空间内的杆件设施分布杂乱

③路灯、交通、监控设备分布混乱：各种道路设备的布置缺乏统一规划，导致博士路上的视觉空间显得凌乱，给驾驶者和行人造成视线干扰，如 2-5-4 所示。各种专业的设施布局较为随意，缺乏统一和规范的规划，给维护和更新带来困难。

5.2.2　生态景观

（1）道路绿化和景观单一：虽然博士路两侧有绿化带，但其设计过于简单，没有形成有特色的景观，如图 2-5-5 所示，绿化植被种类单一，缺乏生态多样性。且缺乏文化元素，道路及其附近区域在文化艺术装置、历史纪念物或与当地文化相符的设计元素上显得稀疏，削弱了道路对地域文化氛围的体现。

（2）绿色出行环境有待改进：博士路对于骑行者和行人的支持设施较少，如缺乏足够的非机动车道或宽敞的人行道，如图 2-5-6 所示。

图 2-5-5　道路空间绿化单调

图 2-5-6　狭窄的人行道

（3）道路排水问题：由于排水系统设计不当或维护不足，博士路容易出现积水，特别是在雨季，从图 2-5-4 和图 2-5-6 可以观察到道路在雨后的残余水迹。排水不畅给行车和行人带来不便，不利于城市的水循环，并造成路面损害和安全隐患的增加。

5.3 整治措施

5.3.1 基于道路功能的城市道路空间设计

（1）优化道路断面：针对当前博士路的道路状况，重新规划道路布局，加入中央分隔带以及专为非机动车设计的分隔带，确保机动车与非机动车的行驶空间划分明确，提升行车与行人的安全性，断面设计图和相应的实景图如图 2-5-7 所示。

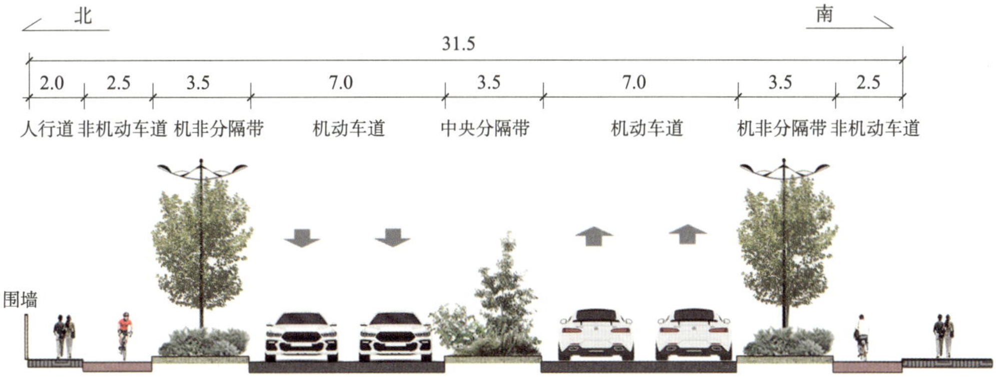

（a）博士路断面设计图

（b）博士路实景图

图 2-5-7　博士路断面设计图和实景图（单位：m）

（2）彩色排水路面材料的应用：博士路非机动车道采用高黏彩色透水沥青，人行道采用帕米孔天然集料透水艺术混凝土，独特的孔隙结构可吸收雨水还原地下水，降低汽车噪声，从而起到环保可持续发展的要求。帕米孔艺术混凝土为人行道打造出独特的质感，非机动车道则采用彩色沥青，整体道路在视觉上更为生动与多彩，增强其视觉吸引力，其良好的透水性使道路几乎不积水，不仅提高行走的舒适性，还给市民提供了一个雨天不湿鞋的安全健身场所，如图 2-5-8 所示。

图 2-5-8　博士路非机动车道和人行道的路面

（3）从智能化与公共服务的角度对公交站进行优化设计，建设具有昆曲特色的智能化公交站，改善公共交通服务，鼓励绿色出行，弘扬地域文化，如图 2-5-9 所示。

图 2-5-9　博士路公交站——融入昆曲元素

（4）道路空间设施的整合：在保持城市景观整体和谐一致的前提下，对路灯、交通指示牌和监控设备实行统一规划、统筹建设，实现路灯、视频监控、交通监控等功能的整合，增加道路的交通安全性，项目整体色系统一、语言统一，提升“智慧昆山”建设水平，如图 2-5-10～图 2-5-13 所示。

图 2-5-10　护栏与设施的外观统一

图 2-5-11　路缘石的平顺过渡

图 2-5-12　市政设施的整合

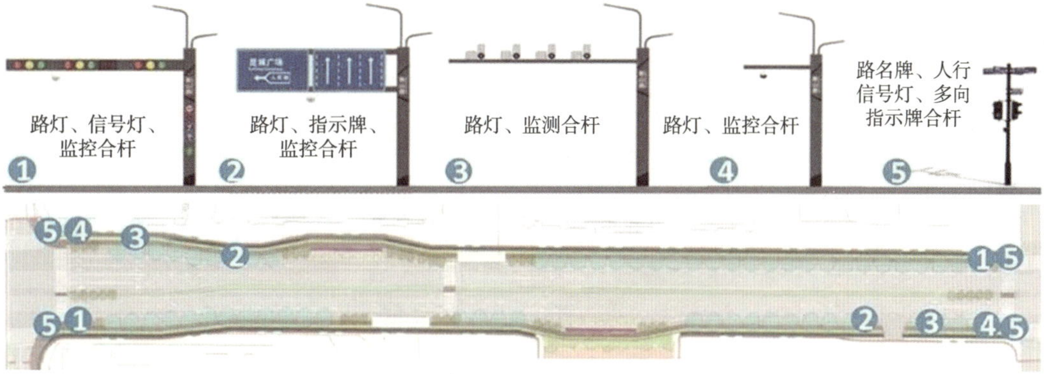

图 2-5-13　多杆合一

5.3.2　注重道路生态景观的城市道路空间设计

在有限的改造空间里，除了部分路口渠化、港湾式站台、断面调整涉及的必须迁改的树木，其余树木一律予以保留保护，景观设计方案深化研究，进一步提升道路全线绿化景观面貌。

此外，采用海绵城市的建设理念对道路进行改造，让道路在雨季可以滞洪和净化雨水，增强城市的韧性，延长道路的使用寿命。通过对道路沿线使用透水铺装，在分隔带中增加植草沟以及布置雨水花园等手段，以增强道路的排水能力，如图 2-5-14 所示。

(a) 透水铺装

(b) 植草沟

(c) 雨水花园

图 2-5-14 道路的海绵改造

结合博士路实际情况，道路的海绵改造需要注意并控制以下特征。

(1) 道路中央分隔带、机非分隔带、两侧绿地较宽（大于等于 3.5 m）的情况下应采用不同的海绵策略。中央分隔带可结合下凹式绿地，绿化注重开敞、层次简洁、色彩分明，如图 2-5-15 所示。绿化选品上应注意多选择耐湿、耐旱植物，上层树木品种选择：榉树（秋季观色）、香樟（维持现状，冬季常绿）；下层树木品种选择：百慕大草坪、毛鹃、南天竹（耐湿且耐干旱，特色红色观赏品种）、芒草（特色观赏草）。

（2）节点绿化为了体现景观的差异性与丰富性，可打造特色的混合式花境效果，如图 2-5-16 所示。花境综合使用各类植物，融各类植物之所长，通常以中小型的花灌木作为背景，结合一二年生花卉和球宿根花卉、观赏草等，观赏期较长，养护、管理简便。设计中合理控制适量的宿根花卉和观赏草，保持特色鲜明的同时注重植物的季相变化。

图 2-5-15　中央分隔带景观设置

图 2-5-16　混合式花境

（3）对于分隔带空间不足的点位，可采用末端湿地，如图 2-5-17 所示，将对应的末端雨水井改造，与雨水湿地连通。景观与湿地平衡搭配可以兼顾生态、实用和美观。景观空间设计移步换景、曲径通幽；绿化搭配上强调水生植物的重要性，通过搭配挺水、浮水、沉水植物，实现水体的生物净化及观感美观的作用。挺水植物植株高大，花色艳丽。直立挺拔，下部或基部沉于水中，根或地茎扎入泥中生长，上部植株挺出水面，直立挺拔。挺水植物选用品种：美人蕉、黄菖蒲、水生鸢尾、梭鱼草。浮水植物的根状茎发达，无明显的地上茎或茎细弱不能直立，叶子漂浮于水面。浮水植物选用品种：睡莲、竹叶眼子菜。沉水植物根茎生于泥中，整个植株沉入水中，具有发达的通气组织，利于进行气体交换。叶多为狭长或丝状，能吸收水中部分养分，在水下弱光的条件下也能正常生长发育。对水质有一定的要求，

图 2-5-17　末端湿地

因为水质混浊会影响其光合作用。沉水植物选用品种：黑藻、狐尾藻。另外，还需区分喜湿植物和水生植物，喜湿植物生长于水池或小溪边沿，根部不能浸没在水中，如樱草类、玉簪类、络新妇类等植物。如品种选择不当，则会影响植物长势且带来经济损失。

图 2-5-18　与市政绿化结合

（4）两侧绿地与常规市政绿化结合，微地形造景、疏林地被景观，如图 2-5-18 所示。绿化设计时注重高低绿地有机组合、绿量适中，即兼顾经济性和营造城市开放式、共享式绿地空间，是道路绿化设计的趋势。注意：绿化搭配结合林缘线、林冠线变化，常绿植物与落叶植物合理搭配，多选择乡土树种，耐养护、易管理。

5.4　改善效果

博士路改造在多个设计团队的通力合作下，项目采用全过程径流控制策略，在昆山率先采用中分带下凹空间，实现对雨水的源头控制。结合雨水管网末端，改造建设雨水湿地，在增加水面面积的同时，丰富景观效果，提升庙泾河水生态环境质量，打造了一个可持续自然积存、渗透、净化的健康生态系统。博士路改造项目，注重保护水乡特色风貌、丰富园林景观，体现了蓝绿统筹及人与自然和谐发展，获得广泛认可，被列入《系统推进海绵城市建设的昆山实践》案例之一，助力昆山市 2022 年成为全国系统化全域海绵城市建设示范城市，并基本形成系统化全域推进海绵城市建设的格局，获评 2023 年度江苏省海绵城市优秀工程案例二等奖。昆山海绵城市建设本土化实践的里程碑事件，标志着昆山不仅将海绵城市理念在实际建设项目中落实，并且摸索出了一套行之有效的技术标准，城市内涝问题有效缓解，城市韧性与宜居水平显著提高，为全省乃至全国海绵城市建设贡献了昆山经验。

案例6 苏州市朝红路改造工程

6.1 项目概况

（1）项目背景。

朝红路位于苏州高新区西部，是一条南北向次干道，设计速度为 30 km/h，主要服务于周边工厂和居民区的出行需求，其区位分布如图 2-6-1 所示。朝红路是太湖大道快速路的重要集散通道，太湖大道快速路在朝红路东侧设置一对出入口匝道。道路全长约 2327.7 m，道路北起泰山路、南至华山路，沿线与旺米街、鹿山路（下穿通过太湖大道高架）、马涧路、茅山路及两条支路等相交。规划红线宽度为 30 m，双向四车道，三块板断面。路幅宽度为 12 m，双向两车道，一块板断面，路面采用沥青混凝土路面，总体路面状况良好，拟通过改造按照规划红线宽度进行拓宽。

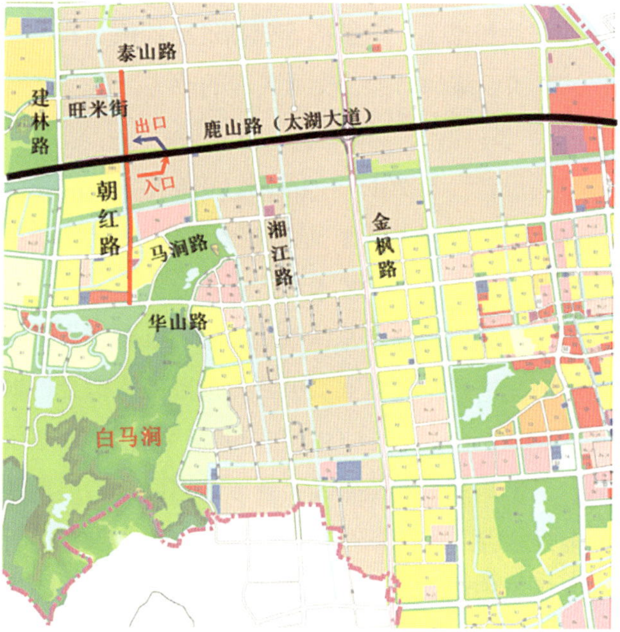

图 2-6-1　朝红路区位图

（2）功能与定位。

朝红路在高新区西部的地理位置至关重要，服务于周边工厂和居民区的交通需求，是太湖大道快速路的重要连接通道，连接泰山路和华山路，对区域内的交通分布和流动具有重要影响。改造项目将致力于提高道路的交通流量和通行效率，以满足不断增长的交通需求。

（3）规划、设计与实施。

根据《苏州高新区城乡一体化暨分区规划》，朝红路一般路段规划红线宽度为 30 m，双向四车道，三块板断面。根据区域路网连通要求、地块交通出行需求以及规划建设计划，朝红路分两期进行建设。2000 年后，随着高新区产业开发不断推进，朝红路所在片区招商引资取得较大进展，多家工业企业规划进驻投产。南部地块居民住宅项目也按规划实施。2003 年，为满足工业企业及居住地块交通需求，朝红路一期工程建成通车，路幅宽度为 12 m，双向两车道，一块板断面。至 2016 年，朝红路一期道路接近路面结构设计使用年限（15 年），沥青混凝土路面状况虽总体良好，但部分路段存在裂缝、坑槽等病害，人行道局部沉陷、缺损。随着近年来高新区社会经济的发展，城市化进程逐渐加快，道路沿线的泰山路、太湖大道（鹿山路）、马涧路、华山路等相交道路陆续进行了拓宽改造，交通流量尤其是非机动车、行人等慢行交通流量大增。朝红路为双向两车道、机非混行通行能力较低，交通安全设施缺乏，有极大的安全隐患，已不能适应交通需求。朝红路改造工程项目按照规划红线宽度进行拓宽改造，完成规划红线宽度为 30 m，双向四车道，三块板断面。改造内容包括道路的拓宽和改建，桥涵的修复和升级，排水系统的优化，照明设施的增强，交通工程的改善，以及交通监控和信号灯系统的更新。

2013 年 5 月开始规划设计，于 2015 年 1 月至 2016 年 3 月间完成方案设计、施工图设计，最终在 2017 年 6 月竣工。项目主要通过文献收集、交通调查与预测、现场踏勘及老路检测等多种方式，开展全寿命周期技术经济论证分析，车道规模、改造方案论证充分，严格控制工程造价，以此原则确定总体改造方案：根据总体规划，平面线形按照现状拟合，结合两侧地块情况进行渠化展宽，纵断面按照现状拟合，根据加铺补强路面结构厚度适当抬高，道路高程与地块接顺；尽量利用老路路面结构、桥梁、箱涵等；根据管线需求重新布设管线，尽可能利用老路管线，迁改与道路改造严重冲突的管线。尽可能将道路外侧树木保留至新建道路机非分隔带、人行道行道树等绿化范围内。通过对道路、桥涵、管线及绿化等附属设施的充分保留利用，减少改造废弃工程量，努力实现道路使用全寿命周期成本最优化。

（4）改造的必要性与意义。

朝红路改造项目的必要性体现在以下几个方面：随着高新区西部的工业区和居民区的不断发展，交通需求不断增加，需要执行《苏州高新区城乡一体化暨分区规划》（2009—2030 年），确保交通的畅通和高效；项目将提升道路的功能，为区域内的交通分布和流动提供更好的支持；项目将提升道路的城市功能和交通设施的现代性；项目将提升道路的生态和环保性，为城市的可持续发展提供更好的条件。

由图 2-6-1 可知，太湖大道快速路在朝红路东侧设置一对出入口匝道，朝红路为太湖大道快速路的重要集散通道，因此，保证朝红路的安全和畅通对于其本身和路网的通行效率及体验具有重要意义。

6.2 存在问题

朝红路马运河以北路段的道路两侧主要为工业企业及绿地，马运河以南路段的道路两侧主要为居民区，沿线出入口众多，共设置 4 对港湾式公交站台。其高峰小时交通流如表 2-6-1 所示，交通量较小。朝红路的红线宽度为 30 m，而实际路幅宽度为 12 m，机动车双向两车道、机非混行，横断面如图 2-6-2 所示。经计算，道路仍能达到 B～C 级的服务水平。

朝红路现状的高峰小时交通量及交通饱和度　　表 2-6-1

行驶方向	项目	鹿山路以北	鹿山路以南
由北向南	交通量（pcu/h）	474	480
	饱和度	0.593	0.600
由南往北	交通量（pcu/h）	426	378
	饱和度	0.533	0.473

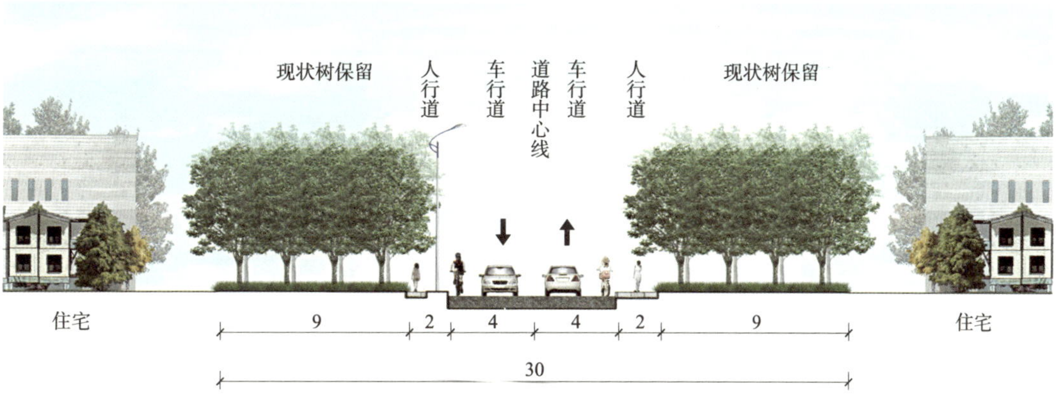

图 2-6-2　朝红路横断面示意图（单位：m）

随着道路沿线的泰山路、太湖大道（鹿山路）、马涧路、华山路等相交道路陆续进行了拓宽改造，交通流量尤其是非机动车、行人等慢行交通流量大增。朝红路双向两车道、机非混行通行能力较低，交通安全设施缺乏，有极大的安全隐患，已不能适应交通需求。按照增长率法预测朝红路 2035 年的交通量，如表 2-6-2 所示，双车道道路不能够满足未来的通行需求。

预测的 2035 年朝红路高峰小时交通量及交通饱和度　　表 2-6-2

行驶方向	项目	鹿山路以北	鹿山路以南
由北向南	交通量（pcu/h）	1178	1193
	饱和度	1.473	1.491
由南往北	交通量（pcu/h）	1059	939
	饱和度	1.324	1.174

6.3　整治措施

基于上述背景，在预留的红线范围内对朝红路的道路空间中的横断面、平面、路基路面处理、管线以及生态功能等方面进行整体改造。

(1) 增加车道数。

根据预测交通量，计算远期朝红路路段双向四车道时，服务水平为 C～D 级，如表 2-6-3 所示，说明朝红路改造为机动车双向四车道规模是必要的。

预测的 2035 年朝红路双向四车道的交通饱和度和服务水平　　表 2-6-3

行驶方向	项目	鹿山路以北	鹿山路以南
由北向南	饱和度	0.785	0.795
	服务水平	D	D
由南往北	饱和度	0.706	0.626
	服务水平	C	C

(2) 完善道路横断面布置。

将一块板断面改造成三块板断面，双向两车道扩容为双向四车道，增设非机动车道、人行道，机非分隔带加宽 0.5～2 m，便于设置公交站台，也有利于绿化成活，人行道最小宽度 2.5 m。一般路段推荐横断面布置如图 2-6-3 所示。

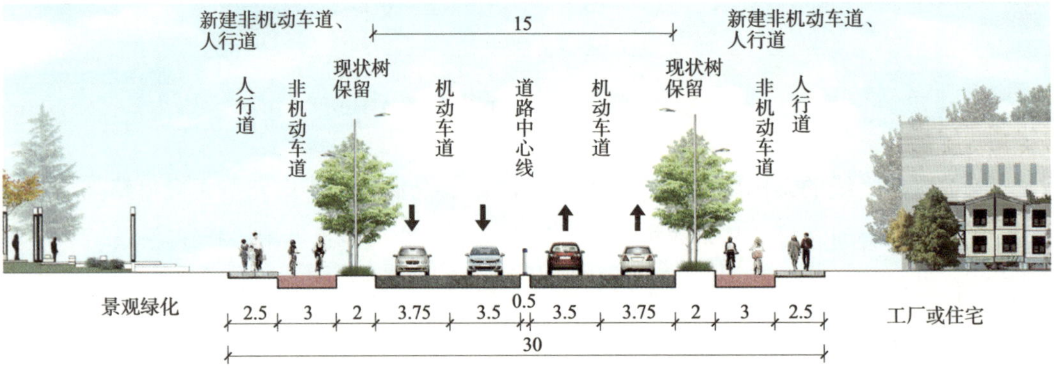

图 2-6-3　朝红路一般路段横断面改造图（单位：m）

对于无拓宽条件的交叉口，受两侧建筑红线（与道路 30 m 红线重合）限制，不宜拓宽。通过压缩非机动车道由 3 m 至 2.5 m、机动车道宽度由 3.5 m 至 3 m 进行渠化拓宽，交叉口五车道：三进两出，如图 2-6-4 所示。

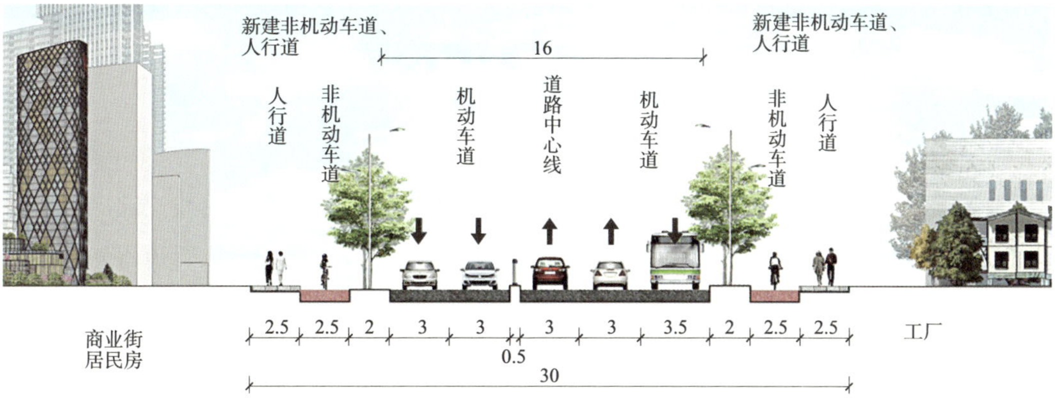

图 2-6-4　朝红路无拓宽条件的横断面改造图（单位：m）

（3）道路空间精细化设计。

改造方案总体设计要求明确、统一，各专业设计衔接合理，细部及细节设计到位、要求明确，施工可操作性强，满足施工质量安全控制需要。道路两侧为密集的厂区、居民区及沿街商业等，为减少道路改造对沿线交通出行的影响，并充分实现改造后道路对周边的服务功能，道路改造在平面线形、纵断面高程控制、横断面优化布置、公交站点优化调整、施工期间交通疏解组织、路基路面搭接处理、老桥（箱涵）拼宽、管线迁改、人行道无障碍、雨污水井加固等环节中均进行精细化设计。

以交叉口渠化设计为例——对于具备拓宽条件的交叉口，根据道路红线宽度拓宽增加车道。华山路交叉口两侧均可拓宽，渠化为双向六车道，三进三出（图 2-6-5）。鹿山路西侧拓宽，渠化为五车道：三进两出，图 2-6-6 展示渠化后的实景图。

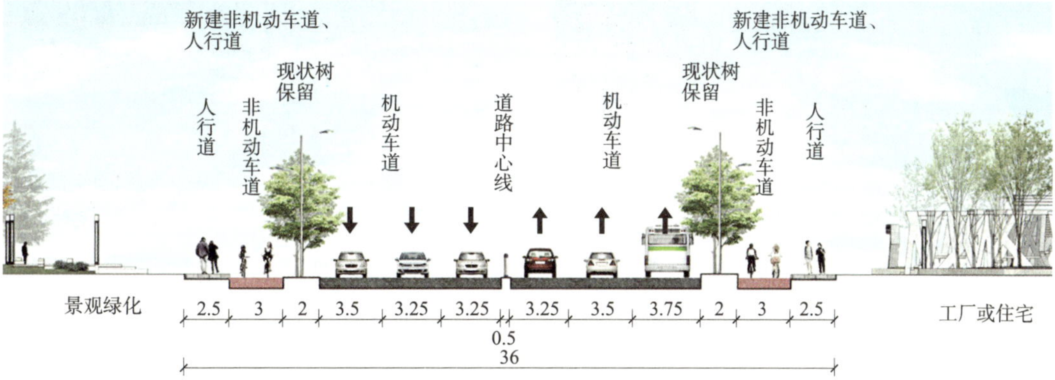

图 2-6-5　朝红路具备拓宽条件的交叉口横断面改造图（单位：m）

以公交站点调整为例，在调研公交线路运行情况、分析预测远期道路两侧地块调整对公交营运产生的潜在影响基础上，项目组与高新区客运管理处相关人员多次到现场实地踏勘，确定朝红路改造后公交站台维持原有数量（4 对），但在现状位置基础上，结合两侧地块出行需求适当调整优化，进一步提高公交服务水平。沿线 4 对公交站台，其中 1 个具备设置港湾式公交站台条件，其余 7 个外侧建筑围墙距离 30 m 红线 1.5～2 m，不宜拓宽。

以无障碍设计为例：

道路整体改造遵循“以人为本”的原则，施工期间最大限度保障沿线交通出行，最终改造方案中，路段中间结合地块需要设置开口，交叉口交通组织、人行道落地、无障碍设计，如图 2-6-7～图 2-6-9 所示，在全路段范围内，公交站台、一般路段的人行横道以及交叉口等均进行高差的消除，以便行人无障碍通行，体现人性化设计的理念。

图 2-6-6　朝红路渠化交叉口

图 2-6-7　朝红路一般路段的无障碍设计

图 2-6-8　朝红路交叉口的无障碍设计

图 2-6-9　朝红路公交站台的无障碍设计

（4）生态、环保方面的改善措施。

改造方案注重生态环保设计，节地、节水、节材等技术措施均有体现。道路两侧绿化成荫，为尽量减少道路改造中的绿化迁移，设计中对线位选择、断面优化等方面进行针对性设计。线位按照现状拟合，对原规划断面进行局部优化，原规划 1.5 m 机非分隔带加宽至 2 m，原有的树穴可以最大限度予以保留，以提高道路沿线生态防护能力。同时，为贯彻落实“海绵城市”等生态环保设计理念，人行道采用全透水路面结构（透水预制砖 + 透水混凝土基层）。桥梁工程中，为避免筑坝围堰影响河道水系流通，拓宽桥梁采用 13 m+16 m+13 m 跨径桩柱式桥墩及埋置式桥台。

照明工程中，响应国家节能号召，采用成熟的节能技术设计，灯具设置电容补偿器且实现全夜、半夜运行模式等，节能效果显著。

6.4 改善效果

本项目设计坚持高标准、严要求，自建成通车多年来，全线路况保持完好，桥涵运行情况良好，行车舒适。路基稳定，路面平整，路容美观。朝红路的拓宽改造，为疏解太湖大道交通流量提供了重要通道，也为道路两侧居民及厂区交通出行提供了极大的便利。

改造方案充分体现工程美学，道路路线线形、路面材质、桥梁护墙栏杆、交通标志标线、信号灯、监控、路灯、绿化景观等均按照工程美学要求，与周边环境密切协调，保留道路西侧约 30 m 的绿化带，原人行道边一排乔木基本保留在机非分隔带内，有机整合道路沿线水、绿、路等资源，构建“蓝绿灰”三廊融合的生态廊道，为沿线工业厂区提供了防尘降噪生态屏障，为沿线居民提供了休闲漫步生态走廊，成为工业区、居民区混合地区道路改造的典范，改造效果如图 2-6-10 所示。

图 2-6-10　朝红路工程起、终点段改造效果

项目先后获得 2018 年度苏州市城乡建设系统优秀勘察设计二等奖、2018 年度江苏省城乡建设系统优秀勘察设计三等奖、2018 年度第十八届优秀工程设计三等奖。

案例 7 苏州市临顿路改造工程

7.1 项目概况

（1）项目背景。

苏州市临顿路北起齐门桥南侧，南至干将路东，总长约 2.4 km，为双向四车道，是苏州古城贯通良好的南北向次干道。苏州轨道交通 6 号线为西北 - 东南方向的对角线走向，连接高新区、古城区和工业园区。临顿路位于苏州古城区的中心位置，6 号线贯穿临顿路全线，在临顿路沿线共设置拙政园站、悬桥巷站和临顿路站三个站点，对古城的整体交通和发展至关重要。项目改造和提升将对整个古城片区产生深远影响。苏州以其丰富的文化底蕴而著名，需要将传统的“苏式”文化元素融入现代城市景观，以传承和弘扬当地的历史文化。周边地区历史悠久，存在大量的历史遗迹，周边分布包括玄妙观三清殿、文起堂、尚志堂吴宅和冯桂芬祠等 1 处全国重点文物保护单位、2 处省级文物保护单位、3 处市级文物保护单位，以及 14 处控制保护建筑，历史遗存见证苏州丰富的历史文化积淀，临顿路区位及历史遗迹、街区分布如图 2-7-1 所示。

图 2-7-1　临顿路区位分布图

（2）功能与定位。

顿路景观干道是突显城市品位、增强城市魅力、彰显古城风貌的重要载体。规划定位其既是古城休闲旅游慢行廊道三纵之一，也是打造“绿色天堂 • 苏州古城”绿色交通体系样板，还是新苏风貌特色街道。改造项目需要充分尊重古城的历史风貌、非物质文化遗产的展示、传统产业的传承以及休闲旅游业的发展等多重需求。项目的首要目标是延续和弘扬苏州古城的独特风貌，保留和恢复古城道路的传统特色，使游客和市民在街头能够感受到浓厚的历史文化氛围，提供展示苏州非物质文化遗产的机会，包括传统手工艺、戏曲表演等，以丰富游客的文化体验。

道路改造带动周边地块的更新，展现新苏式文化的自信，展示新苏式文化的独特魅力，将临顿路和周边地块打造成有活力的、充满文化底蕴的城市街区。

（3）规划、设计与实施。

为配合苏州轨道交通 6 号线工程的建设，打造以人为本的慢行、活力、共享的园林式街区，打造沿临顿河滨河景观带，带动整体街道的品质提升，临顿路综合改造工程在 2022 年 10 月完成前期规划研究，2022 年 12 月完成临顿路综合改造工程可行性研究报告，2023 年 1 月完成人民路改造初步设计，2023 年 3 月完成施工图设计，2023 年 5 月进场施工，预计 2024 年 6 月底竣工通车。

政府牵头组织编制，临顿路—齐门路沿线综合整治及更新规划，包括背景篇、文化解读篇、总体规划篇、道路交通篇、景观提升篇、建筑提升篇、水上游线篇、文化引导 & 城市家具篇、总体体系篇、施工时序与成本，共 10 个篇章。总体思路是从文化遗产、道路交通、景观品质、建筑形态、水上游线、引导家具、公共艺术、规划实施等方面系统推进：①文脉传承：显基因，炼价值，传承传统文化，讲述历史故事，重现历史场景；②路权优化：重慢行，显活力，构建公交慢行，倡导共享街道，体现街区活力；③景观提升，探价值，现品质，营造滨河景观，提升文化展示窗口，增强步行体验；④建筑改造续风貌，重细节，延续苏式风貌，营造优良界面，彰显古城特色；⑤水上游线：水路重现，尊历史，现场景，恢复水路形制，重现水巷生活，增强浏览体验；⑥引导设计：重文化、兼功能，提取文化基因，尝试情景再现，注重品质细节；⑦艺术创作：显基因，炼价值，弘扬姑苏人文精神，结合场地人文，现代古韵结合；⑧实施指引：强责任，稳推进，成立专项班子，设立多个部门，高效稳步推进。

（4）改造的意义。

临顿路改造项目的意义体现在：提高道路的功能，为古城区域的交通分布和流动提供更好的支持；道路与古城的建筑风格协调一致，调整风貌不协调的建筑，打造具有独特特色的道路空间界面形态；创造宜人的道路景观，增加绿化开敞空间和公共活动场所，使市民和游客能够在愉悦的自然环境中休憩和社交；优化道路断面形式，确保道路的尺度和结构更符合人们的需求，尤其是慢行交通的友好性，以提供更安全、宜居的道路环境；建设立体化创新街区，以吸引更多的居民和游客，为城市增添更多的活力。

7.2 存在问题

交通和停车状况：临顿路的车流量大，车辆行驶速度较快。非机动车和机动车停放混乱，占用道路空间，导致慢行空间受到限制，影响市民和游客的出行体验。车辆占用滨河空间，挤占人行商铺的空间，给周边环境和商业活动带来困扰，如图 2-7-2 所示。

(a) 占用滨河空间，安全性存隐患　　(b) 挤压人行、商铺空间

图 2-7-2　空间被占用

临顿路的滨河地带未能有效发挥其独特的价值特色，文化风貌特色隐匿。如图 2-7-3 所示，滨河人行道空间局促，绿化植被过于密集，界面凌乱，功能单一。滨河界面被高大建筑物遮蔽，无法与水体形成亲水联系，也缺乏休憩和河畔体验的功能。滨河空间和街角空地等公共空间被停放车辆占用，导致道路空间的品质下降。

(a) 滨河人行道　　(b) 滨河空间、街角空地

图 2-7-3　临顿路滨河地带道路空间现状

临顿路西侧的商业环境存在以下问题：临顿路西侧的业态配置单一，消费体验有限，缺乏吸引人停留的空间，与周边景点缺乏有效的联系。临顿路东侧的商业界面显得陈旧、杂乱，业态主要以低端基础生活类为主，商品价值相对受限。

临顿路的商业氛围总体表现为低端同质，业态缺乏多样性（图 2-7-4），商业活力相对不足，生活服务功能和消费体验都有待改善。与观前商圈、拙政园、平江路等城市热门商业价值点相比，临顿路尚未能形成平衡的商业过渡与导流支撑。

临顿路沿线拥有丰富的历史遗迹，承载着苏州悠久的历史和深厚的文化底蕴。然而，尽管历史遗迹众多，沿线却缺乏能够真正体现历史文化浓厚气氛的文化节点。历史遗迹零散，未能充分融入道路和城市景观中，导致游客和居民在临顿路漫步时难以感受到苏州丰富的历史文化内涵。

（a）临顿路西侧

（b）临顿路东侧

图 2-7-4　临顿路业态现状

7.3　整治措施

1）道路空间的定位

（1）形象定位：江南人文的认知刻度。

（2）风貌定位：无界园林和慢生活街区。入街即入园，入园见山，观石，聆水，闻香；入园即入画，停顿，行走，闲赏江南诗情画卷。

（3）功能定位：融园林文化艺术、姑苏雅韵生活、繁华商业潮流为一体的街区。将充分融合自然和人文，传承古典园林的精神文化，让人们与自然互动，满足人们对公共空间的文化需求。将临顿路打造成精致、浪漫、古朴风雅且充满生机的立体化创新街区。

2）道路空间的改造

（1）交通转型。

临顿路将成为以人为本的慢行、活力、共享的园林式街区。以下是交通转型的具体措施。

①优化道路断面，构建慢行景观通道（图 2-7-5）：在临顿路改造中，缩小非机动车道宽度，加宽景观步行道，从而精细化重构慢行空间，塑造共享便捷、景观友好的共享园林式道路。在河西侧，原则上不安排非机动车泊位，以提高滨河慢行空间的品质，打造美丽的景观轴线。为居民和游客创造宜人的步行环境，让人们更好地欣赏河边的风景，如图 2-7-5 所示。

②优化非机动车停车布局：非机动车停车布局将根据具体情况进行优化，结合主要景区节点和轨道站点出入口，以满足不同区域的需求，如图 2-7-6 所示。东侧的非机动车位将进行调整，以满足沿街商铺的需求；而西侧将保障公共建筑的需求。此外，还计划在远期地块更新时增设地下非机动车停车场，以释放更多的地上空间，供行人和商业使用，从而改善交通流动性，提升道路的整体品质，为市民和游客提供更好的停车和步行体验。

图 2-7-5　慢行景观通道构建

图 2-7-6　非机动车停车布局优化

③优化以轨道为核心的公交体系，加强轨交接驳，促进双网融合：新增拙政园站和悬桥巷站两个轨道交通站点，促进公交与轨道交通的双网融合。优化醋坊桥站的位置，调整至 3 号口周围的 50 m 范围内，以提高不同交通模式之间的衔接性，使乘客更容易在不同交通工具之间切换。

④优化公交站台位置，半径合理，保障出行，如图 2-7-7 所示：确保行人乘客的出行安全和便利性，对公交站台的位置进行优化调整，将其由进口道调整至出口道，使乘客更加方便地使用公共交通工具，提高出行效率和舒适度。

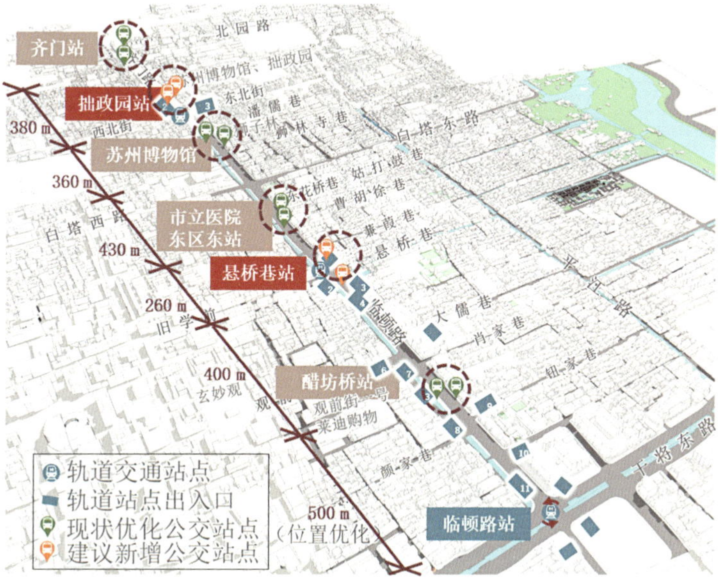

图 2-7-7　公交站台优化

⑤公交站台港湾化：为提高公交站台的功能性和服务水平，在全线设置港湾式公交站台，提高公交站台的整体运营效率，让乘客更加便利地等待和乘坐公交车。

⑥优化信控方式，提升交叉口和整合路侧设施。

智慧灯杆的多功能性是整体布局的关键要素，其设计需要符合功能齐全、景观协调、点位控制的总体要求。

智慧灯杆的设计原则：

a. 一杆多用：智慧灯杆应设计为一杆多用，以满足不同的需求，包括路灯照明、交通指示、交通监控、安防监控等功能，减少杆体的数量，提高路面空间的美观性和整体布局的协调性，如图 2-7-8 所示。

b. 安全距离：杆体和挂载设备的位置应该避免侵入道路建筑边界，并满足与公共设施的最小安全距离，以确保安全性和道路通行的顺畅。

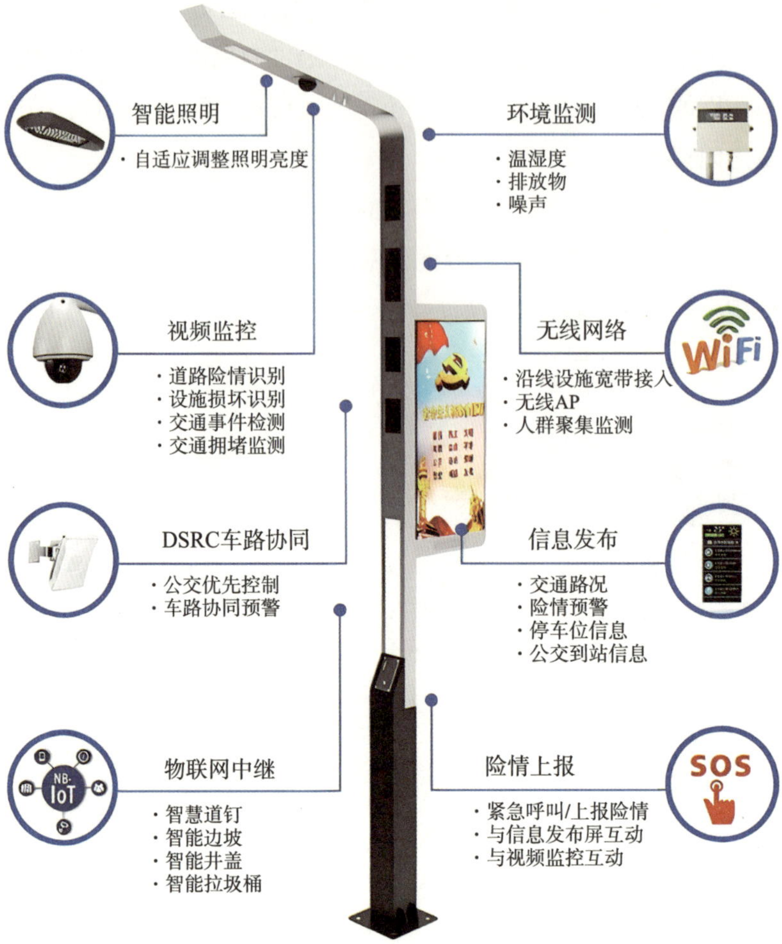

图 2-7-8　杆件设施的整合

智慧灯杆的布设顺序：

布设智慧灯杆应考虑路口和路段的优先级。首先，在路口布设智慧灯杆，以满足交通指示、监控和安全需求。然后，在路段逐步布设智慧灯杆，合理调整灯杆间距，以满足路灯的点位要求。具体要求如下：

a. 路口：在路口，智慧灯杆的布设应以交通指示（如标志牌和信号灯）、交通监控（如流量检测器和电子警察）以及安防监控设备的点位为控制点，确保智慧灯杆在路口区域的布设更加精确和有效。

b. 路段：在路段，智慧灯杆的布设应以路灯的点位为控制点，以保持路段的良好照明，确保智慧灯杆的位置与路段的功能相协调。

（2）空间激活。

特别关注滨河景观带，增设文化橱窗、滨水连廊、特色驳岸、文化广场等文化节点，将滨河景观带作为重要的文化引导及形象展示界面。构建素雅、惬意的滨水步道，结合连续干净的山墙面为背景，打造可休憩停留、观景、拍照的滨河空间。特别关注以下方面的设计和策略：

①铺装：保留道路原有的完好的花岗岩铺地，以保持历史的质感和文化传统，如图 2-7-9 所示。对于花岗岩街铺地不利于通行的部分，应进行置换，以确保通行的顺畅。

②植被：保留上层乔木和中层小乔，抽稀以保持空间的开阔感。在不影响通行的情况下可以局部保留下层的灌木地被，以增强景观的绿化效果，如图 2-7-10 所示。

图 2-7-9　铺装改造

图 2-7-10　保留道路空间内的部分植被

③景观元素：太湖石是苏州园林的重要元素，应尽量保留。对于那些可能遮挡人行空间的地被和太湖石，应进行移植或置换，将其应用到造景中，在不影响人行通道的情况下增强景观的魅力，如图 2-7-11 所示。

④通行宽度和无障碍通行：确保至少 1.2 m 的通行宽度，以满足无障碍通行的需求，如图 2-7-12 所示。

图 2-7-11　太湖石的使用与置换

图 2-7-12　通行宽度

⑤驳岸围墙：在驳岸围墙上植入文化要素，使其与周边场地内涵相融合，起到展示和引导的作用。这包括铺装翻新、增加植被效果、增加场地功能等，以丰富滨河景观带的通行体验和文化内涵，如图 2-7-13 所示。

（a）改造前　　（b）改造后

图 2-7-13　驳岸围墙改造

⑥重点打造区域：在一些特定区域，如医院周边和朱鸿兴老字号区域，重点打造景观节点。在医院周边，通过梳理植被、翻新铺装、增加主题雕塑和景墙等方式，丰富行人通行体验，与基础更新形成差异化效果，打造独具苏式特色的景观节点，如图 2-7-14 所示。在朱鸿兴老字号区域，改造策略包括翻新铺装、改造建筑立面、增加荷叶状构筑物，形成店面前的空间场域，提供休闲休憩功能，强化老字号苏式特色，如图 2-7-15 所示。

图 2-7-14　医院滨河绿地改造

图 2-7-15　朱鸿兴转角空间改造

3）业态升级

推行商业与住宅、文创相结合，通过主力店铺业态与形象升级，以点带动整体道路的品质提升与流量导入。在临顿路将有更多的商业和文化创意元素与住宅区融合，从而提升道路的整体品质，并吸引更多的人流，为拙政园、苏博、观前商圈等提供更为完善的城市服务体系，为这些地区的居民和游客创造更好的生活和消费体验。

4）周边地块更新

通过 3 个更新主题——苏式山水（园林片区）、地道风物（平江片区）、苏样时尚（地道风物），7 个更新地块——齐门文化广场、七姬山水、蝶变绣坊、悬桥中心、苏样时尚街区、风物创新基地、颜巷乐坊，及 1 条内部路径串联，从街道回归街区，基于传统文脉的文化再创造，展现新苏式文化自信，深度融入当代城市生活。

7.4 改善效果

经过对道路空间、滨河空间的文化和景观改造，临顿路成为综合性的文化和生活体验带。滨河景观带焕发出新的活力，文化橱窗、滨水连廊、特色驳岸、文化广场等文化节点成为游客驻足的焦点。铺地、植被和景观元素经过精心的设计和保护，完美地融合地域特色与现代设计。同时，道路两旁的商业和住宅业态得到提升，加入更多的文化创意元素，为游客和居民带来了更为丰富和舒适的生活和消费体验。周边的地块更新项目则进一步加强临顿路的文化和生活氛围，特色的更新主题和地块如苏式山水、地道风物、苏样时尚等，为这片区域增添了更多的文化深度，使得临顿路成为苏州新的文化和生活中心。临顿路改造效果如图 2-7-16 所示。

图 2-7-16 临顿路改造效果

案例 8 西安市凤和路改造工程

8.1 项目概况

（1）项目背景。

西安市凤和路全长约 718 m，东西贯通，毗邻文景公园，是连接文景路与明光路的背街小巷，其区位分布如图 2-8-1 所示。凤和路不仅是车辆和人流的通道，更承载着深厚的文化记忆。西安作为古老而现代的都市，始终努力寻找保护历史遗产和适应现代化的平衡点。文景公园象征着“文景之治”，其主题“仁治、仁政”传达出中国古代帝王的治政哲学。凤和路的改造需要融合这两大文化理念与现代设计，为这座城市铺设连接古今的桥梁，展示既尊重传统又拥抱未来的城市风貌，让市民深切体验城市文化内涵。

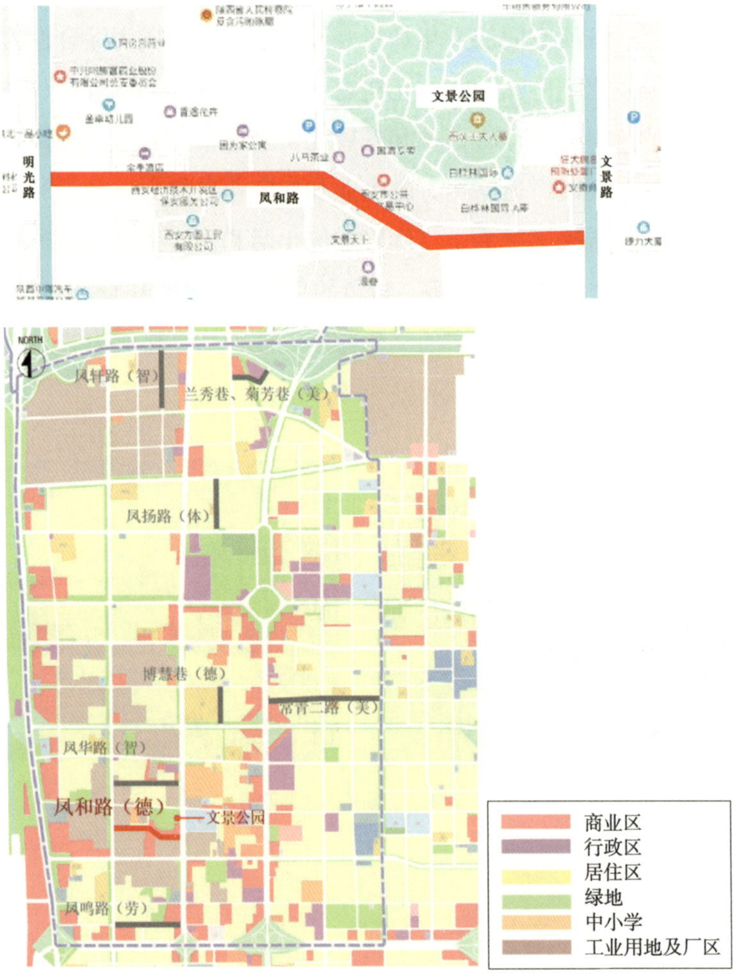

图 2-8-1 凤和路区位图

(2) 功能与定位。

凤和路作为城市的文化景观廊道，承载着城市文化与历史传承的任务。项目需要体现“文景之治”和“仁治、仁政”的文化理念，并将其融入现代设计中。改造项目的首要目标是创造兼具交通便捷和文化内涵的道路空间。凤和路连接不同城区和功能区，需要传达出深厚的历史文化底蕴，以及对人民的深切关怀。

(3) 规划、设计与实施。

2019 年 11 月 12 日，西安市城管委组织召开“全市背街小巷综合整治工作专题会”，同年 12 月开始凤和路的改造方案研究，并于 2020 年 5 月完成施工图设计，项目在 2021 年 6 月竣工。凤和路改造工程在规划和设计中融入文化和历史元素；优化道路的交通组织，以确保交通的便捷性和效率；对景观进行设计改造，增强道路的城市形象，提升周边环境的品质；考虑道路的可持续性，以满足未来城市发展的需求。

(4) 改造的必要性与意义。

凤和路改造项目的必要性体现在：该路段周边遍布文化节点，承担重要的地域文化传递的功能，需要进行改造以适应城市的发展需求，提升道路和城市形象，为城市发展提供更好的支持；体现历史文化的传承，传达出对人民的深切关怀，提升市民和游客的文化体验；加强城市可持续性建设，推动城市建设朝着环保和可持续的方向发展。

8.2 存在问题

凤和路的道路问题涉及市政、景观、建筑和配套多个方面。

(1) 市政设施。

①占道停车的现象严重。

凤和路沿线缺乏规范的停车区域，且城市规划对非机动车的管理和服务不到位，导致凤和路沿线尤其是商业和居民区密集处，出现车辆随机停放的现象，如图 2-8-2 所示。

图 2-8-2 凤和路占道停车现象

②道路设施破损。

道路上的各种设施如侧石、道沿等设施的设置与交通活动不契合，例如道路设施过渡不平顺等，使其受到车辆撞击、环境侵蚀等因素的影响，导致其损坏，影响城市形象，对行车和行人造成安全隐患。

③道路标识不完善。

缺失或模糊的道路标识会使道路交通管理混乱，增加交通事故的风险。

④架空线缆混乱。

架空线缆过于密集，分布较为混乱，影响城市整体的市容环境。

（2）城市道路的景观。

①道路界面的围墙：路段的窄界面实体围墙外观较为简单，与周围环境不协调，尤其是缺少绿化的铁艺围墙，给市民造成疏离感，如图 2-8-3 所示。

图 2-8-3　凤和路窄界面道路

②城市家具与公共空间：宽界面路段缺乏停留区域，缺少必要的城市家具，如长椅、垃圾桶等。停车区的隔挡形式较为简单，需要进一步优化，如图 2-8-4 所示。

③标志性建筑或节点界面：部分展示性节点的外观或绿化设计，缺乏明显的标志性和层次感，导致其价值没有得到充分展现，如图 2-8-5 所示。

图 2-8-4　凤和路宽界面道路

图 2-8-5　标志性建筑

（3）建筑。

整改建筑顶层的违规建筑，统一规划底层的商家招牌，如图 2-8-6 所示。部分建筑的背面外墙装饰较为简单，与整体城市风格不符，道路临街界面整体的地域文化氛围并不突出，需要进一步提升。建筑立面色彩以灰色调为主，局部为黄色调，如图 2-8-7 所示，统一界面色彩。

图 2-8-6　建筑底层界面混乱

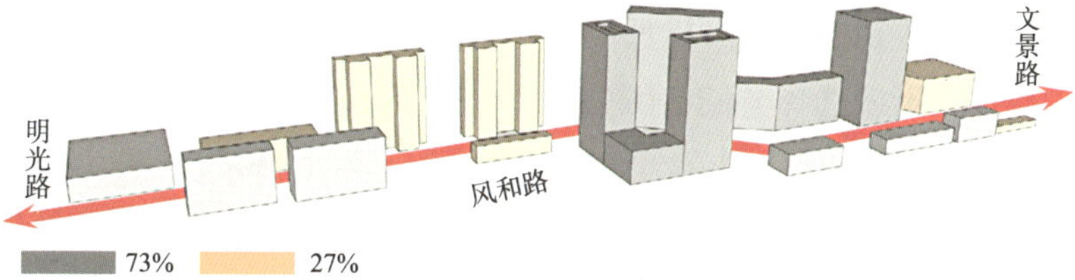

图 2-8-7　现状建筑立面色彩分析

8.3　整治措施

（1）道路空间设施。

针对自行车占据非机动车道造成的道路拥堵的现状，可通过取消路侧停车位、划分非机动车道来解决。改造后的道路断面和效果分别如图 2-8-8 和图 2-8-9 所示。

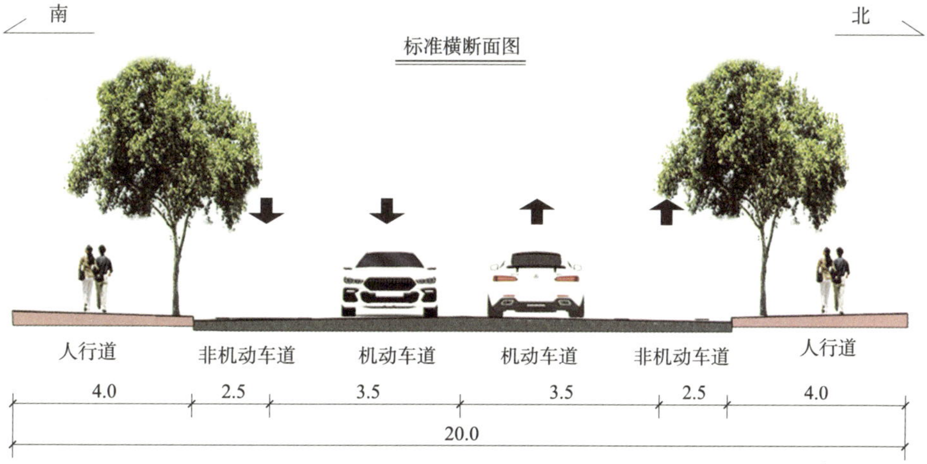

图 2-8-8　凤和路断面布置示意图（单位：m）

图 2-8-9　新增非机动车道效果图

（2）城市道路景观。

城市道路景观的改造以增强城市特色、优化公共空间为目标。城市道路景观的改造主要分为窄界面景观改造、宽界面景观改造和标志性节点的改造。

①窄界面景观改造。窄界面通常指的是城市道路两侧的围墙、建筑立面或其他相对狭窄的空间。由于面积有限往往被忽视或仅作为功能性空间对待。窄界面的改造可以通过墙面文化装饰、绿化设计和功能性改造展开。

a. 围墙是城市的“名片”，承载着城市的历史、文化和特色。对于实体围墙，增加墙面文化装饰是绝佳的改造方式，可以使墙面焕发新的生机，让市民和游客感受到城市的历史和文化。例如，可以选择与城市历史或文化有关的壁画、雕塑或其他艺术形式装饰墙面，使之成为历史的传承和文化的宣传载体，如图 2-8-10 所示。

图 2-8-10　窄界面（实体围墙）墙面增加文化装饰

b. 绿化设计：在窄界面增加植被，如爬墙植物、垂直花园等，既可美化环境又可提供清新的空气。

c. 功能性改造：混合性围墙不便于进行装饰性改动，可以通过功能性改造，例如在围墙或建筑立面下方设置长凳、休息区等，为行人提供短暂的休憩之地，如图 2-8-11 所示。

图 2-8-11　窄界面（实体围墙）墙面增加文化装饰

②宽界面景观改造。宽界面增加花坛、座凳，营造舒适人行空间，展示城市文化和活力，如图 2-8-12 所示。

图 2-8-12　宽界面景观改造

a. 多功能空间：将宽界面设计为多功能空间，满足市民休息、娱乐、文化交流等多种需求。

b. 绿化与水景：增加树木、花坛、喷泉、小溪等元素，使空间更加宜人。

c. 艺术与文化：设置雕塑、艺术装置、临时展览等，使空间成为文化和艺术的交流平台。

③标志性节点的改造。

标志性节点是城市的标志和象征，如标志性建筑等，通常位于城市的重要位置，是市民和游客的关注焦点。

a. 强调历史与文化：每个城市都有其独特的历史和文化，标志性节点的设计应该反映其特色，如图 2-8-13 所示，增加绿化、文化组团，打造路口的特色。

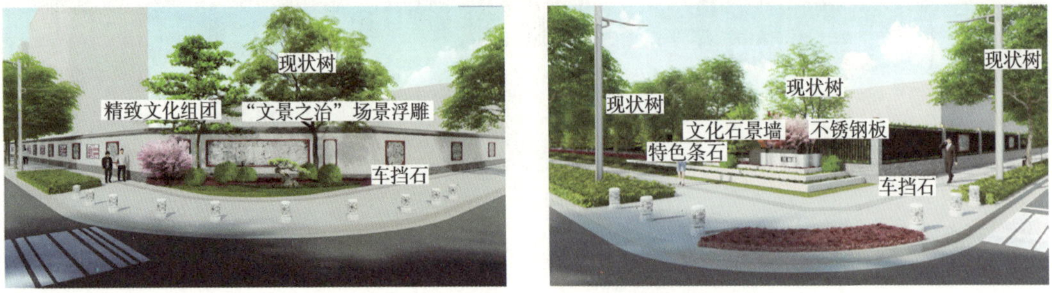

图 2-8-13　增加精致绿化组团，打造路口特色

b. 结合现代技术：利用现代技术，如 LED 灯、投影技术等，使标志性节点在夜间也能成为城市的亮点，如图 2-8-14 所示。

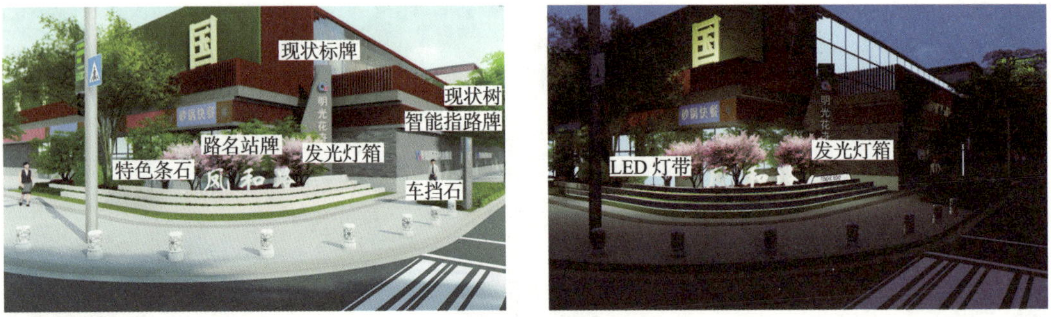

图 2-8-14　增加夜景亮化，引入特色条石

（3）临街界面管控。

在建筑设计中，传统装饰元素往往为建筑增添独特的文化韵味和艺术价值。西安市特有的唐代直棂窗和回纹等传统元素可以为建筑赋予独特的美感和历史内涵。

直棂窗作为唐朝沿袭的窗户形式，以其简洁的线条和装饰性的设计而闻名。直条的竖棂，没有花纹、曲线，其四面方材的形式，色泽随光影的变化而变化，为建筑增色。回纹是一种传统的几何装饰纹样，以其如同“回”字形的构成而著称。这种构成形式回环反复，延绵不断，寓意连绵不断和吉祥长久，常被运用于建筑中，为其增加吉祥的寓意。

在现代建筑中，传统装饰元素的融合与创新，创造出更具现代感和文化底蕴的建筑设计。具体实践包括：

增加大唐红窗框和直棂窗装饰，如图 2-8-15 所示。修复建筑的历史特色，增添唐代建筑的色彩和装饰元素，强调建筑的历史渊源。

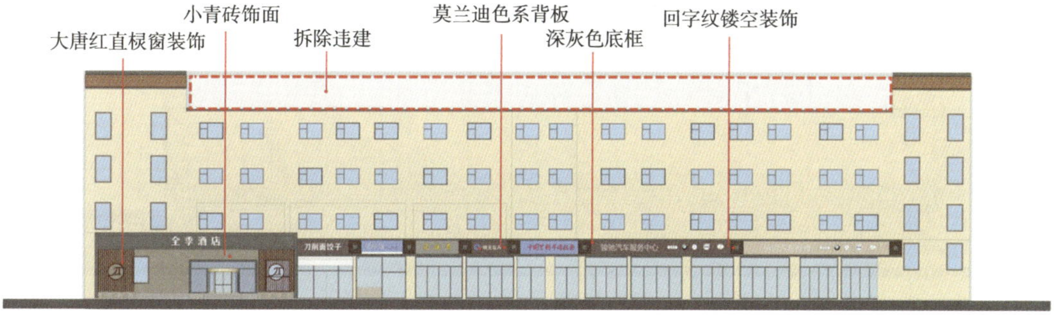

图 2-8-15　大唐红直棂窗装饰，统一背板色系、店招底框和立面装饰

拆除原广告店招，统一采用深灰色底框，莫兰迪色系背板，店铺间增加回纹装饰，如图 2-8-16 所示。统一建筑立面的色彩和风格，使各店铺之间形成一致的装饰效果，引入回纹装饰，为建筑增加传统元素的现代演绎。

图 2-8-16　增加回纹装饰

增加大唐红格栅装饰，如图 2-8-17 所示。大唐红格栅装饰的引入为建筑增加独特的亮点，将传统元素与现代建筑完美融合，创造出别具特色的建筑风貌。

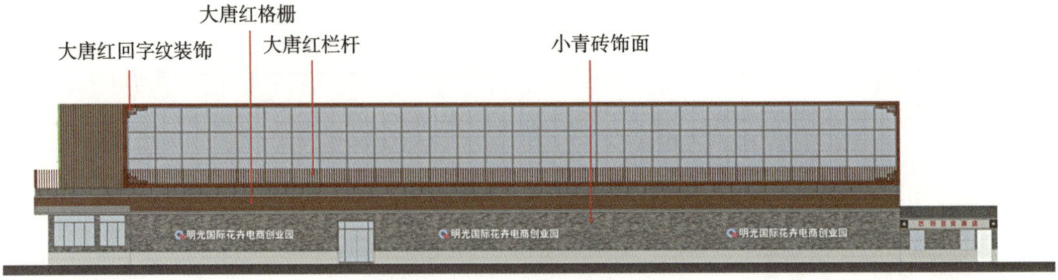

图 2-8-17　大唐红格栅装饰

传统装饰元素的融入和创新为建筑增色添彩，既传承了历史文化，又为现代建筑注入了更多的艺术和文化内涵。统一店招底框、背板色系和立面装饰，使建筑更具整体性和吸引力。

8.4　改善效果

通过提升改造，构建街道有机更新示范样板，构建完整街道，重塑街道活力，提升道路绿化环境，并体现了以人为本的道路设计。具体表现为以下四个方面：

①完整街道：道路空间内交通有序；临街界面突显地域文化特色符号，呈现简洁、现代、在地的立面效果；道路空间内的节点景观精致化提升；市政设施样式统一、功能完备。

②主题街道：形成街道文化内涵，将“仁治、仁政”作为街道的文化主题，将地域文化——文景之治相关的历史要素充分融入道路空间中。

③绿色街道：街道绿化丰富、多样，实现高林荫覆盖的绿色街道。

④人本街道：街道无障碍设施完善，且人行道家具功能完善，增加了人们休憩驻足观赏活动。

案例 9 南京市珍珠路改造工程

9.1 项目概况

（1）项目背景。

珍珠路位于南京市溧水区，是溧水区贯通南北的重要主干通道，连接溧水经济开发区、老城区和城南新区，与天生桥大道、秀园路、中山路、交通路等多条主、次干道相交，本次拓宽改造段全长约 2.8 km，宽度由原来的 30～40 m 拓宽为 40 m，其区位如图 2-9-1 所示。

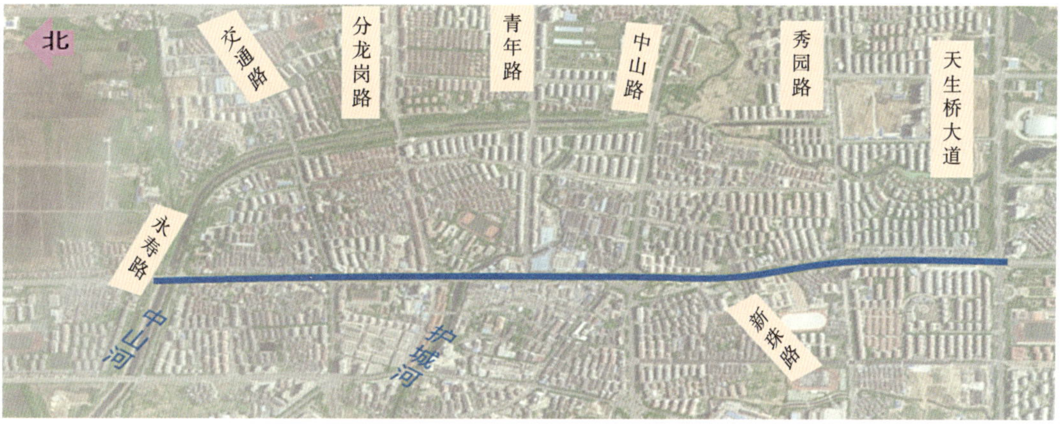

图 2-9-1　珍珠路区位示意图

珍珠路一直以来都是溧水老城区重要的南北向交通要道，周边有溧水区政府、老中医院、实验小学、溧水区第一初级中学、江苏省溧水高级中学附属初级中学等重要单位，随着溧水区的拓展，北侧开发区、南侧的南部新城成为新城区，珍珠路交通流量进一步增加，同时珍珠路两侧慢行系统不连续，无法满足居民日益增长的交通出行需求，迫切需要对珍珠路进行改造。

（2）功能与定位。

珍珠路连接老城中心区、开发区和南部新城，为溧水区南北向重要的交通干道；珍珠路两侧集聚步行街、通济街、尚溧城等重要商业节点，为溧水区重要的商业性街道；珍珠路连接珍珠广场、弯子口广场、团山公园、无想山等重要景观节点，为溧水区重要的景观廊道；珍珠路两侧集聚实验小学、溧水区第一初级中学、江苏省溧水高级中学附属初级中学等学校，为溧水区重要的文化廊道。

珍珠路不仅是溧水区重要的南北向交通干道，更是集景观文化与服务功能于一体的综合性道路。

（3）规划、设计与实施。

南京市溧水区南部新城和北部开发区开发加快，南北向交通快速增长，贯穿城市南北的珍珠路改造开始启动。综合改造项目于2017年7月开始前期研究，于2019年5月完成前期规划研究，2019年8—10月完成方案及初步设计、施工图设计，于2021年12月竣工。项目的改造内容包括交通出行环境、城市活力、历史人文传承、城市安全出行等方面，具体包括道路交通、桥梁、雨污水管网、城市景观及沿线公园、照明、智能化等内容，同时配合电力、自来水、通信、燃气等综合管网提升改造；改造范围包括路内和路外的 建筑前区和立面围合的U形空间；改造设计团队涵盖市政设计、景观设计、照明设计、智能化设计及海绵专项设计等多个专业领域。

（4）改造的必要性与意义。

随着溧水区城市经济的发展，交通量日益增长，珍珠路机动车和慢行出行需求进一步增长，交通效率低下，人行道不连续，整个街道活力不足，商业日益衰退。因此，亟须对珍珠路进行改造，改善居民的出行条件，提升街道活力。

改造的意义：通过改造努力将珍珠路塑造成为安全、活力、绿色、智慧的高品质公共空间，复兴城市活力，展现溧水文化。

9.2 存在问题

珍珠路为溧水区重要的南北向综合性道路，以下分别从道路空间设施、生态景观等角度分析存在的问题。

9.2.1 道路空间设施

（1）交通问题。

道路为双向四车道，交叉口渠化为三个进口道，沿线开口多，交通运行效率低，高峰期拥堵严重。同时人行道部分缺失且有50余处存在高差（图2-9-2），慢行体验较差。

图2-9-2 现状人行道存在高差

（2）市政设施问题。

路面破损严重，行车舒适性差；道路空间杂乱，两侧杆线林立，飞线严重（图 2-9-3）；两侧路灯亮度不够（图 2-9-4），夜晚步行和行车安全性差；街道整体感觉较差。

图 2-9-3　电线杆占用人行道

图 2-9-4　路灯照度不足

9.2.2　生态景观

道路绿化和景观单一：珍珠路目前两侧行道树为香樟，长势良好，如图 2-9-5 所示；侧分带两侧有绿化带，长势一般，较为单调，没有形成有特色的景观，但侧分带侧石保留较为完好；绿化植被种类单一，缺乏生态多样性，如图 2-9-6 所示。道路两侧玉兰灯有多年历史，具有一定历史记忆，其他景观设施缺乏当地文化元素。

图 2-9-5　长势良好的行道树

图 2-9-6　道路空间绿化单一

道路排水问题：由于排水系统维护不足，弯子口转盘雨天容易出现积水，特别是在雨季，给行车和行人带来不便，不利于城市的水循环，并造成路面损害，增加安全隐患。

道路沿线弯子口游园内设施老旧，园路破损且瓷砖路面雨天湿滑，如图 2-9-7 所示；场地存在多处高差，不利于老幼病残休闲活动，如图 2-9-8 所示；公园主题不明确，缺少地域文化元素。

图 2-9-7 破损的园路

图 2-9-8 游园内存在多差高差

9.3 整治措施

针对珍珠路道路设施和生态景观方面存在的问题，道路改造时采取如下改进措施：

9.3.1 基于道路功能的城市道路空间设计

（1）优化道路断面。

因道路两侧用地受限，道路维持双向四车道，将拓宽的空间向人行道和非机动车道慢行空间倾斜，强调向步行化生活空间的回归。为缓解现状交通压力，通过优化交叉口渠化方案、优化道路沿线接入方案、改造直线式公交站台为港湾式公交站台和采用交通智能化等手段提升道路通行能力。同时在道路中间增加中央分隔带，一方面为远期中运量轨道交通预留空间，另一方面为行人二次过街提供安全驻足空间，断面设计图和相应的实景图如图 2-9-9 所示。

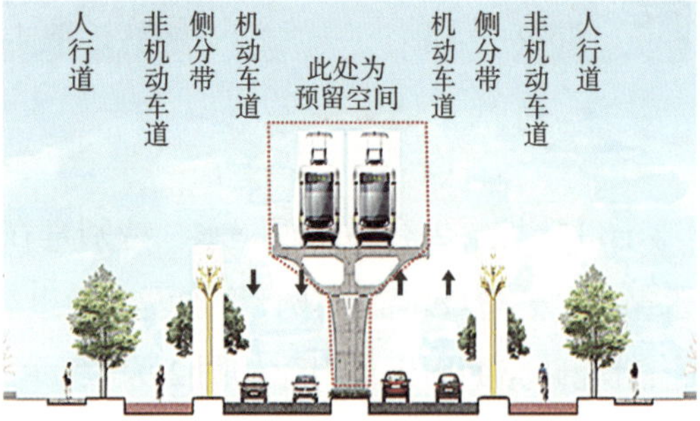

（a）断面设计图

（b）实景图

图 2-9-9 珍珠路断面设计图和实景图

（2）人行道全线贯通。

珍珠路改造特别注重人行道的改造，通过人行道杆线下地、消除沿线约 50 处的高差和采用透水混凝土的铺装等方式，使得人行道通畅连续且雨天不积水，大幅提升了人行道通行的舒适性。如图 2-9-10 所示。

图 2-9-10　珍珠路人行道透水混凝土路面

（3）保留侧分带的侧石和玉兰型景观路灯。

为保留市民对于珍珠路的记忆，体现有机更新的理念，设计保留了道路现有的完好的侧石和具有特色的玉兰型景观路灯，为提升路灯的亮度，更换 LED 灯头，并增加了玉兰叶片等设计。如图 2-9-11 所示。

（a）改造前　（b）改造后

图 2-9-11　珍珠路侧石和玉兰灯改造前后对比图

图 2-9-12　珍珠路智能斑马线

（4）智能化的应用。

采用了智慧过街斑马线、智能公交站台等措施，提升了过街的安全性和公交服务水平，更加注重绿色出行。如图 2-9-12 所示。

9.3.2　注重生态景观的城市道路空间设计

（1）增绿增色。

在有限的改造空间里，仅因部分路口渠化和设置港湾式站台等迁移了少量树木，其他行道树一律予以保留，通过提升侧分带景观绿化和取消中央隔离护栏并增设中分带，进一步提升道路全线绿化景观面貌。如图 2-9-13 所示。

图 2-9-13　珍珠路改造后绿化

图 2-9-14　结合小区设置公共活动空间

（2）增加公共休憩空间。

结合两侧用地，利用已有闲置空地、停车场地，通过微地形改造、增加色叶灌木和休憩节点等手段，营造开放式活动场地和公共休憩空间。如图 2-9-14 所示。

（3）增加文化元素。

注重道路空间营造，打通珍珠路与弯子口公园之间的通道，同时结合弯子口改造融入慈善广场的设计理念，将溧水慈善文化融入游园设计当中，在提升珍珠路沿线公共活动空间品质的同时弘扬溧水人民乐善好施的传统美德。如图 2-9-15 所示。

图 2-9-15　慈善广场夜景

9.4 改善效果

珍珠路改造采用了有机更新的理念，避免了传统的大拆大建，通过交叉口渠化、沿线停车治理、智能化改造、交通精细化设计、公交站台优化、接入管理优化等多种手段提升道路通行能力，避免了机动车空间的无序扩张，更多地将空间倾斜于慢行交通；通过打通沿线的人行道，消除高差，保障人行道全线贯通，体现了人性化；通过新增道路外侧绿化、城市家具、街道小品等方式营造人性化的出行环境及充满活力的公共空间，为行人和非机动车出行提供更好的慢行出行体验；通过保留原来的香樟树、玉兰型景观灯、景观侧石，融入溧水慈善文化等措施，保留了珍珠路的记忆，同时弘扬了慈善文化。

该项目于2020年底竣工，目前珍珠路两侧行人明显增多，多家新店陆续开张，商业活力得到明显提升，道路改造获得了广泛认可，得到了多家媒体的报道。

参考文献

[1] 戴帅，刘金广，朱建安，等．中国城市机动化发展情况及政策分析［J］．城市交通，2015, 13(2): 42-47.

[2] 杨晓光，等．城市道路交通设计指南［M］．北京：人民交通出版社，2003.

[3] 王炜，等．城市交通管理规划指南［M］．北京：人民交通出版社，2003.

[4] 陆化普，王建伟，李江平，等．城市交通管理评价体系［M］．北京：人民交通出版社，2003.

[5] 中华人民共和国住房和城乡建设部．城市道路工程设计规范（2016 年版）：CJJ 37—2012［S］．北京：中国建筑工业出版社，2016.

[6] 中华人民共和国住房和城乡建设部．城镇道路工程施工与质量验收规范：CJJ 1—2008［S］．北京：中国建筑工业出版社，2008.

[7] 中华人民共和国住房和城乡建设部．城市综合交通体系规划标准：GB/T 51328—2018［S］．北京：中国建筑工业出版社，2018.

[8] 中华人民共和国住房和城乡建设部．城市停车规划规范：GB/T 51149—2016［S］．北京：中国建筑工业出版社，2016.

[9] 中华人民共和国住房和城乡建设部．城市道路交通设施设计规范（2019 年版）：GB 50688—2011［S］．北京：中国建筑工业出版社，2019.

[10] 中华人民共和国住房和城乡建设部．城市道路交通工程项目规范：GB 55011—2021［S］．北京：中国建筑工业出版社，2021.

[11] New York City Department of Transportation.Street Design Manual [R]. New York: NYDOT, 2009.

[12] Transport for London. Streetscape Guidance 2009: A Guide to Better London Streets [R/OL]. [2015-01-25]. http://www.tfl.gov.uk/corporate/publications-and-reports/streets.

[13] Abu Dhabi Urban Planning Council. Abu Dhabi Urban Street Design Manual [EB/OL]. [2014-01-10]. http://www.upc.gov.ae/template/upc/pdf/USDM-Manual-English-v1.1.pdf.

[14] 中华人民共和国住房和城乡建设部．城市道路路线设计规范：CJJ 193—2012［S］．北京：中国建筑工业出版社，2012.

[15] 芦原义信．街道的美学［M］．尹培桐，译．天津：百花文艺出版社，2007.

[16] 诺伯格•舒尔兹．存在•空间•建筑［M］．尹培桐，译．北京：中国建筑工业出版社，1990.

[17] 杨永胜，金涛．现代城市景观设计与营建技术[M]．北京：中国城市出版社，2002.
[18] 土木学会．道路景观设计[M]．章俊华，陆伟，雷芸，译．北京：中国建筑工业出版社，2003.
[19] 计成．园冶[M]．胡天寿，译．重庆：重庆出版社，2009.

结 束 语

2020 年 11 月 17 日住房和城乡建设部官网发布了王蒙徽部长的署名文章《实施城市更新行动》。《实施城市更新行动》的总体目标是建设宜居城市、绿色城市、韧性城市、智慧城市、人文城市，不断提升城市人居环境质量、人民生活质量、城市竞争力，走出一条中国特色城市发展道路。提出了八项主要任务：完善城市空间结构；实施城市生态修复和功能完善工程；强化历史文化保护，塑造城市风貌；加强居住社区建设；推进新型城市基础设施建设；加强城镇老旧小区改造；增强城市防洪排涝能力；推进以县城为重要载体的城镇化建设。

衷心希望行业从业人员持续贯彻“创新、协调、绿色、开放、共享”的新发展理念，坚定落实“人民城市人民建、人民城市为人民”的理念，围绕《实施城市更新行动》总体目标和八大任务，秉持道路设计与城市设计融合理念，积极探索高质量城市道路综合协调设计路径，强化城市、功能、交通、环境、市政等五位一体设计，坚持系统思维、整体推进，重视多维资料采集，多元信息获取，注重道路功能与定位的城市道路空间设计，注重城市生态景观的城市道路空间设计，重视地域文化的城市道路空间景观设计，践行城市道路空间一体化，市政设施一体化，地下空间一体化，智能设施一体化，轨道交通出入口城市空间一体化，市政道路 + 车路协同无人驾驶 + 智慧化设施 +U 形空间一体化 + 生态一体化，重视人文关怀和历史文化延续，开展精细化设计，构建交通便捷、环境优美、安全舒适的城市道路，构建生态宜居、富有底蕴的城市生活环境，在与世界相交、与时代相通的可持续发展道路上阔步前行。